Lehrbücher
und Monographien
zur Didaktik
der Mathematik
Band 32

LEHRBÜCHER
UND MONOGRAPHIEN
ZUR DIDAKTIK
DER MATHEMATIK
Herausgegeben von
Norbert Knoche,
Universität Essen,
und Harald Scheid,
Universität Wuppertal

BAND 1:
R. Fischer/G. Malle,
Mensch und Mathematik

BAND 12:
H. Schupp, Kegelschnitte

BAND 13:
N. Knoche, Modelle der
empirischen Pädagogik

BAND 14:
D. Lind, Probabilistische Modelle in
der empirischen Pädagogik

BAND 15:
M. Pfahl, Numerische
Mathematik in der Gymnasialen
Oberstufe

BAND 16:
E. Scholz (Hrsg.),
Geschichte der Algebra

BAND 17:
H. Struve, Grundlagen einer
Geometriedidaktik

BAND 18:
W. Riemer, Stochastische
Probleme aus elementarer Sicht

BAND 19:
P. Baptist, Die Entwicklung der
neueren Dreiecksgeometrie

BAND 20:
H. Schupp, Optimieren

BAND 21:
H.-G. Weigand, Zur Didaktik des
Folgenbegriffs

BAND 22:
H. Portz, Galilei und der
heutige Mathematikunterricht

BAND 23:
H. Kütting, Didaktik der Stochasti

BAND 24:
H. Kütting, Beschreibende Statisti
im Schulunterricht

BAND 25:
H. Hischer/H. Scheid,
Grundbegriffe der Analysis
In Vorbereitung

BAND 26:
Á. Szabó, Entfaltung der griechisch
Mathematik

BAND 27:
H. Riede, Die Einführung des
Ableitungsbegriffs

BAND 28:
H. Schupp/H. Dabrock,
Höhere Kurven

BAND 29:
A. M. Fraedrich, Die Satzgruppe d
Pythagoras

BAND 30:
R. vom Hofe, Grundvorstellungen
mathematischer Inhalte

BAND 31:
J. Humenberger/H. Ch. Reichel,
Fundamentale Ideen der
angewandten Mathematik

BAND 32:
H.-J. Vollrath, Algebra in
der Sekundarstufe

Algebra in der Sekundarstufe

von
Prof. Dr. Hans-Joachim Vollrath
Universität Würzburg

Wissenschaftsverlag
Mannheim · Leipzig · Wien · Zürich

> Die Deutsche Bibliothek – CIP-Einheitsaufnahme
>
> **Vollrath, Hans-Joachim:**
> Algebra in der Sekundarstufe / Hans-Joachim Vollrath. –
> Mannheim; Leipzig; Wien; Zürich: BI-Wiss.-Verl., 1994
>   (Lehrbücher und Monographien zur Didaktik
>   der Mathematik; Bd. 32)
>   ISBN 3-411-17491-9
> NE: GT

Gedruckt auf säurefreiem Papier
mit neutralem pH-Wert (bibliotheksfest)

Alle Rechte, auch die der Übersetzung in fremde Sprachen,
vorbehalten. Kein Teil dieses Werkes darf ohne schriftliche
Einwilligung des Verlages in irgendeiner Form (Fotokopie,
Mikrofilm oder ein anderes Verfahren), auch nicht für Zwecke
der Unterrichtsgestaltung, reproduziert oder unter Verwendung
elektronischer Systeme verarbeitet, vervielfältigt oder verbreitet
werden.
© Bibliographisches Institut & F.A. Brockhaus AG, Mannheim 1994
Druck: RK Offsetdruck GmbH, Speyer
Bindearbeit: Progressdruck GmbH, Speyer
Printed in Germany
ISBN 3-411-17491-9

Vorwort

Von vielen Seiten bin ich ermutigt worden, meine "Didaktik der Algebra" aus dem Jahre 1974 zu überarbeiten. Das Buch war zu einem Zeitpunkt erschienen, als der Algebraunterricht unter dem Einfluß der Unterrichtsreform von Grund auf neu gestaltet werden sollte und als für alle Lehrämter Anteile in Didaktik während des Studiums verbindlich wurden. Es sollte dem Unterricht Wegweisung und Anregungen geben und den angehenden Lehrern helfen, ihr künftiges Berufsfeld in wissenschaftlicher Darstellung kennenzulernen.

In beiden Bereichen haben seitdem grundlegende Veränderungen stattgefunden: Der Algebraunterricht wurde begrifflich vereinfacht, und in der Mathematikdidaktik wuchs das Interesse an der Erforschung von Lernprozessen im Unterricht. In den zwei Jahrzehnten, in denen ich immer wieder Vorlesungen und Seminare über Didaktik der Algebra für die Studierenden verschiedener Lehrämter in Würzburg gehalten habe, haben sich auch meine Vorstellungen über dieses Gebiet so grundlegend weiterentwickelt, daß mir bald klar war, daß es mit einer Überarbeitung meiner "Didaktik der Algebra" nicht getan wäre. So ist ein neues Buch entstanden. Es schien mir deshalb sinnvoll, auch einen neuen Titel zu wählen. Er soll ausdrücken, daß es mir hier in erster Linie um den Unterricht geht. Ich wollte die tragenden Ideen, die Struktur dieses Unterrichts, die zugrundeliegenden Theorien des Lernens und Lehrens, die zu erwartenden Schwierigkeiten und mögliche Maßnahmen zu ihrer Überwindung aufzeigen.

In dieses Buch sind eigene Forschungsarbeiten vor allem zum funktionalen Denken eingegangen. Viele Einsichten verdanke ich den gründlichen Arbeiten von Kristina Appell, Regina Möller, Hans-Georg Weigand, Hartmut Wellstein und Thomas Weth, die an meinem Lehrstuhl entstanden sind. Für Anregungen und Kritik habe ich Peter Baptist, Herbert Glaser, Ingrid Hupp, Otto Kuropatwa, Heinz Schwartze, Günter Sietmann und Mark Vollrath zu danken. Auch die langjährigen Erfahrungen, die ich zusammen mit Ingo Weidig und Jürgen Hayen bei der Arbeit am Unterrichtswerk GAMMA gesammelt habe, sind in dieses Buch eingegangen. Meinem Kollegen und Freund Ingo Weidig danke ich herzlich für seinen stets sachkundigen und hilfreichen Rat in vielen Bereichen.
In Dankbarkeit erinnere ich an unseren so früh verstorbenen Kollegen und

Freund Jürgen Hayen, der es verstand, zwischen kontroversen Ansichten auszugleichen.

Im Sommersemester 1994 habe ich das Manuskript mit Studierenden für das Lehramt an Gymnasien gründlich in einem Seminar besprochen. Sie gaben mir viele kritische Hinweise, für die ich herzlich danke.

Frau Friederike Neubauer und Herrn Thomas Weth danke ich herzlich für ihre Geduld und Hilfsbereitschaft bei der Erstellung der Druckvorlage.

Schließlich danke ich den Herausgebern und dem Verlag für die Bereitschaft, dieses Buch in ihrer Reihe erscheinen zu lassen.

Ich bin mir dessen bewußt, daß Mathematik von Lehrerinnen und Lehrern gelehrt und von Schülerinnen und Schülern gelernt wird. Deshalb habe ich versucht, das entsprechend auszudrücken. Meine Leserinnen mögen es mir nachsehen, wenn mir das nicht ausreichend gelungen ist.

Würzburg im Herbst 1994

Hans-Joachim Vollrath

Inhalt

Einleitung

I. Algebra in der Schule	1
1. Das Gerüst des Lehrganges	1
2. Zur historischen Entwicklung des Algebraunterrichts	4
3. Zur Begründung des Lehrganges	10
3.1. Bildungsziele	10
3.2. Das Problem der Gültigkeit	12
3.3. Das Problem der Angemessenheit	13
3.4. Das Problem des Wertes	14
II. Zahlen	17
1. Zahlen in algebraischer Sicht	17
1.1. Algebraisches Verständnis der Zahlen	17
1.2. Axiomatische und konstruktive Begründungen der Zahlen	19
1.3. Das Problem der Bereichserweiterung	20
1.4. Zahl und Wirklichkeit	21
2. Zum Lernen des Zahlbegriffs	22
2.1. Lernen durch Erweiterung	23
2.2. Lernen in Stufen	24
2.3. Regellernen	26
2.4. Der Verknüpfungsbegriff als Leitbegriff	29
3. Natürliche Zahlen im Unterricht	30
3.1. Rechenoperationen und ihre Beziehungen	30
3.2. Rechenoperationen als Verknüpfungen	34
3.3. Zusätzliche Verknüpfungen natürlicher Zahlen	35
4. Bruchzahlen im Unterricht	38
4.1. Das Problem der Reihenfolge der Erweiterungen	38
4.2. Zugänge	38
4.3. Bruchrechnung	45
4.4. Verknüpfungseigenschaften	48
4.5. Strukturelle Vertiefung	50
5. Rationale Zahlen im Unterricht	51
5.1. Modelle	52
5.2. Über den Status der Vorzeichenregeln	52
5.3. Zugänge zu den Regeln	54
5.4. Das Problem der Regelformulierung	56
5.5. Das Problem der Differenzierung	57
5.6. Verknüpfungseigenschaften	58

    6. Reelle Zahlen im Unterricht 60
       6.1. Die Entdeckung irrationaler Zahlen 60
       6.2. Das Problem der Numerik 62
       6.3. Das Problem der Verknüpfungseigenschaften 63

III. Terme 66
1. Die Formelsprache 66
   1.1. Die Formelsprache als formale Sprache 67
   1.2. Die Variablen 68
   1.3. Zahlen und Größen 71
   1.4. Modellbildung mit Termen 72
   1.5. Deutung von Termumformungen 75

2. Schwierigkeiten beim Lernen der Formelsprache 76
   2.1. Regeln und Regelhierarchien erfassen 76
   2.2. Über Termumformungen sprechen 78
   2.3. Üben von Termumformungen 81
   2.4. Über den Umgang mit Fehlern bei Termumformungen . 82
   2.5. Fehleranalysen 84

3. Über das Lehren der Formelsprache 85
   3.1. Vom Wert der Formelsprache 85
   3.2. Der Computer als Werkzeug für die Formelsprache 87
   3.3. Ziele beim Lehren der Formelsprache 89
   3.4. Denken und Umformen 90
   3.5. Zum Lernen der Formelsprache 92

4. Die Formelsprache im Unterricht 93
   4.1 Intuitiver Umgang mit Variablen und Termen 94
   4.2. Reflektionen über die Formelsprache 99
   4.3. Erarbeitung der Termumformungen 103
   4.4. Nutzung der Formelsprache 108
   4.5. Erweiterung der Formelsprache 109
   4.6. Neue Formelsprachen 113
   4.7. Der Computer als Tutor für Termumformungen 116

IV. Funktionen 118
1. Zum Begriff der Funktion 118
   1.1. Entwicklung des Funktionsbegriffs 118
   1.2. Funktionseigenschaften 120
   1.3. Funktionstypen 121
   1.4. Modellbildung mit Funktionen 122

2. Zum Lehren des Funktionsbegriffs 124
   2.1. Der Funktionsbegriff als Unterrichtsgegenstand 124
   2.2. Funktionales Denken 127
   2.3. Umwelterschließung mit Funktionen 129

2.4. Der Computer als Werkzeug für Funktionen	134
2.5. Lernmodelle für den Funktionsbegriff	135
3. Der Funktionsbegriff im Unterricht	139
3.1. Rollen des Funktionsbegriffs	139
3.2. Vermittlung von Grunderfahrungen	141
3.3. Entdeckung von Funktionseigenschaften	143
3.4. Aufdecken von Zusammenhängen	155
3.5. Entdeckung neuer Funktionstypen	157
3.6. Das Problem der Umkehrfunktion	164
3.7. Funktionen und Relationen	165
3.8. Mit Funktionen operieren	167
3.9. Von den Funktionen zu den Folgen	170
3.10. Erweiterungen	173
3.11. Funktionen und Verknüpfungen	180
V. Gleichungen	182
1. Gleichungen im Wandel	182
1.1. Schwächen der klassischen Gleichungslehre	183
1.2. Übertreibungen der Reform	188
1.3. Die Wiederentdeckung des Inhaltlichen	189
1.4. Beobachtungen des Schülerverhaltens	191
2. Gleichungen in den Themensträngen der Algebra	192
2.1. Zahlen und Gleichungen	193
2.2. Terme und Gleichungen	194
2.3. Funktionen und Gleichungen	195
2.4. Kurven und Gleichungen	196
3. Über das Lernen des Umgangs mit Gleichungen	199
3.1. Zum Lernen von Algorithmen für Gleichungen	199
3.2. Über Gleichungen und Umformungen reden	201
3.3. Das Problem der Sachaufgaben	203
4. Gleichungen im Unterricht	208
4.1. Entwicklung des Themenstranges	208
4.2. Gleichungen und Ungleichungen in $\mathbb{N}$	209
4.3. Gleichungen in $\mathbb{B}$	212
4.4. Gleichungen in $\mathbb{Q}$ als Rechenregeln	215
4.5. Das Lösen von Gleichungen in $\mathbb{Q}$	217
4.6. Gleichungstypen in $\mathbb{Q}$	224
4.7. Gleichungstypen in $\mathbb{R}$	230
VI. Erkenntnis im Algebraunterricht	238
1. Sätze im Algebraunterricht	239
1.1. Regeln - Formeln - Sätze	240

1.2. Die Entdeckung des binomischen Satzes 241
1.3. Das Finden einer Summenformel 243
1.4. Existenzsätze 246
1.5. Beweisen im Algebraunterricht 249
1.6. Beweisen lehren 251

2. Begriffsbildung im Algebraunterricht 253
   2.1. Begriffsbildungsprozesse 253
   2.2. Lernen durch Definitionen 254
   2.3. Begriff und Problem 257
   2.4. Paradoxien bei algebraischen Begriffen 258

3. Algebra als Theorie im Unterricht 261
   3.1. Bezugstheorien 261
   3.2. Theoretisches Beziehungsgefüge 262
   3.3. Gruppe als algebraische Struktur 263

Literatur 269

Sachwörter

Einleitung

Algebra umfaßt heute im Mathematikunterricht der Sekundarstufe I vier große Themenbereiche:
  Zahlen - Terme - Funktionen - Gleichungen.
Sie durchziehen den ganzen Lehrgang und geben ihm sein Gepräge. Zugleich bestehen auf vielfältige Weise Querverbindungen. Das Buch will deutlich machen, welche *Ideen* diesem Aufbau zugrunde liegen. Insbesondere will es dabei die *Ziele* sowie die historische Entwicklung und die Wandlung von Zielvorstellungen herausarbeiten, die schließlich zu der gegenwärtigen Unterrichtskonzeption geführt haben.

Das Buch möchte helfen, Algebraunterricht entsprechend dem Stand der didaktischen Forschung zu planen. Dazu behandelt es die folgenden didaktischen Probleme:

- Klärung der *mathematischen Grundlagen* der zu unterrichtenden Inhalte im Hinblick auf den Unterricht. Hier gehen wesentlich historische und erkenntnistheoretische Überlegungen ein. In einem erweiterten Sinne kann man diese Betrachtungen als metamathematisch ansehen.
- Diskussion und Begründung der angestrebten *Ziele* für die unterschiedlichen Schülergruppen. In diesem Buch wird im wesentlichen pädagogisch von dem Ziel der Allgemeinbildung her argumentiert.
- Die Entwicklung angemessener *Lernmodelle* für die zu planenden langfristigen Lernprozesse bei den einzelnen Themenbereichen. Hier werden vor allem psychologische, soziologische, aber auch mathematikhistorische und erkenntnistheoretische Argumente benutzt.
- Überwindung von *Schwierigkeiten* der Lernenden mit den Inhalten. Alle Themenbereiche des Algebraunterrichts haben sich als sehr fehleranfällig bei den Schülern erwiesen. Eine Fülle *empirischer Befunde* bestimmen die Vorstellungen über das Lernen und die Vorschläge zur Unterrichtsgestaltung in diesem Buch.
- Angemessener Umgang mit typischen *Spannungsverhältnissen* des Mathematikunterrichts. Man denke etwa an Inhalt-Methode, Wissen-Können, Verstehen-Beherrschen, Entdecken-Üben, Problemlösen-Aufgabenlösen, Theoriebildung-Modellbildung, Reine Mathematik-Angewandte Mathematik. Das Buch bemüht sich um eine Analyse dieser Spannungsverhältnisse und zeigt Wege, diese im Unterricht fruchtbar werden zu lassen.

- Die Rolle *didaktischer Erfindungen* im Unterricht. Es gibt eine Fülle hübscher Ideen, die tradiert werden. Das Buch gibt zahlreiche Hinweise, die vor dem Vergessen bewahren, aber auch die Lehrer dazu anregen sollen, in diesem Sinne kreativ zu werden.
- Entwicklung von *Unterrichtskonzeptionen*, die theoretisch begründet und in der Praxis realisierbar sind. Für die zentralen Themenbereiche werden Unterrichtsvorschläge entwickelt, die allerdings den Planenden ausreichend Spielräume zu einer Gestaltung lassen wollen.

Das Buch stützt sich auf vielfältige Quellen. Zunächst gründet es sich auf eine reiche Unterrichtstradition, bei der es unmöglich ist, in jedem Fall die Wurzeln anzugeben. In den Reformperioden des Unterrichts sind häufig einige Arbeiten von besonderem Einfluß gewesen oder haben das Anliegen der Reform besonders prägnant ausgedrückt. Auf solche Arbeiten habe ich verwiesen. Ich bin mir hier allerdings meiner persönlichen Wertung bewußt. In vielen Bereichen kann man auf Forschungsarbeiten verweisen, in denen ein Thema gründlich und häufig sehr differenziert abgehandelt wurde. Ich habe hier vor allem solche Arbeiten angeführt, auf die man bei einer intensiveren Beschäftigung mit der betreffenden Problemstellung zurückgehen sollte. Zu einigen der Themenbereiche liegen gründliche und ausführliche Darstellungen vor. Dies gilt vor allem für die Natürlichen Zahlen, die Bruchrechnung, für Terme und Gleichungen. Bei Detailfragen und für weiterführende Studien weise ich immer wieder auf diese Bücher hin. Andererseits schien es mir gerade für Studierende und angehende Lehrer sehr wichtig, *alle* wesentlichen Themenbereiche des Algebraunterrichts im Zusammenhang zu behandeln und mich damit notwendigerweise auf die zentralen Ideen zu beschränken.

Didaktik der Algebra ist ein umfangreiches Gebiet, an dem international gearbeitet wird. Dennoch gibt es gravierende Unterschiede in den Problemstellungen und Ergebnissen, die zum Teil in den unterschiedlichen Schulsystemen beruhen. In den USA z.B. "nimmt man Algebra" als einen Kurs in der Sekundarstufe I. In dem stark individualisierten Mathematikunterricht in England z.B. erhalten die Schüler bestimmte Themen, die sie individuell bearbeiten. In Deutschland gibt es Bundesländer, in denen das Schulsystem streng in drei Typen gegliedert ist, während in anderen Bundesländern die Gesamtschule propagiert wird. Die internationalen Veröffentlichungen zum Algebraunterricht beziehen sich also zum Teil auf ganz unterschiedliche Unterrichtskonzeptionen. In diesem Buch wird von einer Konzeption ausgegangen, bei der die zentralen Themen des Algebraunterrichts fortlaufend über alle Jahrgangsstufen der Sekundarstufe behandelt werden, wie sie weitgehend im deutschsprachigen Raum realisiert ist. Bei den Literaturhinweisen überwiegen dementsprechend deutschsprachige Beiträge. Die internationalen Beiträge beziehen sich vor allem auf allgemeine Fragen und Untersuchungen zu Lernprozessen. In der Spezialliteratur finden sich in der Regel zahlreiche Hinweise auf internationale Arbeiten.

Algebra-Programme ermöglichen heute einen vielfältigen Einsatz des Computers im Algebraunterricht. Es werden in diesem Buch diejenigen Bereiche hervorgehoben, in denen derzeit ein sinnvoller Einsatz des Computers möglich ist. Die Praxis wird zeigen, daß dies bei vielen Themen zu einer Akzentverschiebung in der Sekundarstufe I führen wird. Wesentlich stärker werden allerdings die Veränderungen in der Sekundarstufe II sein, wenn dieses Werkzeug z.B. beim Lösen der Abituraufgaben zur Verfügung steht. Dieses Buch will die Lehrenden anregen, die durch den Computer entstehenden Freiräume nicht allein mit neuen Aufgaben, sondern vor allem für Gespräche zu nutzen, in denen die Lernenden ihre Gedanken in Ruhe entwickeln und aufmerksamen Zuhörern darstellen können. Nach meiner Auffassung bietet der Computer als Werkzeug die Chance, tiefer in Mathematik einzudringen, so daß *Verstehen* von Mathematik für *alle* Schülerinnen und Schüler möglich wird.

I. Algebra in der Schule

1. Das Gerüst des Lehrganges

Unter "Algebra" versteht man traditionell in der Schule die Lehre von den Termen, Gleichungen und Gleichungssystemen. Diese Inhalte bilden den *Kern* der Algebra im Mathematikunterricht. Doch sind sie in der Schule eng verbunden mit anderen Themen, wie dem Aufbau des Zahlensystems, der Entwicklung des Funktionsbegriffs, analytischen Betrachtungen in der Geometrie, Flächen-und Rauminhaltsberechnungen, schließlich den Kurvendiskussionen in der Analysis und den linearen Gleichungssystemen in der linearen Algebra. Die Zusammenhänge werden deutlich, wenn man das Gerüst eines solchen Lehrganges betrachtet.

Zunächst ziehen sich die folgenden algebraischen *Themenstränge* über alle Jahrgangsstufen hinweg:
- (1) Zahlen,
- (2) Terme,
- (3) Funktionen,
- (4) Gleichungen.

Dann sind diese Themenstränge in den einzelnen Jahrgangsstufen in *Themenkreisen* miteinander verflochten. Ein typisches Beispiel ist etwa der Themenkreis "Quadrieren und Wurzelziehen" in der 9. Jahrgangsstufe.

- Quadrieren und Wurzelziehen werden als Operation und ihre Umkehroperation in $\mathbb{Q}$ betrachtet. Dabei wird die Irrationalität entdeckt. Mit Hilfe unendlicher nichtperiodischer Dezimalbrüche werden die neuen Zahlen dargestellt: Die Menge **R** der reellen Zahlen ist gefunden.
- Quadrieren und Wurzelziehen führen zur Bildung neuer Termarten, die durch Umformen vereinfacht werden können.
- Terme mit Quadraten und Wurzeln erzeugen quadratische Funktionen und Wurzelfunktionen als neue Funktionstypen.
- Auf der Suche nach Nullstellen quadratischer Funktionen erhält man quadratische Gleichungen, für die Lösungsverfahren entwickelt werden.

Schließlich bietet sich noch eine Verflechtung mit einem Themenstrang der Geometrie an, nämlich den *Kurven*.

I. Algebra in der Schule

- Bei den quadratischen Funktionen und den Wurzelfunktionen ergeben sich als Graphen Parabeln bzw. Parabelteile. Geometrische Eigenschaften dieser Kurven lassen sich als Eigenschaften der entsprechenden Funktionen deuten.

Nicht in allen Jahrgangsstufen kann man derart umfassende Themenkreise angeben. Trotzdem bemüht man sich immer darum, Querverbindungen zwischen den einzelnen Themensträngen herzustellen.

Die Themenstränge sind in Abschnitte gegliedert, die einzelnen Jahrgangsstufen zugeordnet sind. Dabei stimmt man die Gliederung zwischen den Themensträngen so ab, daß sich sinnvolle Themenkreise ergeben. Es ist klar, daß darüber hinaus auch eine Abstimmung mit entsprechenden Themensträngen der Geometrie nötig ist. Man denke etwa an Flächen-und Rauminhaltsberechnungen (Herleitung von Formeln, Umformungen, Berechnungen mit Hilfe von Formeln), analytische Betrachtungen (Koordinatensystem, Geradengleichungen, Parabelgleichungen) und an die Trigonometrie (trigonometrische Funktionen und Formeln). Man sollte jedoch auch andere Fächer im Blick haben. Dies gilt vor allem für die Physik mit ihren Anforderungen an das Funktionsverständnis und das Formelrechnen.

Die Auswahl der Inhalte und ihre Zuordnung zu Jahrgangsstufen ist heute weitgehend durch die Lehrpläne der einzelnen Länder festgelegt. Die Unterschiede sind nicht sehr groß, meist betreffen sie nur eine Jahrgangsstufe.

Auch die verschiedenen Schultypen gliedern unterschiedlich. So verteilt die Hauptschule meist die Einführung der negativen Zahlen auf die 7. und 8. Jahrgangsstufe, während das Gymnasium diese auf die 7. Jahrgangsstufe beschränkt. Dagegen behandelt die Hauptschule traditionell die Formel für den Flächeninhalt des Kreises bereits in der 8. Jahrgangsstufe, während dies im Gymnasium erst in der 10. Jahrgangsstufe geschieht. Angesichts der großen Vielfalt in der Sekundarstufe I in den einzelnen Bundesländern ist es nicht möglich und auch nicht sinnvoll, auf diese Einzelheiten hier näher einzugehen. Eine Übersicht über das Gerüst des Lehrganges, der in diesem Buch behandelt wird, gibt die folgende Tabelle.

1. Das Gerüst des Lehrganges

Jg.	Zahlen	Terme	Funktionen	Gleichungen
5.	$\mathbb{N}$ Grundrechenarten	Einfache Terme, Tabellen, Einsetzungen	Tabellen mit Variablen, Operatoren	Lösen einfacher Gleichungen durch Probieren, Überlegen, Gegenoperatoren
6.	$\mathbb{B} = \mathbb{Q}^+$ Bruchrechnung Dezimalbrüche	Einfache Terme mit Brüchen; Einsetzungen	Tabellen mit Variablen; Bruchoperatoren	Lösen einfacher Gleichungen durch Gegenoperatoren
7.	$\mathbb{Q}$ Grundrechenarten	Einfache Terme mit positiven und negativen Zahlen	Proportionale, antiproportionale Funktionen; empirische Funktionen	Lösen einfacher Gleichungen durch Gegenoperatoren
8.	$\mathbb{Q}$ Grundrechenarten; Potenzen mit natürlichen Exponenten	Termumformungen; "ganze" Terme, Bruchterme	Lineare Funktionen; Funktionsgleichungen; Eigenschaften von Funktionen	Lösen von Gleichungen durch Äquivalenzumformungen; Bruchgleichungen; einfache Gleichungssysteme; Aufstellen und Umformen von Formeln
9.	$\mathbb{R}$ Quadrieren und Wurzelziehen; Irrationalität	Terme mit Quadraten und Wurzeln	Quadratische Funktionen; Wurzelfunktionen; Eigenschaften quadratischer Funktionen; Umkehrfunktion	Quadratische Gleichungen; Wurzelgleichungen
10.	$\mathbb{R}$ Potenzrechnung	Terme mit Potenzen; Vereinfachung; Terme mit trigonometrischen Funktionen	Potenzfunktionen; Exponentialfunktionen und Logarithmusfunktionen; trigonometrische Funktionen	Potenzgleichungen; Exponentialgleichungen; Trigonometrische Gleichungen

Dieser Plan zeigt eine *Auswahl* und eine *Anordnung* von Inhalten der Algebra, die das Ergebnis von didaktischen Entscheidungen sind, die in komplizierten Prozessen zustandegekommen sind. Sie sind beeinflußt von der

Sache selbst, von den Fähigkeiten und Bedürfnissen der Lernenden und von den im Schulsystem angestrebten Zielen. Dabei sind alle diese Komponenten einer historischen Entwicklung unterworfen. Man kann eine solche Konzeption nur verstehen, wenn man wichtige Etappen dieser Entwicklung kennt. Im folgenden sollen deshalb die entscheidenden Schritte dargestellt werden.

2. Zur historischen Entwicklung des Algebraunterrichts

Den stärksten Einfluß auf die Gestaltung des Algebraunterrichts hat wohl die "Vollständige Anleitung zur Algebra" von LEONHARD EULER (1707-1783) aus dem Jahre 1770 gehabt. EULER hatte dieses Buch kurz nach seiner Erblindung in St. Petersburg seinem Diener, einem ehemaligen Schneidergesellen, den er aus Berlin mitgebracht hatte, diktiert. Dieser soll beim Schreiben "zum vollständigen Verständnis der Algebra" gelangt sein. Sein Buch beginnt mit einer Grundlegung des Zahlenrechnens von den Grundrechenarten bis zu den Logarithmen. Es folgt dann die Begründung des Rechnens "mit den zusammengesetzten Größen". Hier werden die Termumformungen bis zu den Potenzen mit negativen Exponenten behandelt. Nach einem Abschnitt über Verhältnisse und Verhältnisgleichungen werden dann die Gleichungen bis hin zu den biquadratischen Gleichungen gelöst. Im letzten Teil geht es um "unbestimmte Analytik". Dabei handelt es sich um Verfahren zum "Rationalmachen" von Termen mit Wurzeln, zur Zerlegung von komplizierten Summen in Produkte usw.

Die Darstellung ist sehr eingängig. Der Übergang von den Zahlnamen zu den Variablen erfolgt beiläufig:

> "Wenn nun, um die Sache allgemein zu machen, anstatt der wirklichen Zahlen Buchstaben gebraucht werden, so begreift man auch leicht die Bedeutung, wie z.B.: a-b-c+d-e deutet an, daß die durch die Buchstaben a und d ausgedrückten Zahlen addirt und davon die übrigen b,c,e, welche das Zeichen - haben, sämtlich abgezogen werden müssen." (EULER, S. 19)

Die Behandlung von Gleichungen wird eingeleitet durch die Hinweise:

2. Zur historischen Entwicklung des Algebraunterrichts

"Der Hauptzweck der Algebra sowie aller Theile der Mathematik besteht darin, den Werth solcher Größen zu bestimmen, die bisher unbekannt gewesen, was aus genauer Erwägung der Bedingungen geschieht. Daher wird die Algebra auch als die Wissenschaft definirt, welche zeigt, wie man aus bekannten Größen unbekannte findet.
...
Bei jeder vorkommenden Aufgabe wird nun diejenige Zahl, die gesucht werden soll, durch einen der letzten Buchstaben des Alphabets bezeichnet, und alsdann werden alle vorgeschriebenen Bedingungen in Erwägung gezogen, durch welche eine Gleichheit zweier Werthe dargestellt wird. Aus einer solchen Gleichung muß sodann der Werth der gesuchten Zahl bestimmt werden, wodurch die Aufgabe aufgelöst wird. Bisweilen müssen auch mehrere Zahlen gesucht werden, was in gleicher Weise durch Gleichungen geschehen muß." (EULER, S. 217,218)

Nach der Behandlung der Lösungsformeln für quadratische, kubische und biquadratische Gleichungen werden Lösungen auch näherungsweise bestimmt.

Der Aufbau dieses Buches, bei dem nacheinander Zahlen, Terme und Gleichungen behandelt werden, wird zur Vorlage für unzählige Lehrbücher der Algebra. Dabei ist die Grenze zwischen Universität und Gymnasium fließend. Noch zu Beginn des 19. Jahrhunderts werden an den *Universitäten* Vorlesungen nach diesem Aufbau gehalten. Im Laufe der Zeit wird die Theorie der Gleichungen vertieft. Gegen Ende des 19. Jahrhunderts hat sich an den Universitäten das Schwergewicht zu den Gleichungen verlagert. Man interessiert sich für die Existenz von Wurzeln ganzer rationaler Funktionen (Fundamentalsatz der Algebra), für ihre Lage (z.B. Satz von Rolle), für die Auflösbarkeit bestimmter Gleichungstypen (z.B. zyklischer Gleichungen), behandelt die Galoistheorie (als Theorie zur Auflösung von Gleichungen) und löst Gleichungen näherungsweise (z.B. nach dem Newton-Verfahren). Typisch für diese Auffassung von Algebra war das "Lehrbuch der Algebra" von HEINRICH WEBER (1895/96).

Der Algebraunterricht am *Gymnasium* war aber bis zum Ende des vorigen Jahrhunderts im wesentlichen bei EULER stehengeblieben. Unter dem Einfluß von FELIX KLEIN (1849-1925) begann dann eine grundlegende Reform des Mathematikunterrichts. Ein wesentliches Anliegen dieser Reform bestand darin, die vielfältigen Gebiete, die in der Schule behandelt wurden, unter eine einheitliche Grundidee zu bringen. Die "Meraner Vorschläge", die 1905 auf der Meraner Naturforscherversammlung verabschiedet worden waren, wiesen dem Funktionsbegriff diese Rolle zu (GUTZMER 1908). Zwar wurden auch vorher in der Schule schon Funktionen und ihre graphische Darstellung behandelt, doch sollte nun der gesamte Schulstoff von dieser Idee durchdrungen werden. Für die Algebra gingen davon zwei wesentliche Impulse aus:

- Der Funktionsbegriff wurde zu einem *Leitbegriff*, der Problemstellungen und Lösungsverfahren lieferte. Gleichungen ergaben sich z.B. bei der Suche nach Nullstellen von Funktionen. Diese konnten mit Hilfe der graphischen Darstellungen der Funktionen nun auch graphisch gelöst werden. Potenzen wurden in Verbindung mit Potenzfunktionen behandelt.
- Mit Hilfe des Funktionsbegriffs wurde es möglich, eine enge *Verbindung* ("Fusion") zwischen Algebra und Geometrie herzustellen. Die graphischen Darstellungen von Funktionen führten auf Geraden, Parabeln und Hyperbeln, also auf geometrische Objekte. Geometrische Eigenschaften der Kurven, wie z.B. ihre Symmetrien, wurden als Funktionseigenschaften hervorgehoben und algebraisch begründet.

Diese Ideen setzten sich in den Lehrplänen und Lehrbüchern der dreißiger und vierziger Jahre weitgehend durch und bestimmten auch noch die Lehrpläne und Lehrbücher der fünfziger Jahre.

An den Universitäten hatte sich inzwischen jedoch in der Algebra ein grundlegender Wandel vollzogen (s. VOLLRATH 1994). Aus einer Theorie der Gleichungen war eine Theorie der algebraischen Strukturen geworden: Besonderes Interesse fanden Gruppen, Ringe, Körper und Vektorräume, dann auch Verbände. Wesentlichen Anteil an diesem Wandel hatten HEINRICH WEBER (1842-1913), bei der Entwicklung des Gruppenbegriffs, ERNST STEINITZ (1871-1928), mit der von ihm entwickelten Theorie der Körper, EMMY NOETHER (1882-1935) mit ihren Beiträgen zur Theorie der Ringe und EMIL ARTIN (1898-1962) mit der algebraischen Theorie der reellen Zahlen. Den Durchbruch der neuen Sicht brachte an den Universitäten 1930 das nach Vorlesungen von EMIL ARTIN und EMMY NOETHER von BARTEL LEENDERT VAN DER WAERDEN verfaßte Lehrbuch "Moderne Algebra". Es wurde zum Standardlehrbuch der Algebra für Generationen von Studierenden.

2. Zur historischen Entwicklung des Algebraunterrichts

Die Schule griff diese neuen Ideen auf und diskutierte sie (ZMNU 1934). Allerdings sah sie den Begriff der Gruppe mit Bezug auf das Erlanger Programm von FELIX KLEIN (1872) in erster Linie als ein Hilfsmittel in der Geometrie, um Abbildungen zu klassifizieren (z.b. Kongruenzabbildungen, Ähnlichkeitsabbildungen) und um einen Überblick über wichtige Bereiche der Geometrie zu erhalten (z.b. Kongruenzgeometrie, Ähnlichkeitsgeometrie). Der tiefgehende Wandel in der Algebra, der zu einer völlig neuen Sicht von Algebra geführt hatte, blieb damit allerdings zunächst ohne Einfluß auf den Mathematikunterricht.

Unter dem Eindruck des programmatischen Werkes "Eléments de Mathématique" von NICOLAS BOURBAKI begann dann in den sechziger Jahren weltweit eine Unterrichtsreform, die sich um eine Modernisierung des Mathematikunterrichts bemühte. Professoren und Lehrern wurde bewußt, wie weit die Schule hinter den neueren Entwicklungen der Mathematik zurückgeblieben war. Das bezog sich sowohl auf die Inhalte als auch auf die Methoden. Mengen, Relationen, Abbildungen und Strukturen waren in allen Gebieten der Mathematik zu grundlegenden Begriffen geworden. Die axiomatische Methode bestimmte die wissenschaftlichen Veröffentlichungen. Diese modernen Begriffe zu Leitbegriffen für den Mathematikunterricht werden zu lassen und die Schüler in das axiomatische Denken einzuführen, wurde zum zentralen Anliegen der neuen Unterrichtsreform. Ausgangspunkt wurde die OECD-Konferenz 1959 (OECD 1964) in Royaumont bei Paris über "New Thinking in Mathematics". Sie forderte für den Algebraunterricht die Behandlung von Gruppen, Ringen, Körpern und Vektorräumen und eine axiomatische Begründung der Zahlbereiche. Diese Forderungen lösten eine Fülle von Unterrichtsvorschlägen, Unterrichtsprojekten und internationalen Diskussionen aus. Sie mündeten in der Bundesrepublik Deutschland in die Rahmenrichtlinien von 1968 (KMK 1968), welche die Richtlinien der Bundesländer in den siebziger Jahren und in deren Gefolge auch die Schulbücher prägten.

Für den Algebraunterricht brachte die Reform
- eine stärkere Betonung der grundlegenden Regeln in den einzelnen Zahlbereichen (Axiomatik),
- die Betrachtung neuer Verknüpfungen in den Zahlbereichen,
- die schrittweise Erarbeitung grundlegender Strukturbegriffe (Gruppe,

Ring, Körper, Boolesche Algebra, Vektorraum),
- eine völlige Neugestaltung der Lehre von den Termen, Gleichungen und Ungleichungen mit den Begriffen der Mengenlehre und der Logik,
- eine Präzisierung des Funktionsbegriffs unter Rückgriff auf den Begriff der Relation.

Doch bereits Mitte der siebziger Jahre setzte eine Gegenbewegung ein. Das Buch von MORRIS KLINE, "Why Johnny Can't Add", brachte das Unbehagen von Mathematikprofessoren an der Reform sehr deutlich zum Ausdruck. Ein Schlüsselerlebnis ist die von KLINE geschilderte Episode:

"Ein Vater fragte seinen achtjährigen Jungen: 'Wieviel ist 5+3?' und bekam zur Antwort, daß nach dem Kommutativgesetz 5+3 = 3+5 sei. Etwas in Verwirrung geraten, wiederholt der Vater seine Frage in etwas anderer Form: 'Aber wieviele Äpfel sind 5 Äpfel und 3 Äpfel?' Das Kind verstand nicht recht, daß 'und' 'plus' bedeutet und fragte: 'Meinst Du 5 Äpfel plus 3 Äpfel?' Der Vater beeilte sich, dies zu bejahen und wartete gespannt auf die Antwort. 'Ach', meint der Sohn, 'das spielt gar keine Rolle, ob Du Äpfel, Birnen oder Bücher meinst, 5+3 = 3+5 stimmt immer.'" (KLINE 1974, S. 15)

Freilich waren auch in der 'heißen' Reformphase kritische Stimmen zu hören. So schrieb ALEXANDER WITTENBERG (1926-1965) über die Bedeutung der Strukturbegriffe für den Mathematikunterricht:

"In der höheren Mathematik werden jene Begriffe und Methoden nicht um ihrer selbst willen eingeführt, sondern weil sie mathematisch etwas leisten - sie dienen dazu, neuartige mathematische Erkenntnisse zu erschließen. Wäre dem nicht so, so würde sich kein schöpferischer Mathematiker dazu hergeben, auch nur einen Gedanken an sie zu verschwenden. Am Gymnasium leisten sie aber charakteristischerweise nichts. Sie bleiben Selbstzweck - und damit Unsinn..." (WITTENBERG 1963, S. 55).

Solche Stimmen waren aber in der Reformeuphorie untergegangen. So hatte auch LAUGWITZ mit seinem Nürnberger Vortrag 1965 (LAUGWITZ 1966) gegen die Überbetonung der Strukturen und der Axiomatik zwar Nachdenken ausgelöst, aber letztlich die Lehrplanentwicklung nicht aufhalten können (DAMEROW 1977).

Schließlich wurde jedoch im Laufe der Zeit, nicht zuletzt unter dem Ein-

2. Zur historischen Entwicklung des Algebraunterrichts

druck ernüchternder Unterrichtserfahrungen, vieles von der Reform wieder zurückgenommen: Die Axiomatik der Zahlbereiche wurde abgeschwächt und durch Stärkung der Anschauung ausgeglichen. Die Strukturbegriffe wurden in die Oberstufe verlagert, die Gleichungslehre wurde begrifflich vereinfacht, auch der Funktionsbegriff wurde stärker anschaulich und intuitiv verankert. Diese Änderungen waren nicht nur Reaktionen des "gesunden Menschenverstandes" auf überspitzte Reformen, sie konnten sich vielmehr zunehmend auf didaktische Theorien des Lehrens und Lernens von Mathematik stützen. So machte z.B. WITTMANN in einer *Theorie des genetischen Lehrens* deutlich, daß eine Unterrichtsorganisation, die sich ausschließlich an deduktiven Darstellungen mathematischer Theorien orientiert, die Entfaltung mathematischen Denkens beim Kinde behindert (WITTMANN 1974). Die genetische Methode berücksichtigt deshalb sowohl die Struktur des Gegenstandes als auch die kognitive Struktur der Lernenden. Dies wird erreicht, indem in der Theorie des genetischen Lehrens mathematische, erkenntnistheoretische, psychologische, pädagogische und soziologische Betrachtungsweisen miteinander verbunden werden.

In den siebziger Jahren treten die mathematischen Überlegungen, die in den sechziger Jahren in der didaktischen Diskussion dominiert hatten, gegenüber den anderen Sichtweisen zurück. In theoretischen Betrachtungen über das Lehren von Begriffen im Mathematikunterricht denkt man nun z.B. intensiver über die Natur der Begriffe nach (Erkenntnistheorie), untersucht man, wie sich die zum Erwerb der Begriffe notwendigen geistigen Fähigkeiten bei den Kindern entwickeln (Entwicklungspsychologie), versucht man, die zu erreichenden Ziele zu begründen (Pädagogik) und beachtet, daß das Lernen der Begriffe in der Schule in der Gruppe stattfindet (Soziologie). Im Bereich der Algebra stand vor allem der Funktionsbegriff im Mittelpunkt solcher Überlegungen (z.B. VOLLRATH 1974, 1982, 1984). Im Unterricht schlug sich dies z.B. in einem gestuften Aufbau für das Lehren des Funktionsbegriffs nieder.

In den achtziger Jahren erwacht das Interesse der didaktischen Forschung an den Denkvorgängen der Lernenden. Es beginnen systematische Studien über Fehler von Schülern. Man erkennt ihre Regelhaftigkeit und sucht nach den Ursachen (z.B. RADATZ 1980). Insbesondere für das Rechnen in den verschiedenen Zahlbereichen sind inzwischen sehr gründliche Kenntnisse vorhanden (z.B. PADBERG 1992 für die natürlichen Zahlen, PADBERG 1989 für die Bruchzahlen). Eine besonders interessante Entdeckung war das offensichtliche Vorhandensein ganz unterschiedlicher Vorstellungen bei Lehrenden und Lernenden, die den Lehrenden offenbar nur selten bewußt sind (z.B. ANDELFINGER 1984). Zum Teil hängt dies mit unterschiedlichen Intentionen der Lehrenden und Lernenden zusammen. Während z.B. die Lehrenden eher an Erkenntnis interessiert sind, geht es den Lernenden in erster Linie um den Nutzen (VOLLRATH 1993 b). Derartige Interessenunterschiede und ihre Auswirkungen auf Vorstellungen sind sehr gründlich untersucht worden (z.B. KRUMMHEUER 1983). Auch die Analyse der Fehler hat inzwischen Auswirkungen auf den Unterricht. So finden sich in Schulbüchern Abschnitte, in denen deutlich auf mögliche Fehler hingewiesen wird und systematisch fehlerträchtige Situationen angegangen werden.

Inhaltlich kommen die stärksten Impulse derzeit von den Algebraprogrammen für Computer, die dem Unterricht bereits in der Sekundarstufe I völlig neue Möglichkeiten erschließen, andererseits aber das Üben bestimmter Fertigkeiten, das heute noch sehr viel Zeit beansprucht, fragwürdig erscheinen lassen.

3. Zur Begründung des Lehrganges

Die historischen Betrachtungen zur Entwicklung des Algebraunterrichts haben deutlich gemacht, daß den didaktischen Entscheidungen über Auswahl, Anordnung und Gestaltung der Inhalte unterschiedliche Argumentationslinien zugrunde liegen.

3.1. Bildungsziele

Der Mathematikunterricht soll den Schülern grundlegende Begriffe, Einsichten und Methoden der Mathematik vermitteln, um sie in diesen wichtigen Bereich unserer *Kultur* einzuführen (BISHOP 1988). Der Algebraunterricht soll dazu folgende Beiträge leisten:

3. Zur Begründung des Lehrganges

- Es sollen grundlegende Vorstellungen und Einsichten über den Aufbau des Zahlensystems vermittelt werden. Die Schüler sollen die dem Rechnen zugrunde liegenden Regeln erkennen, sinnvoll anwenden und die Grundrechenarten beherrschen lernen.
- Die Schüler sollen mit Variablen und Termen wichtige Ausdrucksmittel der Algebra kennenlernen, diese "Formelsprache" verstehen und richtig verwenden. Mit Hilfe dieser Sprache sollen sie Zusammenhänge in der Mathematik, aber auch in wichtigen Anwendungsbereichen wie Naturwissenschaften, Technik und Sozialwissenschaften angemessen beschreiben und verstehen können. Insbesondere sollen sie in dieser Sprache kommunizieren und argumentieren können.
- Der Funktionsbegriff soll von den Schülern erfaßt werden. Sie sollen wichtige Funktionstypen und ihre Eigenschaften kennenlernen. Zugleich sollen sie diese innerhalb der Mathematik und in wichtigen Anwendungsbereichen benutzen, um Zusammenhänge zu erkennen, zu beschreiben oder auch herzustellen.
- Mit Hilfe von Gleichungen sollen Zusammenhänge zwischen Größen beschrieben, Probleme formuliert und gelöst werden können.

Mit dem Erreichen dieser Ziele erwartet man einen Beitrag zur *Bildung* des Menschen. Dabei geht es um die volle Entfaltung der Persönlichkeit des jungen Menschen (z.B. KLAFKI 1985). Der Mathematikunterricht kann dazu einen wichtigen Beitrag leisten (z.B. WITTENBERG 1963). Da die Inhalte des Algebraunterrichts für die Mathematik *grundlegend* sind, ergibt sich eine Rechtfertigung für die genannten Ziele. Dabei haben die algebraischen Inhalte eine doppelte Funktion:

- Indem der Algebraunterricht Erkenntnis über Zahlen, Terme, Funktionen und Gleichungen vermitteln will, verfolgt er *inhaltliche* Ziele. Mit ihnen soll ein Beitrag zur "materialen Bildung" geleistet werden.
- Im Umgang mit Zahlen, Funktionen und Gleichungen sollen bestimmte Fähigkeiten ausgebildet werden. Man strebt damit *formale* Ziele an. Mit ihnen soll ein Beitrag zur "formalen Bildung" geleistet werden.

Das Erreichen dieser Ziele ist an einige Bedingungen geknüpft. Damit der Mathematikunterricht den erwünschten Beitrag zur Bildung des Menschen erbringen kann, ist nach WITTENBERG erforderlich:

- Der Mathematikunterricht hat den Lernenden eine *gültige Begegnung* mit Mathematik zu ermöglichen (WITTENBERG 1963, S. 50);
- Mathematik muß sich dem Denken der Lernenden im Unterricht *voll erschließen* können (WITTENBERG 1963, S. 57);
- Mathematik muß von den Lernenden als etwas für sie *Wertvolles* erfahren werden (WITTENBERG 1963, S. 55).

Im Folgenden soll näher betrachtet werden, welche Konsequenzen diese Forderungen für den Algebraunterricht haben.

3.2. Das Problem der Gültigkeit

Beide Reformen des Mathematikunterrichts in unserem Jahrhundert reagierten auf Entwicklungen in der Mathematik. Der Mathematikunterricht war so weit hinter diesen Entwicklungen zurückgeblieben, daß den Lernenden überholte oder stark verengte Vorstellungen vermittelt und wichtige neue Einsichten vorenthalten wurden. Der Unterricht verfehlte damit nach Ansicht der Reformer das Ziel, ein zuverlässiges Bild von Mathematik zu vermitteln. Dies Argument konnte allerdings nur dann greifen, wenn diese Entwicklungen der *höheren* Mathematik wesentlichen Einfluß auf die *elementare* Mathematik der Schule hätten. In der Reform der sechziger Jahre wurde z.B. die Frage diskutiert, ob der Gruppenbegriff elementar sei. WITTENBERG verneinte dies. Für ihn war der Gruppenbegriff ein Begriff der höheren Mathematik, der auch erst in diesem Rahmen richtig gewürdigt werden könnte (WITTENBERG 1963, S. 55). STEINER dagegen sah diesen Begriff als grundlegend für das strukturelle Denken der modernen Mathematik an und betrachtete es daher als eine wichtige Aufgabe, diesen Begriff für den Unterricht so aufzubereiten, daß er den Schülern grundlegende Einsichten vermitteln könne (STEINER 1965 c, S. 194). Der Verlauf der Reform zeigt, daß die Realisierung dieser Ideen erhebliche Schwierigkeiten bereitete. Vieles von den neuen Inhalten wurde zurückgenommen, doch haben sich bestimmte neue Sichtweisen erhalten. So werden zwar Gruppen kaum noch explizit im Unterricht behandelt, doch werden die Gruppenaxiome in unterschiedlichen Bereichen als Verknüpfungsregeln hervorgehoben.

3. Zur Begründung des Lehrganges

Wenn neue Entwicklungen in der Mathematik die im Unterricht behandelten Themen, Inhalte und Methoden von der Mathematik her in neuem Licht erscheinen lassen, dann sollte das auf jeden Fall Anlaß sein, den Unterricht im Lichte dieser Entwicklungen kritisch zu überdenken.

3.3. Das Problem der Angemessenheit

Bereits in der Meraner Reformdiskussion spielten psychologische Überlegungen eine wichtige Rolle. Die Reformer legten großen Wert auf *kindgemäßes* Arbeiten im Mathematikunterricht. Dies sollte vor allem durch Förderung der Anschauung geschehen. Für die Betrachtung von Funktionen spielte daher ihre graphische Darstellung eine wichtige Rolle. Auch die Reformbestrebungen der sechziger Jahre brachten eine Fülle neuer Materialien (z.b. Bausteine zur Veranschaulichung unterschiedlicher Zahldarstellungen, Spiele zur Erarbeitung von Strukturen, Pfeildiagramme zur Veranschaulichung von Relationen und Funktionen), die den Lernenden Erfahrungen durch Handeln und Beobachten vermitteln sollten. Dabei stand nie in Frage, daß sich der Mathematikunterricht voll dem Denken der Lernenden erschließen muß. Strittig war lediglich, inwieweit sich dieses Denken in der Beschäftigung mit der Mathematik entfaltet. Dies wird besonders deutlich im Bereich der Erfahrungen. Man könnte z.B. fordern, daß sich mathematische Betrachtungen im Erfahrungsbereich der Schüler vollziehen müssen. Andererseits kann aber gerade das mathematische Arbeiten zu neuen Erfahrungen führen, auf die man dann aufbauen kann. In der Algebra wurden z.b. Variablen bis in die sechziger Jahre erst von der 7. Jahrgangsstufe an verwendet. Man rechtfertigte das damit, daß formales Denken erst in dieser Altersstufe möglich werde (STRUNZ 1968). In den sechziger Jahren erkannte man jedoch, daß dieses etwas pauschale Urteil der Problematik nicht gerecht wurde. Man begann nun schon in der Grundschule, Variable zu benutzen.

Eine ähnliche Argumentation bezieht sich auf das formale Denken. Psychologische Untersuchungen legen nahe, daß man erst etwa an der 7. Jahrgangsstufe voraussetzen kann, daß die Schüler proportionale Zuordnungen als solche erfassen können (s. VOLLRATH 1989). Andererseits stellt man fest, daß z.B. in der "Geldwelt" Kinder bereits in der Grundschule proportional denken können.

Aber auch innerhalb einer Altersgruppe gibt es unterschiedliche Fähigkeiten, auf die sich der Unterricht einzustellen hat. Traditionell wurde z.B. in der Volksschule nicht mit Variablen gearbeitet, weil man das den Hauptschülern nicht zutraue. Das Arbeiten mit Variablen blieb also dem Gymnasium und der Realschule vorbehalten. Dagegen verzichtete man häufig in der Realschule auf Beweise, die man selbstverständlich von den Gymnasiasten erwartete. Wenn auch diese Unterschiede viel zu grob waren, stellt sich doch auch heute das Problem einer angemessenen *Differenzierung*. So wird man z.b. zwar den Hauptschülern Variable nicht vorenthalten, sich aber bei der Behandlung von Termen auf einfache Typen beschränken. In der Realschule wird man unter Umständen anschaulich argumentieren, wo man im Gymnasium formal beweist. In diesem Buch wird bei den einzelnen Themensträngen nicht nach Schultypen differenziert. Doch werden an geeigneten Stellen immer wieder Hinweise auf unterschiedliche Behandlungsmöglichkeiten der Inhalte gegeben, die sich für Differenzierungen eignen.

3.4. Das Problem des Wertes

Bei den Unterrichtsreformen wurden neue Inhalte damit begründet, daß ohne sie den Schülern wichtige Einsichten und Möglichkeiten verschlossen blieben. Dagegen sollten traditionelle Inhalte im Unterricht weggelassen werden, weil sie nicht mehr wichtig seien. In den sechziger Jahren verzichtete man z.B. in der Algebra auf Verhältnisgleichungen, auf numerische Berechnungen mit Logarithmen und schränkte die Wurzelrechnungen ein. Verhältnisgleichungen ließen sich ohne Verlust als Gleichungen mit Brüchen schreiben, Logarithmen hatten die Bedeutung für das praktische Rechnen verloren. In den siebziger Jahren begann ja der "Siegeszug" des Taschenrechners. Wurzelregeln erübrigten sich, wenn man die Wurzeln als Potenzen schrieb. Damit schuf man Raum für die neuen Begriffe und Betrachtungsweisen.

Denkt man über den *Bildungswert* eines mathematischen Inhalts nach, dann wird man zunächst den Wert des Inhalts für die Mathematik betrachten. In der Aussage, die Inhalte des Algebraunterrichts seien grundlegend für die Mathematik, liegt eine Wertung. Wenn auch Wertungen von Mathemati-

3. Zur Begründung des Lehrganges

kern im allgemeinen unterschiedlich ausfallen können (z.b. VOLLRATH 1993 b), so kann man hier doch weitgehend mit Einmütigkeit rechnen.

Schwieriger ist allerdings die Frage, ob der mathematisch wichtige Inhalt auch wichtig ist für das Erreichen der angestrebten Bildungsziele. Daß z.B. der Begriff der Äquivalenzrelation mathematisch grundlegend ist, ist unbestritten. Ob er allerdings zur Erreichung der angestrebten Allgemeinbildung wesentlich ist, erscheint heute zweifelhaft.

Die Inhalte des Algebraunterrichts sind auch für den Mathematikunterricht grundlegend in dem Sinne, daß sie zum Verständnis und zur Beherrschung wichtiger Bereiche wesentlich sind. Analysis kann in der Sekundarstufe II ohne Verständnis und Beherrschung von Zahlen, Termen, Funktionen und Gleichungen nicht bewältigt werden. Das gilt auch im Kleinen. Viele Themen bauen aufeinander auf. Ohne Terme und Gleichungen kommt man z.B. bei den Funktionen nicht weit. Ohne Beherrschung des Rechnens mit Zahlen kann man nicht lernen, Gleichungen zu lösen. Diesen Probleme kann sich kein Schultyp entziehen. In allen Schularten wird auch an die algebraischen Anforderungen der jeweiligen Abschlußprüfungen gedacht, die durchaus unterschiedlich, aber bis zu einem gewissen Grade unumgänglich sind. In der Realschule und der Hauptschule wird man dabei auch die Anforderungen weiterführender Schulen mit im Blick haben müssen.

Im Laufe ihres schulischen Lebens haben die Schüler also durchaus eine Chance, Algebra als etwas für ihre schulische Laufbahn Wichtiges zu erfahren. Man sollte sich jedoch im Unterricht nicht damit begnügen, darauf zu vertrauen, daß die Schüler diese Inhalte später schon als etwas Wertvolles erkennen werden, sondern alles daran setzen, den Schülern in der jeweiligen Unterrichtssituation deutlich zu machen, daß sie die Auseinandersetzung mit dem jeweiligen Inhalt bereichert. Dies wird man vor allem durch Orientierung des Unterrichts an Problemen zu erreichen suchen, die die Schüler fesseln.

Rückblick

Algebra ist ein historisch gewachsenes Teilgebiet des Mathematikunterrichts der Sekundarstufe I, in das Schüler aller Schularten eingeführt werden.

Der Algebraunterricht ist von vier Themensträngen bestimmt, die sich über alle Jahrgangsstufen hinziehen:
Zahlen - Terme - Funktionen - Gleichungen.

Im Algebraunterricht werden mit diesen Themensträngen grundlegende Kenntnisse und Fähigkeiten vermittelt, die einen wesentlichen Beitrag zur Bildung leisten sollen.

Ausblick

In den folgenden Kapiteln werden nacheinander die einzelnen Themenstränge des Algebraunterrichts behandelt. Die Kapitel sind im wesentlichen nach dem gleichen Schema aufgebaut:

Zunächst wird der mathematische Hintergrund des Themenstranges in didaktischer Sicht dargestellt. Dabei geht es um Klärung der Grundlagen und Zusammenhänge, soweit sie für den Unterricht relevant sind. Hier spielen auch geschichtliche und erkenntnistheoretische Überlegungen eine wichtige Rolle.

Es folgen allgemeine Überlegungen über das Lehren des betreffenden Themenstranges. Hier geht es um die Entwicklung angemessener Lernmodelle, um das Aufzeigen von Schwierigkeiten und Wegen zu ihrer Überwindung.

Schließlich wird der Abriß einer möglichen Behandlung des Themenstranges über die einzelnen Jahrgangsstufen hin gegeben.

Das nächste Kapitel beginnt mit dem Themenstrang *Zahlen*. Dabei geht es in diesem Buch in erster Linie darum, die algebraischen Aspekte der Zahlen hervorzuheben. Für eingehendere didaktische Studien der einzelnen Zahlbereiche wird jeweils auf spezielle Literatur verwiesen.

Das Kapitel gibt Antwort auf die folgenden Fragen:
(1) Was sind Zahlen in algebraischer Sicht? Wie kann man sie begründen? In welcher Beziehung stehen sie zur Wirklichkeit? Wie ist das Zahlensystem algebraisch aufgebaut?
(2) Wie kann man einen Lernprozeß organisieren, der die Entwicklung des Denkens und die mathematischen Gesetzmäßigkeiten gleichermaßen berücksichtigt? Wie kann man dem Lernprozeß einen "roten Faden" geben, der den Lernenden Orientierung gibt?
(3) Wie kann man im Unterricht über die einzelnen Jahrgangsstufen hinweg Zahlen so behandeln, daß algebraische Betrachtungsweisen das Verstehen und das Beherrschen der Zahlen erleichtern?

II. Zahlen

1. Zahlen in algebraischer Sicht

1.1. Algebraisches Verständnis der Zahlen

Zahlen finden sich in allen Kulturen. Sie entsprechen grundlegenden Bedürfnissen des Menschen (s. IFRAH 1987). Ihre Entwicklung ist im wesentlichen von immer steigenderen Ansprüchen an die Zahlen bestimmt. Ging es zunächst um das Zählen, so benötigte man sie bald zum Messen, dann zum Rechnen, schließlich zum Lösen von Gleichungen und zur Beschreibung von Zusammenhängen durch immer kompliziertere Funktionen. In der Mathematik wurden wiederholt neue Zahlbereiche geschaffen. Die Mathematiker nutzten sie für die Lösung ihrer eigenen Probleme und die ihrer Anwender. Zugleich erforschten sie die Zahlen und machten damit deren Reichtum an Eigenschaften und Beziehungen sichtbar.

Von besonderem mathematischen Interesse sind die Regeln eines bestimmten Zahlbereichs und die Möglichkeiten der Erweiterung dieses Bereichs. In der Geschichte der Mathematik bereiteten beide Fragestellungen zum Teil erhebliche Probleme.

In den "Elementen" des EUKLID (um 300 v. Chr.) finden sich Aussagen über Zahlen und Größen. Diese Aussagen haben aber nicht das Gewicht der geometrischen Betrachtungen. Erst in der Neuzeit erwacht das Interesse an einer axiomatischen Begründung der Zahlen. Vereinzelt lassen sich gegen Ende des 18. Jahrhunderts Versuche beobachten, auch die Arithmetik nach dem Muster der Elemente des EUKLID axiomatisch zu fundieren. So beginnt z.B. der Würzburger Mathematiker FRANZ HUBERTI (1715-1789) seine "Rudimenta Algebrae" von 1762 mit Axiomen. Ein modernen Ansprüchen genügender Aufbau des Zahlensystems wurde aber erst im 19. Jahrhundert von RICHARD DEDEKIND (1831-1916) und GIUSEPPE PEANO (1858-1932) geliefert (s. GERICKE 1970).

Beim Studium der reellen Zahlen entdeckte man ganz unterschiedliche Eigenschaften. Im Vordergrund standen zunächst Aussagen über die Rechenoperationen, dann aber betrachtete man auch die Ordnungsrelationen und ihre Beziehungen zu den Rechenoperationen. Mit der Entwicklung der Analysis interessierte man sich schließlich zunehmend für Grenzwerte. All das wurde gegen Ende des vorigen Jahrhunderts in einem großen Zusammenhang gesehen.

Die Entwicklung des strukturellen Denkens in der ersten Hälfte dieses Jahrhunderts schärfte jedoch den Blick für unterschiedliche Eigenschaften der Zahlen. So gehören die Rechenoperationen mit ihren Eigenschaften zur *algebraischen Struktur*, die Ordnungsrelationen zur *Ordnungsstruktur* und die Grenzwertbetrachtungen zur *topologischen Struktur* der reellen Zahlen. Die Betrachtung dieser Strukturen kann man nach HERMANN WEYL (1885-1955) als unterschiedliche Wege mathematischen Verständnisses ansehen (WEYL 1932). *Algebraisches Verständnis* der Zahlbereiche erzielt man durch die Untersuchung ihrer algebraischen Struktur.

So interessant diese isolierenden Betrachtungen sein mögen, erwachte doch bald das Interesse an integrierende Betrachtungen, bei denen die Beziehungen zwischen den verschiedenen Strukturen hervorgehoben werden. So stellen etwa die Monotoniegesetze eine Verbindung zwischen der Anordnung und den Verknüpfungen der reellen Zahlen dar, während die Grenzwertsätze den Zusammenhang zwischen den Verknüpfungen und dem Grenzwertbegriff deutlich machen. Dies erklärt das Interesse an "Mischstrukturen", wie z.B. angeordneten Körpern oder topologischen Gruppen.

Diese Betrachtungen zeigen: Der Algebraunterricht kann wesentliche Beiträge zum Verständnis der Zahlen leisten, wenn in ihm die Regeln des Rechnens und die Zusammenhänge zwischen diesen Regeln deutlich gemacht werden. Man muß sich dabei allerdings folgender *Paradoxie des Verstehens* (VOLLRATH 1993 c) bewußt sein: Einerseits ist es notwendig, das Wesentliche hervorzuheben; andererseits muß jedoch auch die Vielfalt deutlich werden. So wichtig das Hervorheben der algebraischen Struktur eines Zahlbereichs im Unterricht ist, so notwendig ist die Entfaltung des Beziehungsreichtums innerhalb dieses Bereichs.

1.2. Axiomatische und konstruktive Begründungen der Zahlen

Das Bemühen um eine Fundierung der Zahlen führte zu Axiomensystemen. Am berühmtesten ist das Axiomensystem von PEANO für die natürlichen Zahlen (s. GERICKE 1970). Die Axiomatik der reellen Zahlen ist mit den Namen AUGUSTIN CAUCHY (1789-1857), RICHARD DEDEKIND (1831-1916) und KARL WEIERSTRAß (1815-1897) verbunden. Alle diese Axiomensysteme versuchen, die entsprechenden Bereiche zu *charakterisieren*. Sie beanspruchen also, die Bereiche bis auf Isomorphie festzulegen. Die Widerspruchsfreiheit der Axiomensysteme wird mit der Existenz von Modellen nachgewiesen. Was aber sind Modelle?

Ein Modell eines Axiomensystems ist ein Gegenstandsbereich, der die Axiome erfüllt. Von einem solchen Gegenstandsbereich erwartet man, daß man ihn *konstruieren* kann. Das können für das Peano-Axiomensystem "Strichreihen" sein (LORENZEN 1962). Hat man damit den Bereich der natürlichen Zahlen konstruiert, so kann man ihn durch Paarbildung und Äquivalenzklassen erweitern zum Bereich der ganzen Zahlen; entsprechend erhält man als Erweiterungsbereich der ganzen Zahlen die rationalen Zahlen. Nach DEDEKIND kann man dann mit Hilfe von Schnitten die reellen Zahlen gewinnen, oder man macht das mit Hilfe von Cauchy-Folgen oder Intervallschachtelungen (s.VOLLRATH 1968). Beim letzten Schritt von den rationalen zu den reellen Zahlen haben allerdings manche Mathematiker Schwierigkeiten, von einer Konstruktion zu sprechen, denn man hat es dabei mit überabzählbar vielen Objekten zu tun.

Damit sind wir mitten im Streit zwischen Formalisten und Konstruktivisten. Während die *Formalisten* im Gefolge von DAVID HILBERT (1862-1943) die Mathematik auf Axiome gründen wollen, lassen die *Konstruktivisten* im Gefolge von LUITZEN BROUWER (1881-1966) nur das als Mathematik zu, was sich "konstruieren" läßt (s. MESCHKOWSKI 1956). Praktisch wirkt sich freilich diese Grundlagenproblematik nicht besonders dramatisch aus. In der Algebra kann man z.B. im Sinne der Formalisten die rationalen Zahlen als Primkörper der Charakteristik 0 *charakterisieren* oder für die Konstruktivisten als Quotientenkörper aus dem Integritätsbereich der ganzen Zahlen *konstruieren*.

Erkenntnistheoretisch läßt sich diese unterschiedliche Sicht bereits in den Positionen von PLATON (427 v.Chr. - 347 v.Chr.) und ARISTOTELES (384/3 v.Chr. - 322/1 v.Chr.) erkennen. Während für PLATON die Objekte der Mathematik im "Ideenhimmel" vorhanden sind, schaffen sich für ARISTOTELES die Mathematiker die Objekte ihres Denkens selbst.

Auch für die Schule hat diese Problematik Bedeutung: Sollen die Schüler die Zahlen *entdecken* oder *erfinden*? In beiden Fällen wird es sich aus der Sicht des Wissenden um Nach-Entdeckung oder Nach-Erfindung handeln. Aber das ist hier nicht das Problem. Entscheidend ist vielmehr, ob die Schüler einen deskriptiven oder einen konstruktiven Zugang zu den Zahlen finden sollen. Entdecken und erforschen die Lernenden z.b. am Zahlenstrahl nacheinander die verschiedenen Zahlbereiche oder schaffen sie sich selbst die Zahlen, die sie dann den Punkten einer Geraden zuordnen? Es ist versucht worden, die natürlichen Zahlen als Mächtigkeiten endlicher Mengen einzuführen und die Erweiterungskonstruktionen so zu elementarisieren, daß sie mit Schülern wenigstens im Ansatz durchgeführt werden können (z.B. WALSCH/WEBER 1975). Alle diese Versuche leiden darunter, daß häufig formale Gesichtspunkte im Vordergrund stehen, deren Sinn und deren Tragweite sich den Schülern nur schwer erschließen. Ein Hang zur "Methodenreinheit" führt überdies leicht dazu, intuitive Vorstellungen abzuschneiden. Günstiger ist es dagegen, sich um ein breites intuitives Fundament zu bemühen und die Zahlen nacheinander an der Zahlengeraden entdecken zu lassen. In Reflektionsphasen wird man dann versuchen, jeweils die Grenzen der einzelnen Zahlbereiche deutlich zu machen und hervorzuheben, in welcher Weise diese Grenzen durch den erweiterten Zahlbereich überwunden werden. Wie das geschehen kann, wird bei der Behandlung der einzelnen Zahlbereiche gezeigt.

1.3. Das Problem der Bereichserweiterung

Bei einer konstruktiven Behandlung von Zahlbereichserweiterungen tritt ein Problem auf, das BERTRAND RUSSELL (1872-1970) gesehen hat. Bei der Konstruktion der ganzen Zahlen als Äquivalenzklassen von Paaren natürlicher Zahlen entspricht der Klasse $+n = \overline{(n,0)}$ die natürliche Zahl n. Der Bereich der Äquivalenzklassen enthält also einen Teilbereich, der iso-

1. Zahlen in algebraischer Sicht

morph ist zum Bereich der natürlichen Zahlen. RUSSEL argumentiert nun, daß damit der neu konstruierte Bereich gar nicht wirklich die natürlichen Zahlen enthalte, so daß also gar kein Erweiterungsbereich gefunden worden sei (RUSSEL 1923, S. 64-90). Das gilt auch für die übrigen Erweiterungen. Für RUSSEL ist also die natürliche Zahl 2 von der ganzen Zahl +2, von der rationalen Zahl $+\frac{2}{1}$ und von der reellen Zahl +2,000... verschieden.

Für den Formalisten ist das Problem schnell gelöst. Er tauscht einfach den Bereich, der dem engeren Bereich isomorph ist, gegen den engeren Bereich aus. Man spricht von *isomorpher Einbettung*. Damit kann man dem Einwand von Russell begegnen. Doch stellt sich für den Formalisten das Problem gar nicht, denn auch die natürlichen Zahlen sind für ihn ja nur bis auf Isomorphie festgelegt. Eigentlich braucht man also gar keine isomorphe Einbettung mehr vorzunehmen.

Im Unterricht beobachtet man, daß die Schüler Schwierigkeiten mit den alten Zahlen als Sonderfällen der neuen haben. Deutlich wird dies z.B. bei den Bruchzahlen, wenn sie unsicher sind, wie sie die natürlichen Zahlen als Brüche schreiben sollen. Statt $\frac{5}{1}$ für 5 zu schreiben, wird häufig $\frac{5}{5}$ geschrieben (PADBERG 1989). Es bedarf also besonderer Bemühungen, den Schülern zu helfen, mit dem Vertrauten in neuem Zusammenhang sinnvoll umzugehen.

1.4. Zahl und Wirklichkeit

Obwohl Zahlen als Konstrukte unseres Denkens betrachtet werden, sind sie geeignet, Wirklichkeit zu beschreiben: Raum und Zeit lassen sich durch Zahlen erfassen; mit Zahlen kann man Aussagen über die unbelebte und belebte Natur machen; in der Technik wurden auf der Grundlage von Formeln neue Produkte entwickelt, deren Eigenschaften sich zahlenmäßig vorausberechnen und dann tatsächlich bestätigen lassen. Ja sogar das menschliche Verhalten wird wissenschaftlich mit Zahlen untersucht, so in der Soziologie, den Wirtschaftswissenschaften, der Psychologie und Ethologie. Auch hier stellt sich wieder das Problem, ob all dies in der Wirklichkeit enthalten ist und vom Menschen lediglich entdeckt zu werden braucht, oder ob sich der Mensch mit der Mathematik diese Wirklichkeit selbst schafft. Diese beiden Grundpositionen haben bis heute erkenntnistheoretisch nichts von ihrer Brisanz eingebüßt. Sie wirken sich auch auf die Deutung grundlegender Aussagen über Zahlen aus. Spricht man z.B. vom *Assoziativgesetz*, dann rückt man dies in die Nähe physikalischer Gesetze. Hier schwingt also etwas mit von einer in der Wirklichkeit verankerten Gesetzmäßigkeit. Spricht man dagegen von einer assoziativen Verknüpfung, dann schwächt man dies ab.

Im Mathematikunterricht legt man heute Wert darauf, den Schülern bewußt zu machen, daß man beim Umgang mit Zahlen in der Wirklichkeit kontrollieren muß, ob sie überhaupt für den Zweck geeignet sind. Werden z.B. die beiden Näherungswerte 1,3 und 3,42 wie üblich multipliziert, dann erhält man 4,446. Dieses Ergebnis ist der Situation nicht angemessen, weil es eine höhere Genauigkeit vortäuscht, als tatsächlich vorhanden ist. Angemessen ist dagegen 4,4. Für das Rechnen mit Näherungswerten gelten also andere Regeln (s. BLANKENAGEL 1985).

2. Zum Lernen des Zahlbegriffs

Das Lernen von Zahlen erstreckt sich in der Schule über die gesamte Schulzeit hinweg. Es beginnt in der Grundschule mit den natürlichen Zahlen und den Grundrechenarten, setzt sich in der Sekundarstufe I fort mit den Bruchzahlen, den rationalen und den reellen Zahlen, wird in der Sekundarstufe II mit den komplexen Zahlen abgerundet und mit der Analysis für die reellen Zahlen vertieft. Es handelt sich also um einen *langfristigen Lernprozeß*. In ihm kann man unterschiedliche Typen des Lernens feststellen. Zum einen geht es um das Gewinnen von Erkenntnis über die Zahlen, zum anderen werden Fähigkeiten im Umgang mit den Zahlen erworben.

Lehren setzt Grundvorstellungen über das Lernen voraus. Die primitivste Vorstellung beruht darauf, daß man durch Aufnahme von Faktenwissen lernt. Diese Vorstellung schlägt sich im Bild des "Nürnberger Trichters" nieder. Obwohl die Unzulänglichkeit dieses Modells allgemein bekannt ist,

2. Zum Lernen des Zahlbegriffs

wird doch immer noch zu viel Wissen "eingetrichtert". Im folgenden sollen zunächst zwei Modelle für das Lernen des Zahlbegriffs dargestellt werden, die vor allem auf Erkenntnis zielen.

2.1. Lernen durch Erweiterung

Das schrittweise Erarbeiten des Zahlensystems während der Schulzeit kann man bildhaft vergleichen mit der schrittweisen Erkundung einer unbekannten Umgebung: Zunächst beginnt man beim Haus, dann geht man in den Garten, weiter in das Dorf, schließlich erwandert man die Umgebung. Dabei erweitert sich der Horizont: Neues wird erfahren, zugleich erscheint das Vertraute in neuer Sicht.

Mit diesem Bild läßt sich *Lernen durch Erweiterung* im Mathematikunterricht beschreiben. Das Lernen vollzieht sich in *Schritten*:
- Die Grenzen eines Bereiches werden bewußt überschritten. Dabei eröffnet sich ein neuer Bereich.
- Der neue Bereich wird erkundet. Man entdeckt Neues, aber auch Vertrautes.
- Unter dem Eindruck der neuen Erfahrungen wird der alte Bereich neu gesehen. Der alte Bereich ist nun eingebunden in den neuen.

Für den Übergang von den natürlichen Zahlen zu den Bruchzahlen in der 6. Jahrgangsstufe bedeutet dies z.b.

(1) Man überschreitet die Grenze der natürlichen Zahlen, indem man beliebige Teilungen durchführt. Nun kann man allgemein natürliche Zahlen durcheinander dividieren und erhält die Bruchzahlen.

(2) Man entdeckt, wie man mit Bruchzahlen rechnet. Dabei erkennt man, daß z.B. die alten Eigenschaften wie Assoziativität, Kommutativität und Distributivität erhalten bleiben. Neu ist jedoch, daß jetzt z.b. Quadrieren auch eine Verkleinerung bewirken kann.

(3) Die natürlichen Zahlen werden als spezielle Bruchzahlen, z.B. Brüche mit dem Nenner 1, erkannt. Die Bruchrechenregeln liefern für die natürlichen Zahlen in Bruchdarstellung die alten Ergebnisse.

Den Erfolg eines derartigen Lernprozesses wird man daran messen, inwieweit die Anforderungen des neuen Bereiches erfüllt werden und ob die Verbindung zum alten Bereich sicher hergestellt werden kann.

Im Beispiel des Übergangs von den natürlichen Zahlen zu den Bruchzahlen kann man etwa das Beherrschen der Bruchrechenregeln durch Aufgaben überprüfen. Fehler wie

$$\frac{2}{3} + \frac{3}{4} = \frac{5}{7}$$

weisen auf mangelnde Beherrschung der neuen Regeln hin. Dagegen zeigt der Fehler

$$\frac{3}{7} + 2 = \frac{5}{7}$$

mangelhafte Einbindung der natürlichen Zahlen in den Bereich der Bruchzahlen.

Der beschriebene Übergang von einem Bereich zu dem erweiterten Bereich vollzieht sich in der Regel in einem *mittelfristigen Lernprozeß*. In unserem Beispiel zieht sich der Übergang von den natürlichen Zahlen zu den Bruchzahlen über einen wesentlichen Teil des 6. Schuljahres hin. Der langfristige Prozeß beim Lernen des Zahlbegriffs setzt sich demnach aus einer Reihe von mittelfristigen Lernprozessen zusammen, in denen sich der *Verstehenshorizont* über Zahlen schrittweise erweitert. Am Ende erwartet man Vertrautheit und Beherrschung des Systems der reellen Zahlen, so daß die Schüler auf dieser Grundlage Analysis und lineare Algebra in der Sekundarstufe II treiben können. Andererseits hofft man natürlich, daß die Behandlung dieser Gebiete auch Rückwirkungen auf das Verständnis des Zahlensystems haben werden.

2.2. Lernen in Stufen

Obwohl die Schüler die natürlichen Zahlen und das Rechnen mit ihnen bereits in der Grundschule gelernt haben, stehen in der 5. Jahrgangsstufe wiederum die natürlichen Zahlen im Vordergrund. Dabei ist einiges zu wiederholen, zu sichern, vielleicht auch nachzuholen. So fragt man z.B. nach den Zusammenhängen zwischen den Rechenoperationen und nach

2. Zum Lernen des Zahlbegriffs

den Regeln, die dem Rechnen zugrunde liegen. Die natürlichen Zahlen werden als Zahlbereich mit bestimmten Eigenschaften erkannt. Dies geschieht in einer Phase der *Reflektion*. Sie bewirkt, daß die natürlichen Zahlen "von einer höheren Warte aus" betrachtet werden. Man kann dies fortsetzen, indem man z.B. in der 6. Jahrgangsstufe nach der Einführung der Bruchzahlen Gemeinsamkeiten und Unterschiede zwischen den Zahlbereichen herausarbeitet. Bei diesem Lernprozeß kann man von einem *Lernen in Stufen* sprechen. Mit dieser bildhaften Bezeichnung weist man auf die Erfahrungen beim Steigen hin: Blickt man von einer höheren Warte zurück, so gewinnt man eine neue Sicht des Bekannten, das Wesentliche tritt deutlicher hervor.

Das Modell des Lernens in Stufen findet sich in Ansätzen bereits bei JOHANN FRIEDRICH HERBART (1776-1841). In den zwanziger Jahren wurde der Geometrieunterricht in England nach diesen Vorstellungen geplant (MA-Report 1923). Unter dem Einfluß von HANS FREUDENTHAL (1905-1990) wurden sie von VAN HIELE (1967) für den Geometrieunterricht weiterentwickelt. Später wurde dies Modell auch auf das Lernen des Funktionsbegriffs angewendet (VOLLRATH 1974, 1982, 1984) und allgemein auf das Verstehen von Mathematik bezogen (HERSCOVICS/BERGERON 1983).

Das Lernen in Stufen im Mathematikunterricht läßt sich wie folgt beschreiben:
- Verstehen ist auf unterschiedlichen Stufen möglich.
- Jede Stufe läßt sich durch bestimmte Fähigkeiten der Lernenden bestimmen und durch das Fehlen anderer Fähigkeiten von den folgenden Stufen abgrenzen.
- Indem man die Inhalte, die man auf einer Stufe verstanden hat, zum Gegenstand der Reflektion macht, eröffnet man den Lernenden ein Verstehen auf einer höheren Stufe.

Beim langfristigen Lernen des Zahlbegriffs kann man die folgenden Stufen unterscheiden:
(1) In einem *intuitiven Verständnis* der Zahlen verfügen die Lernenden über angemessene Vorstellungen über Zahlen und Rechenoperationen, ohne daß sie bereits die zugrundeliegenden Regeln in ihrer

Bedeutung für das Rechnen erkannt hätten.
(2) Wichtige Eigenschaften der Zahlen und die Bedeutung der Regeln für das Rechnen werden in einem *inhaltlichen Verständnis* der Zahlen erkannt. Dabei beschränkt sich dieses Verständnis zunächst auf die natürlichen Zahlen.
(3) Nach der Erarbeitung der Bruchzahlen erfassen die Schüler Gemeinsamkeiten und Unterschiede zwischen den Zahlbereichen. Sie erkennen Beziehungen zwischen ihnen und erwerben damit ein *integriertes Verständnis* der Zahlen. Dabei lösen sich die Lernenden noch nicht von den konkreten Objekten.
(4) Dies geschieht erst auf einer Stufe des *formalen Verstehens*, in der man algebraische Strukturen betrachtet.

Bei der Beschreibung dieser Stufen wird deutlich, daß eine enge Verbindung zwischen dem Lernen durch Erweiterung und dem Lernen in Stufen besteht. Beide Modelle betonen jedoch unterschiedliche Aspekte des Lernens von Begriffen, die im Unterricht zu berücksichtigen sind.

2.3. Regellernen

Zu den Zielen beim Lehren der Zahlen gehört das sichere Beherrschen des Rechnens. Das Rechnen erfolgt nach bestimmten Regeln, die den Schülern bewußt und einsichtig gemacht werden müssen, die sie sich einprägen und die sie sinnvoll anwenden sollen. Das Lernen von Regeln ist ein sehr umfassendes psychologisches Problem. GAGNÉ hebt es als eigenen Typ des Lernens hervor (GAGNÉ 1969).

Es gehört zur Achtung der Würde eines Menschen, ihm nicht Regeln autoritär aufzuzwingen, sondern sie den Heranwachsenden einsichtig zu machen. Dies drückt MARTIN WAGENSCHEIN (1896-1988) in seiner Forderung aus:
Verstehen des Verstehbaren ist ein Menschenrecht.
(WAGENSCHEIN 1970, S. 419)
Die Erfahrung zeigt, und das bestätigen auch empirische Untersuchungen, daß *einsichtiges* Lernen von Regeln zu den besten Ergebnissen führt (s. AUSUBEL 1974).

2. Zum Lernen des Zahlbegriffs

Regeln müssen eingeprägt und in der kognitiven Struktur der Lernenden verankert werden. Hier scheiden sich die Geister. Betrachten wir einmal die Bruchrechenregeln. Traditionell wird insbesondere am Gymnasium verlangt, daß sie als vollständig formulierte Sätze auswendig gelernt werden:

Gleichnamige Brüche werden addiert, indem man die Zähler addiert und den Nenner beibehält.

Brüche werden multipliziert, indem man die Zähler miteinander und die Nenner miteinander multipliziert.

Fragt man aber Menschen nach ihrer Schulzeit, wie man Brüche addiert und multipliziert, dann hört man bestenfalls:

Zähler plus Zähler, Nenner bleibt.

Zähler mal Zähler - Nenner mal Nenner.

Hier sind also Kurzformen eingeprägt, die die wesentliche Information enthalten.

Läßt man sich erläutern wie $\frac{2}{3} \cdot \frac{5}{7}$ gerechnet wird, dann wird die verbale Erläuterung häufig durch Fingerbewegungen begleitet, indem auf die entsprechenden Zahlen gedeutet wird.

Das gilt vor allem für die Divisionsregel, bei der die Forderung "Multiplikation mit dem Kehrwert" regelmäßig von einer Handbewegung begleitet wird:

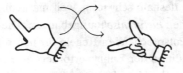

II. Zahlen

Schematisch kann man die Fälle auch so hervorheben:

```
o - o           o - o          o   o
                                 ×
o               o - o          o   o
Addition/Subtraktion  Multiplikation   Division
gleichnamiger Brüche
```

Die Brüche treten deutlicher vor, wenn man notiert:

Zahlenschema: $\dfrac{2}{7} + \dfrac{3}{7} = \dfrac{2+3}{7}$ $\dfrac{2}{3} \cdot \dfrac{5}{7} = \dfrac{2 \cdot 5}{3 \cdot 7}$

Platzhalter: $\dfrac{\Box}{\circ} + \dfrac{\triangle}{\circ} = \dfrac{\Box + \triangle}{\circ}$ $\dfrac{\Box}{\triangle} \cdot \dfrac{\Diamond}{\circ} = \dfrac{\Box \cdot \Diamond}{\triangle \cdot \circ}$

Formel: $\dfrac{a}{c} + \dfrac{b}{c} = \dfrac{a+b}{c}$ $\dfrac{a}{b} \cdot \dfrac{c}{d} = \dfrac{a \cdot c}{b \cdot d}$

Bei den verbal eingeprägten Regeln spielt die *akustische* Wahrnehmung, bei den schematischen Darstellungen spielt die *optische* Wahrnehmung die entscheidende Rolle. Für die Wirksamkeit der Vermittlung kommt es auf den Typ des Lernenden an (STRUNZ 1968).

Mit der verbalen Formulierung der Regeln bezweckt man aber natürlich auch, mit den Schülern über die Art des Vorgehens sprechen zu können. Verbal formulierte Regeln dienen also im Unterricht auch wesentlich der *Kommunikation*.

Das Verstehen einer Regel setzt allerdings voraus, daß die verwendeten Begriffe den Lernenden vertraut sind. Was helfen den Schülern die Bruchrechenregeln, wenn sie nicht wissen, was Zähler und Nenner bedeuten? Mathematik ist auch deshalb schwierig, weil mathematisches Wissen und Können im allgemeinen *hierarchisch* aufgebaut ist. Die Bruchrechenregeln werden z.B. auf die entsprechenden Regeln für natürliche Zahlen zurückgeführt, denn die Addition der Zähler erfordert eine Addition natürlicher Zahlen. Unter dem Einfluß des Mathematikunterrichts werden also Regelsysteme *hierarchisch gespeichert* (s. GAGNÉ 1969).

2. Zum Lernen des Zahlbegriffs

Der Aufbau des Regelsystems soll durch die Gliederung des Lehrgangs entsprechend den Vorstellungen des Lehrers erfolgen. Regelsysteme sind sehr *individuell* geformt und gespeichert (ANDELFINGER 1985). Die Lernenden bilden eigene Regeln. Das fällt auf, wenn sie falsch sind, z.B. wenn nach der Regel addiert wird: "Zähler plus Zähler, Nenner plus Nenner". Diese Regel ist als Fehlertyp sehr auffällig und international bekannt. Es gibt jedoch "raffinierte" Fehler, deren Regeln z.B. bei einer Korrektur von Klassenarbeiten überhaupt nicht erkannt werden. Sie erschließen sich erst nach langem Nachdenken, vielleicht sogar erst nach einem Gespräch. Beispiele finden sich in ausführlichen Fehleranalysen (z.B. RADATZ 1980, PADBERG 1989, PADBERG 1992).

Zusammenfassend ist beim Lehren von Regeln erforderlich:
- Regeln müssen einsichtig gemacht werden;
- Regeln müssen anschaulich als Schema verankert werden;
- Regeln sollten möglichst verbal eingeprägt und abrufbar sein;
- neue Regeln sind sinnvoll in die bestehende Regelhierarchie einzubinden;
- durch Beispiele und Gegenbeispiele muß den Schülern der jeweilige Gültigkeitsbereich der Regeln bewußt werden.

2.4. Der Verknüpfungsbegriff als Leitbegriff

Die entscheidenden Impulse für die schrittweise Begriffserweiterung kommen bei den Zahlen aus den Möglichkeiten und Grenzen der jeweiligen Rechenoperationen. Wir hatten gesehen, daß algebraisches Verstehen der Zahlbereiche das Erkennen ihrer algebraischen Struktur bedeutet. Sie drückt sich in den Verknüpfungen und ihren Eigenschaften aus. Algebraisches Verständnis der Zahlbereiche erzielt man also beim Herausarbeiten ihrer Verknüpfungseigenschaften. Der Begriff der *Verknüpfung* ist geeignet, um in den einzelnen Zahlbereichen Rechenoperationen unter einem gemeinsamen Aspekt zu betrachten, wichtige Eigenschaften von Verknüpfungen kennenzulernen, Verknüpfungen von einem Bereich auf einen Erweiterungsbereich fortzusetzen und schließlich zu erfahren, daß sich nicht nur Zahlen, sondern z.B. auch Funktionen und geometrische Abbildungen verknüpfen lassen. Damit ist der Verknüpfungsbegriff ein Mittel,

Verbindungen zwischen Algebra und Geometrie herzustellen, was ja ein zentrales Anliegen beider Unterrichtsreformen war. Wenn dann die Schüler im Laufe der Sekundarstufe I mathematisch wichtige Verknüpfungsgebilde kennengelernt haben, ist eine Basis für die Betrachtung von Gruppen, Ringen, Körpern und Vektorräumen in der Sekundarstufe II gelegt. In diesem Unterrichtsprozeß ist ein *Lernen durch Erweiterung* angelegt, indem man z.b. Verknüpfungen auf Erweiterungsbereiche fortsetzt und indem man immer neue Objekte miteinander verknüpft. Es ist aber auch ein *Lernen in Stufen* möglich, indem man von den Rechenoperationen zum Verknüpfungsbegriff und von Verknüpfungsgebilden zu den Gruppen oder ähnlichen Verknüpfungsgebilden vorstößt.

Dem Begriff der Verknüpfung wird damit die Rolle zugewiesen, im Unterricht in einem langfristigen Lernprozeß in *strukturelles Denken* einzuführen (VOLLRATH 1994). Begriffe, die solchen langfristigen Lernprozessen die Richtung geben, werden als *Leitbegriffe* bezeichnet (VOLLRATH 1984). In dem Funktionsbegriff werden wir später einen weiteren Leitbegriff des Algebraunterrichts betrachten.

3. Natürliche Zahlen im Unterricht

In diesem Abschnitt soll gezeigt werden, wie man bei der Behandlung der natürlichen Zahlen in der 5. Jahrgangsstufe algebraisches Verständnis für diesen Bereich vermitteln kann. Damit wird natürlich nur *ein* bestimmter Aspekt betont. Für eingehendere didaktische Betrachtungen der natürlichen Zahlen sei auf die "Didaktik der Arithmetik" von PADBERG (1992) verwiesen.

3.1. Rechenoperationen und ihre Beziehungen

Zunächst ist es aus der Sicht der Algebra wichtig, den Schülern bewußt zu machen, daß man die natürlichen Zahlen (ohne 0) additiv erzeugen kann mit Hilfe der Zahl 1. Sie ist also der *additive Grundbaustein* der natürlichen Zahlen:

$$n = \underbrace{1 + 1 + \ldots + 1}_{n \text{ Summanden}}.$$

3. Natürliche Zahlen im Unterricht

Die Addition ordnet stets zwei natürlichen Zahlen eine dritte zu:
Für $a, b \in N$ gilt $a+b = c \in N$.
Die Addition ist die *Grundoperation*. Die anderen Operationen lassen sich aus ihr gewinnen.
Die Subtraktion ist *Gegenoperation* zur Addition:
$c - b = a$ genau dann, wenn $a+b = c$.
Das bedeutet insbesondere:
$$(a+b) - b = a,$$
d.h. die "Subtraktion hebt die Addition auf".
Die Subtraktion ist innerhalb der natürlichen Zahlen nicht immer ausführbar.
$c - b \in N$ genau dann, wenn $b < c$.
Mathematisch gesehen kann man dies als Definition der Kleiner-Relation ansehen; wenn man die Kleiner-Relation bereits voraussetzen kann, dann ist dies ein Satz. Von der Unterrichtssituation her kann man den Schülern im Grunde weder die eine noch die andere Sicht vermitteln. Selbstverständlich ist für sie neben der Addition und Subtraktion auch die Kleiner-Relation bekannt. Es kann also hier nur darum gehen, den Schülern nochmals die Beziehungen zwischen den Operationen und Relationen bewußt zu machen.

Wiederholte Addition der gleichen Zahl führt zur Multiplikation:
$$a \cdot b = \underbrace{b+b+ \ldots +b}_{a \text{ Summanden}}.$$

Vom Sprechen "a mal b" her liegt es nahe, das Wort "mal" zum a zugehörig zu betrachten. Also "a mal" b. An dieser Stelle bestehen Chancen, ein ziemliches Durcheinander zu erzeugen. Denn es gibt Lehrer und Schulbücher, die (aus guten Gründen) das Produkt gerade andersherum betrachten, also:
$$a \cdot b = \underbrace{a+a+ \ldots +a}_{b \text{ Summanden}}.$$

Hier wird also gedacht: a "mal b". Diese Leseart ist nützlich für die Operatorauffassung, denn bei der Addition kann man schreiben

$$5 \xrightarrow{+3} 8.$$

II. Zahlen

Entsprechend möchte man natürlich auch bei der Multiplikation notieren können:

$$5 \xrightarrow{\cdot 3} 15.$$

Schließlich wird bei der schriftlichen Multiplikation auch von rechts multipliziert.

Hier besteht also ein Konflikt zwischen Umgangssprache und Fachsprache, den man nur bewältigen kann, indem man ihn offen darlegt und Argumente für und wider gegeneinander abwägt.

Da Addition und Multiplikation kommutativ sind, spielt die Reihenfolge auch bei der Multiplikation keine Rolle. Doch während das bei der Addition nicht besonders überraschend ist, ist die Gleichheit

$$\underbrace{a+a+ \ldots +a}_{b \text{ Summanden}} = \underbrace{b+b+ \ldots +b}_{a \text{ Summanden}}$$

nicht ohne weiteres ersichtlich. Die Kommutativität kann man z.B. an einem Punktmuster sichtbar machen:

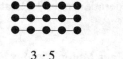

3 · 5   5 · 3

Solange man sich im Formalen bewegt, ist das alles weniger problematisch. Schwieriger wird es bei der Lösung von Textaufgaben, wenn es dort z.B. heißt "das Doppelte der...", "das Dreifache von...". Wenn hier in Operatorschreibweise übersetzt wird, dann ist auf die notwendige Änderung der Reihenfolge hinzuweisen.

Die Division wird als Umkehroperation der Multiplikation angesprochen:
   c : b = a genau dann, wenn a · b = c.
Auch die Division ist in N nicht immer ausführbar.

Die Ausführbarkeit führt jedoch hier zur Einführung einer neuen Relation:
   b | c genau dann, wenn c : b = a $\in$ N.
In der Regel wird die *Teilerrelation* jedoch erst später im Rahmen einer eigenen Unterrichtssequenz über Teilbarkeit behandelt. Diese Thematik stellt eine Erweiterung und Vertiefung der Kenntnisse über natürliche

3. Natürliche Zahlen im Unterricht 33

Zahlen dar. Innerhalb dieses Themas werden dann auch die Primzahlen entdeckt. Die Möglichkeit der Zerlegung natürlicher Zahlen größer als 1 in Primfaktoren mündet in die algebraisch wichtige Erkenntnis, daß die Primzahlen die *multiplikativen Grundbausteine* (KIRSCH 1987) der natürlichen Zahlen sind. Auch die Behandlung der Teilbarkeitslehre würde den Rahmen dieses Buches sprengen. Es sei deshalb auf Literatur verwiesen (z.B. BIGALKE/HASEMANN 1977, SCHWARTZE 1980).

Nachdem auch zur Multiplikation die Umkehroperation angesprochen worden ist, liegt es nahe, das "Programm" zur Erzeugung neuer Rechenoperationen fortzusetzen. Man definiert die Potenz

$$a^b = \underbrace{a \cdot a \cdot \ldots \cdot a}_{b \text{ Faktoren}}$$

(Hier steht der Operator rechts, allerdings hochgestellt!). Beim Potenzieren führt Vertauschung in der Regel zu anderen Ergebnissen. Der häufigste Fehler, der sich bei vielen Schülern hartnäckig behauptet, ist die Verwechslung mit der Multiplikation, z.B.

$$2^3 = 2 \cdot 3 = 6.$$

An sich würde auch beim Potenzieren die Frage nach Umkehroperationen naheliegen. Da das Potenzieren nicht kommutativ ist, gibt es zwei Umkehroperationen:

$$a^b = c$$

ist in N gleichbedeutend mit

$$\sqrt[b]{c} = a \quad \text{und} \quad \log_a c = b.$$

(Das Wurzelziehen fragt nach der Basis, das Logarithmieren fragt nach dem Exponenten!). Doch werden diese Umkehrungen erst in der 9. bzw. 10. Jahrgangsstufe eingeführt. Wir gehen darauf später näher ein.
Eine besondere Rolle spielen 0 und 1. Zunächst gibt es erfahrungsgemäß einige Unsicherheit, ob 0 überhaupt eine natürliche Zahl ist. Man zieht sich am besten aus der Affäre, indem man je nach Bedarf N (natürliche Zahlen ohne 0), bzw. N_o (natürliche Zahlen einschließlich der 0) betrachtet. Die Zahlen 0 und 1 sind für typische Rechenfehler verantwortlich, z.B.

$$5 \cdot 0 = 5, \quad 0 \cdot 5 = 5, \quad 1 \cdot 1 = 2,$$

die sich bis in die schriftlichen Rechenverfahren fortsetzen (HEFENDEHL-HEBEKER 1981, GERSTER 1989, PADBERG 1992).

3.2. Rechenoperationen als Verknüpfungen

In einer Vertiefungsphase wird man gegen Ende der 5. Jahrgangsstufe alle betrachteten Rechenoperationen unter strukturellem Aspekt als Verknüpfungen hervorheben. Wurden in der Sicherungsphase bereits einige Eigenschaften, wie z.b. die Kommutativität, angesprochen, so werden sie nun thematisiert. Ein möglicher Einstieg ist ein Aufgabentyp, bei dem Platzhalter für Rechenzeichen zu ersetzen sind.

Beispiel: 5 ■ 7 = 35, 17 ■ 19 = 36, 18 ■ 7 = 11, 24 ■ 4 = 6.

In all diesen Fällen werden zwei natürliche Zahlen miteinander "verknüpft", so daß sich wieder eine natürliche Zahl ergibt. Das ist auch beim Potenzieren der Fall. Um den Verknüpfungscharakter zu betonen, könnte man dafür ein Rechenzeichen einführen, etwa

$$a \uparrow b = a^b.$$

Nicht bei allen diesen Verknüpfungen ergibt sich immer wieder eine natürliche Zahl. Dies führt auf das Problem der *Abgeschlossenheit*. N ist abgeschlossen bezüglich der Addition, der Multiplikation und des Potenzierens, nicht jedoch bezüglich der Subtraktion und Division.

Besondere Eigenschaften werden häufig erst im *Kontrast* deutlich. Wir werden also dafür Sorge tragen müssen, daß für die hervorzuhebenden Beispiele Kontrastbeispiele gegeben werden. In diesem Sinne sind Subtraktion und Division Kontrastbeispiele zur Abgeschlossenheit.

Aber sind Subtraktion und Division überhaupt Verknüpfungen in N? Man kann dabei auf zahlreiche Bücher verweisen, in denen zu einer Verknüpfung die Abgeschlossenheit gehört. Doch kann man auch für unsere Position Zeugen angeben. (z.B. KUROŠ 1964). Manche Autoren unterscheiden zwischen Verknüpfungen im "engeren" und im "weiteren Sinne" (z.B. RÉDEI 1959). Für die hier betrachtete Unterrichtssituation ist es jedoch am zweckmäßigsten, auch im Falle der Subtraktion und Division von Verknüpfungen zu sprechen.

Nach der Behandlung der Abgeschlossenheit werden dann *Kommutativität* und *Assoziativität* als Eigenschaften von Verknüpfungen hervorgehoben. Hier kann man auf Rechenvorteile verweisen.

3. Natürliche Zahlen im Unterricht

Beispiel: Rechne im Kopf
$$4 \cdot 35 \cdot 25 = (35 \cdot 4) \cdot 25 = 35 \cdot (4 \cdot 25) = 35 \cdot 100 = 3500$$
Als Kontrastbeispiele sind Subtraktion, Division und das Potenzieren geeignet.

Die *Distributivität* der Multiplikation bezüglich der Addition kann man ebenfalls mit Rechenvorteilen hervorheben. Man betrachtet z.B. folgende Sachsituation.

Wieviel DM kosten 20 Sonderbriefmarken zu 100 Pf mit 50 Pf Zuschlag?

Man kann rechnen $20 \cdot 100 + 20 \cdot 50 = 2000 + 1000 = 3000$, oder einfacher: $20 \cdot (100+50) = 20 \cdot 150 = 3000$.

Dagegen ist die Addition nicht distributiv bezüglich der Multiplikation. Es gilt z.B. nicht
$$a+(b \cdot c) = (a+b) \cdot (a+c).$$

3.3. Zusätzliche Verknüpfungen natürlicher Zahlen

Verknüpfungen, bei denen beide Distributivgesetze gelten, sind in dieser Jahrgangsstufe auch leicht zugänglich. Man definiere etwa
$$a \downarrow b = \min(a,b) \text{ und } a \uparrow b = \max(a,b).$$
Dann gilt
$$a \downarrow (b \uparrow c) = (a \downarrow b) \uparrow (a \downarrow c) \text{ und } a \uparrow (b \downarrow c) = (a \uparrow b) \downarrow (a \uparrow c).$$
Bei diesen Verknüpfungen können die Schüler übrigens auch die *Idempotenz* entdecken:
$$a \downarrow a = a \text{ und } a \uparrow a = a.$$
Ein etwas gewichtigeres Beispiel erhält man mit
$$a \cap b = \text{ggT}(a,b) \text{ und } a \cup b = \text{kgV}(a,b).$$
Diese Verknüpfungen sind später vor allem im Hinblick auf die Verbände als Kontrast etwa zu den Ringen wichtig.

Schließlich sollte man die Rolle der 0 und der 1 unter strukturellen Gesichtspunkten betrachten. Es handelt sich um *neutrale Elemente* bezüglich der Addition bzw. der Multiplikation. Indem man dies den Schülern bewußt macht, trägt man dazu bei, die oben angesprochenen Fehler zu vermeiden.

Bezüglich der Subtraktion ist 0 nur noch "rechts-neutrales" Element; entsprechend ist 1 nur noch rechts-neutrales Element bezüglich der Division. Links-neutrale Elemente sind nicht vorhanden. Die Zahl 1 ist übrigens auch rechts-neutrales Element bezüglich des Potenzierens. Auch hier ist kein links-neutrales Element vorhanden. Man wird diesen Sachverhalt ansprechen, ohne die genannten Begriffe einzuführen. Wieder handelt es sich um Kontrastbeispiele, mit denen man die besondere Rolle von 0 und 1 bezüglich der Addition bzw. der Multiplikation hervorhebt.

Vor allem in den Anwendungen spielen Zahlen als Maßzahlen von *Größen* eine wichtige Rolle. Dabei kann man in bestimmten Bereichen durchaus zu überraschenden neuen Sichtweisen gelangen. Zu den Größen, die im Mathematikunterricht behandelt werden, gehören neben Geldwerten, Längen, Flächeninhalten, Rauminhalten und Gewichten auch die Zeiten. Die Zeiten weichen von den anderen Größen zunächst dadurch ab, daß die Einheiten nicht dezimal gestaffelt sind, sondern in unterschiedlichen Schritten: 1 Minute = 60 Sekunden, 1 Stunde = 60 Minuten, 1 Tag = 24 Stunden. Rechnet man allerdings mit Zeitpunkten und Zeitspannen an der Uhr, so reicht die übliche Addition und Subtraktion natürlicher Zahlen nicht aus.

Beispiel: Wie spät ist es, wenn nach 23 Uhr 5 Stunden vergangen sind?

Man kann rechnen: 23+5 = 28.

Den neuen Zeitpunkt findet man, indem man 24 subtrahiert, also: 28 − 24 = 4.

Im Grunde wird also hier mit Restklassen modulo 24 gerechnet. Die *Uhrenarithmetik* ist ein Verknüpfungsgebilde aus der endlichen Menge $\{0,1,2,...,23\}$ und der Uhrenaddition $+_{24}$. Man kann natürlich entsprechend dem Ziffernblatt auch die Menge $\{1,2,3,...,12\}$ mit der zugehörigen Uhrenaddition betrachten. Dies entspricht der Addition der Restklassen modulo 12. Stellt man allgemein die Restklassen modulo m durch Ziffernblätter dar, so kann man an ihnen modulo m addieren ($+_m$) und Multiplikation ($\cdot_m$). Für m=3 z.B. erhält man die Verknüpfungstafeln:

3. Natürliche Zahlen im Unterricht

$+_3$	0	1	2
0	0	1	2
1	1	2	0
2	2	0	1

$\cdot_3$	0	1	2
0	0	0	0
1	0	1	2
2	0	2	1

Eine für die Schüler interessante Motivation zur Beschäftigung mit dieser modulo m-Addition wird von FLETCHER (1967) in der Behandlung von Codes vorgeschlagen. Jedem Buchstaben des Alphabets, dazu Komma, Punkt, Lücke wird der Reihe nach eine Zahl von 0 bis 28 zugeordnet, man erhält 28 verschiedene Schlüssel durch Addition modulo 29 von einer Zahl aus 0,...,28 zur Buchstabennummer, z.B. Code K_3:

d.h.
$$x +_{29} 3 = x'$$
$$2 +_{29} 3 = 5$$
$$\uparrow \qquad \downarrow$$
$$b \qquad e$$

Statt b wird also e beschrieben.
Zum Dechiffrieren subtrahiert man 3 modulo 29. Schwerer zu entziffernde Codes erhält man bei Verwendung der Multiplikation mit einer festen Zahl modulo 29. (Damit das möglich ist, wird die Primzahl 29 statt 26 gewählt!) FLETCHER empfiehlt auch den Bau eines Kreis-Rechenschiebers für die Addition modulo m. Man muß erlebt haben, wie spannend das Erfinden einer Geheimschrift, das Chiffrieren und Dechiffrieren von Nachrichten für Kinder sind, um die Bedeutung dieser Betrachtungen richtig würdigen zu können. In den sechziger Jahren ist die Behandlung weiterer Verknüpfungen von N bei teilweise interessanten Anwendungen oder auch in Spielen vorgeschlagen worden (z.B. STEINER 1965 b, 1966). Mit ihnen sollte eine Basis für spätere Strukturbetrachtungen geschaffen werden. Zugleich erwartete man aber auch neue Einsichten in den Bereich der natürlichen Zahlen.

Die strukturellen Betrachtungen der Rechenoperationen unter dem Aspekt der Verknüpfung heben Gemeinsamkeiten hervor und machen Unterschiede deutlich. Sie führen also zu einer *Vertiefung durch Reflexion*. Die hervorgehobenen Eigenschaften der natürlichen Zahlen machen Grenzen hinsichtlich der Verknüpfungen sichtbar (mangelnde Abgeschlossenheit bezüglich Subtraktion und Division), geben aber auch Hinweise darauf, welche Verknüpfungseigenschaften bei Grenzüberschreitungen beachtenswert sind (Kommutativität, Assoziativität, Distributivität, Existenz von neutralen Elementen). Damit sind die Voraussetzungen für eine Zahlbereichserweiterung in der 6. Jahrgangsstufe gegeben.

4. Bruchzahlen im Unterricht

4.1. Das Problem der Reihenfolge der Erweiterungen

Bruchzahlen waren schon im Altertum bekannt, während die negativen Zahlen eine Erfindung der Neuzeit sind (SCHUBRING 1988). Eine Erklärung mag die enge Bindung von Zahlen an Längen (Größen) liefern. Teilt man eine Länge wiederholt, dann ergibt sich immer wieder eine Länge. Zieht man aber von einer Länge eine andere wiederholt ab, so ist irgendwann nichts mehr vorhanden, von dem man noch etwas abziehen könnte. Man könnte nun ähnlich für die Schule argumentieren. Schon in der Grundschule werden einfache Brüche wie $\frac{1}{2}, \frac{1}{4}, \frac{3}{4}$ in Verbindung mit Größen ($\frac{1}{2}$ Liter, $\frac{1}{4}$ Stunde) und Dezimalbrüche vor allem in Verbindung mit Geld (0,25 DM; 1,50 DM) angesprochen, weil die Schüler mit ihnen schon über Erfahrungen aus ihrer Umwelt verfügen. Auch in der Grundschule kennen Schüler heute bereits negative Zahlen vor allem in Verbindung mit Temperaturen. Es dürfte also schwerfallen, mit Gegensätzen wie "natürlich-künstlich", "vertraut-fremd", "schwerer-leichter" zu argumentieren, wenn es darum geht, in welche Richtung die erste Grenzüberschreitung bei den natürlichen Zahlen gehen sollte.

Man kann natürlich das Prinzip vertreten, daß der Mathematikunterricht in großen Zügen der historischen Entwicklung der Mathematik folgen sollte. Dabei muß man aber sehen, daß in dieser Entwicklung häufig weltanschauliche und philosophische Positionen einwirkten, die längst überholt sind. Wie stark derartige Barrieren wirkten, kann man schon aus den Bezeichnungen "irrational", "negativ" und "imaginär" ersehen.

4. Bruchzahlen im Unterricht

Betrachtet man diese Frage von den algebraischen Strukturen her, dann ist es naheliegend, zunächst den Halbring der natürlichen Zahlen in den Ring der ganzen Zahlen einzubetten, dann den Ring der ganzen Zahlen in den Körper der rationalen Zahlen, weil die Addition die Grundoperation ist. Bei einem konstruktiven Aufbau des Zahlensystems sind jedoch die beim Vorhandensein von negativen Zahlen unumgänglichen Fallunterscheidungen beim Beweis der Rechenregeln für die rationalen Zahlen lästig, bei der Definition der Multiplikation reeller Zahlen durch Intervallschachtelungen oder Schnitte praktisch kaum durchführbar. Auch EDMUND LANDAU (1877-1938) gewinnt in den "Grundlagen der Analysis" 1930 die reellen Zahlen schrittweise über die positiven rationalen und dann die positiven reellen Zahlen. Es wird wohl niemand auf die Idee kommen, auch in der Schule die negativen Zahlen erst nach den reellen einzuführen. Letztlich handelt es sich bei der Reihenfolge natürliche Zahlen - Bruchzahlen - rationale Zahlen um eine Unterrichtstradition, für die sich gute Gründe angeben lassen.

4.2. Zugänge

In struktureller Sicht stellt sich der Übergang von den natürlichen Zahlen zu den Bruchzahlen unterschiedlich dar.

(1) Erweiterungsbereich
Man sucht zu dem Verknüpfungsgebilde $(\mathbb{N},+,\cdot)$ das kleinste umfassende Verknüpfungsgebilde, das die Verknüpfungen von $(\mathbb{N},+,\cdot)$ fortsetzt und in dem die Division immer möglich ist. Man kann sich dazu "von unten vortasten", indem man $\mathbb{N}$ durch genau die fehlenden Zahlen ergänzt, die man benötigt, um das Ziel zu erreichen. Das sind die negativen Zahlen. Man kann auch "von oben herabsteigen", indem man sich alle möglichen umfassenden Bereiche mit den gewünschten Eigenschaften denkt und deren Durchschnitt bildet. Auch damit würde man den kleinsten Bereich mit den gewünschten Eigenschaften erhalten.

In beiden Fällen stellt sich freilich die Frage, woher eigentlich die benötigten zusätzlichen Elemente kommen sollen. Hier zeigen sich wieder die unterschiedlichen Interessen von Formalisten und Konstruktivisten. Während die Formalisten keine Schwierigkeiten mit dem Existenzproblem haben, kann man die Konstruktivisten hier erst durch die klassische Erweiterungskonstruktion mit Äquivalenzklassen von Paaren natürlicher Zahlen befriedigen (LANDAU 1930).

(2) Größenbereiche

In der Schule besteht die Notwendigkeit einer Erweiterungskonstruktion gar nicht, weil Zahlen eng mit Größen, vor allem Längen verbunden sind. Es ist für die Schüler selbstverständlich, daß Streckenteilung wieder zu Strecken führt. Damit stellt sich lediglich das Problem, wie lang die Teilstrecken sind. Bei gegebener Einheit reichen dann die bekannten natürlichen Zahlen als Maßzahlen nicht aus. Durch Übergang zu einer kleineren Einheit kann man im Einzelfall zwar die erhaltene Länge durch eine natürliche Zahl als Maßzahl ausdrücken. Allgemein kann man jedoch Bruchzahlen als Maßzahlen von Längen nicht vermeiden.

Gleichartige Größen kann man gleichartige Größen addieren. Wiederholte Addition führt zur Vervielfachung:
$$\underbrace{A + \ldots + A}_{n \text{ Summanden}} = nA.$$

Man erhält dabei eine Größe B, also
$$B = nA.$$
Dies Ergebnis kann man so interpretieren, daß man die Größe B mit der Größe A *mißt*. Dabei erhält man die natürliche Maßzahl n. Will man umgekehrt auch A mit B messen, so erhält man
$$A = \frac{1}{n}B$$
mit der gebrochenen Maßzahl $\frac{1}{n}$.

Auch die Größe $\frac{1}{n}B$ kann man wieder vervielfachen:
$$m(\frac{1}{n}B) = \frac{m}{n}B = C.$$
Hier wird die Größe C mit B gemessen, dabei ergibt sich die Bruchzahl $\frac{m}{n}$ als *Maßzahl*.

4. Bruchzahlen im Unterricht

Auf die Addition und die Multiplikation von Bruchzahlen führen:

$$\frac{m}{n}A + \frac{k}{l}A = (\frac{m}{n} + \frac{k}{l})A = \frac{ml+kn}{nl}A;$$

$$\frac{m}{n}(\frac{k}{l}A) = (\frac{m}{n} \cdot \frac{k}{l})A = (\frac{m \cdot k}{n \cdot l})A.$$

Diesen Überlegungen liegen *Größenbereiche* zugrunde. Das sind additiv geschriebene Halbgruppen mit der Eigenschaft, daß für A ≠ B entweder A+X = B oder B+X = A lösbar ist. Man kann nun die Größenbereiche kennzeichnen, bei denen man genau die Bruchzahlen benötigt, um jede Größe mit einer festgelegten Einheit messen zu können. Damit hat man indirekt auch die Bruchzahlen charakterisiert (KIRSCH 1970). Es handelt sich um Größenbereiche mit den Eigenschaften:
- Zu jeder Größe G und jeder natürlichen Zahl n gibt es eine Größe H, so daß
   nH = G.
   (Teilbarkeit)
- Je zwei Größen haben ein gemeinsames Maß, d.h. zu zwei Größen G und H gibt es eine Größe E und natürliche Zahlen m und n, so daß gilt
   G = mE und H = nE.
   (Kommensurabilität)

In der Schule betrachtet man in der Bruchrechnung Größenbereiche mit Teilbarkeitseigenschaft und läßt an ihnen die Bruchzahlen als Maßzahlen entdecken.

(3) Operatoren

Nach dem Vorgehen von HERMANN WEYL (1918) kann man Bruchzahlen auch als Operatoren auf einem Größenbereich mit Teilbarkeitseigenschaft gewinnen. Man betrachtet die Abbildungen, die jeder Größe G ihr n-faches zuordnen:

⟨n⟩: G → nG

für alle G aus dem Größenbereich. Jeder natürlichen Zahl n entspricht eine solche Abbildung. Diese Abbildungen bezeichnet man auch als *Operatoren*. Es handelt sich bei ihnen um Automorphismen des Größenbereichs. Bei Längen kann man sich diese Operatoren als "Streckabbildungen" vorstellen. Die Abbildung ⟨3⟩ bildet jede Länge auf die 3-fache Länge ab.

Die Umkehrabbildungen existieren und sind ebenfalls Automorphismen. Ihnen entsprechen die Stammbrüche:

$$\langle n \rangle^{-1}: G \to \frac{1}{n} G.$$

Bei Längen kann man sich "Stauchabbildungen" vorstellen. Die Abbildung $\langle 3 \rangle^{-1}$ bildet jede Länge auf $\frac{1}{3}$ ihrer Länge ab.

Da die Verkettung zweier Automorphismen wieder ein Automorphismus ist, erhält man die den Bruchzahlen entsprechenden Bruchoperatoren:

$$\langle m \rangle \circ \langle n \rangle^{-1} : G \to \frac{m}{n} G,$$

also $\quad \langle m \rangle \circ \langle n \rangle^{-1} = \left\langle \frac{m}{n} \right\rangle.$

Bei Längen kann man sich das so vorstellen, daß der Operator $\left\langle \frac{m}{n} \right\rangle$ zunächst eine Streckung auf das m-fache der Größe, dann eine Stauchung auf den n-ten Teil bewirkt.

Summe und Produkt der Bruchoperatoren erhält man durch die Festsetzungen

$$\left\langle \frac{m}{n} \right\rangle + \left\langle \frac{k}{l} \right\rangle : G \to \frac{m}{n} G + \frac{k}{l} G; \quad \left\langle \frac{m}{n} \right\rangle \cdot \left\langle \frac{k}{l} \right\rangle : G \to \frac{m}{n}(\frac{k}{l}G).$$

Die Multiplikation der Bruchoperatoren ist dabei die Verkettung! Man kann dann zeigen

$$\left\langle \frac{m}{n} \right\rangle + \left\langle \frac{k}{l} \right\rangle = \left\langle \frac{ml+nk}{nl} \right\rangle ; \quad \left\langle \frac{m}{n} \right\rangle \cdot \left\langle \frac{k}{l} \right\rangle = \left\langle \frac{m \cdot k}{n \cdot l} \right\rangle.$$

Ein an diesem Vorgehen orientierter Aufbau der Bruchrechnung hat als "Operatormethode" Anfang der siebziger Jahre unter dem Einfluß der Arbeiten von KIRSCH und GRIESEL (z.B. GRIESEL 1968, KIRSCH 1970) weite Verbreitung gefunden. Er wurde aber wegen des großen Aufwandes bei den Begriffen und beim Arbeiten mit Operatoren in den siebziger Jahren von einer "Mischkonzeption" (PADBERG 1978) abgelöst.

(4) Punkte auf dem Zahlenstrahl
Beim Messen von Größen in der Praxis werden die Meßergebnisse heute meist digital angegeben. Damit haben die *Skalen* deutlich an Bedeutung

4. Bruchzahlen im Unterricht

verloren. Im täglichen Leben begegnen den Schülern Skalen vor allem bei Längenmessungen (Zollstock, Meßband, Skala des Geo-Dreiecks), bei Volumenbestimmungen (Meßzylinder), beim Wiegen (Briefwaage, Haushaltswaage) und beim Zeitablesen (Ziffernblatt). Man kann die mathematischen Grundlagen dieser Skalen nach GRIESEL (1974) strukturell mit Hilfe von "Skalenbereichen" betrachten. Wegen des hohen begrifflichen Aufwandes wollen wir hier darauf verzichten und stattdessen eine Beziehung zur Geometrie herstellen.

Zeichnet man auf einer Halbgeraden mit Anfangspunkt O einen Punkt P_1 aus, so kann man die Strecke $\overline{OP_1}$ wiederholt abtragen, man erhält dann Punkte $P_2, P_3, ...$
Durch die Abbildung
$$n \to P_n$$
ordnet man den natürlichen Zahlen Punkte der Geraden zu. Notiert man an Stelle der Punkte die zugehörigen Zahlen, so erhält man den Zahlenstrahl.

```
├───┼───┼───┼───┼───▷
0   1   2   3
```

Am Zahlenstrahl kann man auf geometrischem Wege Summen und Produkte bestimmen.
Beispiel: 2+3
    Von 2 aus wird die Strecke von 0 bis 3 nach rechts abgetragen. Es ergibt sich 5.

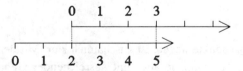

Für die Multiplikation kann man eine Konstruktion nach dem Strahlensatz wählen.

Beispiel: 2 · 3
    Man zeichnet eine zweite Halbgerade von 0 aus und legt auf ihr einen beliebigen Punkt Q fest. Nun trägt man auf dem zweiten

II. Zahlen

Strahl die Strecke von 0 nach Q dreimal nach rechts ab und kommt zu Q'. Dann verbindet man Q und 2 auf dem Zahlenstrahl. Die Parallele durch Q' schneidet den Zahlenstrahl bei 2 · 3 = 6.

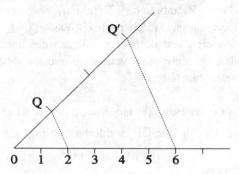

Den Übergang von N_o zu B_o kann man am Zahlenstrahl verfolgen. Indem man die Strecken gleichmäßig teilt, findet man die zu den Bruchzahlen gehörigen Punkte. Man sieht, daß jeder Punkt unendlich viele Brüche als "Namen" hat.

$$
\begin{array}{c}
0 \qquad\qquad 1 \qquad\qquad 2 \\[4pt]
\tfrac{1}{2} \quad \tfrac{2}{2} \quad \tfrac{3}{2} \quad \tfrac{4}{2} \\[4pt]
\tfrac{1}{4}\ \tfrac{2}{4}\ \tfrac{3}{4}\ \tfrac{4}{4}\ \tfrac{5}{4}\ \tfrac{6}{4}\ \tfrac{7}{4}\ \tfrac{8}{4} \\[4pt]
\tfrac{1}{8}\tfrac{2}{8}\tfrac{3}{8}\tfrac{4}{8}\tfrac{5}{8}\tfrac{6}{8}\tfrac{7}{8}\tfrac{8}{8}\tfrac{9}{8}\tfrac{10}{8}\tfrac{11}{8}\tfrac{12}{8}\tfrac{13}{8}\tfrac{14}{8}\tfrac{15}{8}\tfrac{16}{8}
\end{array}
$$

Wo die Teilungspunkte liegen, ist anschaulich klar. Mit der mm-Skala des Geo-Dreiecks kann man sie auch mit ausreichender Genauigkeit finden. Ein geometrisch befriedigendes Konstruktionsverfahren ist aber in der 6. Jahrgangsstufe noch nicht zugänglich.

Was die Rechenoperationen anbelangt, so bereitet das Bestimmen der Summe am Zahlenstrahl *geometrisch* keine Probleme. Doch ist die Multiplikation am Zahlenstrahl nach dem angegebenen Vorgehen in der 6.

4. Bruchzahlen im Unterricht

Jahrgangsstufe geometrisch nicht einsichtig zu machen. (Die Strahlensätze werden in der Regel erst in der 9. Jahrgangsstufe behandelt.) Damit ist der Zahlenstrahl für die Erarbeitung der Rechenregeln nur bedingt geeignet.

4.3. Bruchrechnung

Ein Aufbau der Bruchrechnung erfolgt heute meist in großen Zügen wie folgt:

(1) Aufbau von Bruchvorstellungen

Am Schokoladen- oder Tortenmodell kann man Brüche als *Teile des Ganzen* einführen.

Beispiel: $\frac{3}{8}$ einer Torte erhält man, indem man eine Torte in 8 gleich große Stücke teilt und 3 der Stücke nimmt.

Betrachtet man als Ganzes eine Größeneinheit, so erhält man entsprechend Brüche *als Maßzahlen von Größen*.

Beispiel: $\frac{3}{4}$kg erhält man, wenn man 1 kg in 4 gleich schwere Teile zerlegt denkt und 3 der Teile nimmt.

Man kann dies auch so deuten, daß man auf die Größeneinheit einen *Operator* anwendet.

Beispiel: $\frac{3}{4}$ von 1 kg bedeutet, 1 kg erst durch 4 zu dividieren und dann das Ergebnis mit 3 zu multiplizieren. Man schreibt dafür gern:

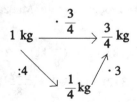

Algebraisch interessant ist die Sicht, Brüche als *Quotienten natürlicher Zahlen* zu betrachten.

Beispiel: 3 Tafeln Schokolade sollen an 4 Kinder gerecht verteilt werden. Man teilt jede Tafel in 4 gleich große Teile und gibt jedem Kind 3 dieser Teile. Jedes Kind hat $\frac{3}{4}$ der Tafel erhalten:

$$3 : 4 = \frac{3}{4}.$$

Schließlich treten Brüche als *Lösungen von Gleichungen* auf.

Beispiel: $\frac{3}{4}$ löst die Gleichung $4 \cdot x = 3$.

Von diesem Ansatz her kann man sogar die ganze Bruchrechnung aufbauen (FREUDENTHAL 1973).

(2) Erweitern und Kürzen
Erweitern und Kürzen ergeben sich ohne Schwierigkeiten aus der Vorstellung vom Teil eines Ganzen. Erweitern läuft auf Verfeinerung, Kürzen läuft auf Vergröberung der Einteilung hinaus.
Beispiel:

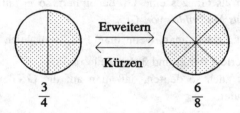

(3) Addition und Subtraktion
Addition und Subtraktion gleichnamiger Brüche erhält man anschaulich über das Teilen des Ganzen oder über die Maßzahlen von Größen.
Beispiel:

$$\frac{3}{8} \text{ kg} + \frac{2}{8} \text{ kg} = 3 \cdot (\frac{1}{8} \text{ kg}) + 2 \cdot (\frac{1}{8} \text{ kg})$$
$$= (3+2) \cdot (\frac{1}{8} \text{ kg}) = \frac{3+2}{8} \text{ kg}$$

bzw. einfacher (aber nicht ganz ungefährlich im Hinblick auf die Übertragung auf die Multiplikation):

3 Achtel plus 2 Achtel = 5 Achtel,

d.h. $\quad \frac{3}{8} + \frac{2}{8} = \frac{3+2}{8} = \frac{5}{8}.$

4. Bruchzahlen im Unterricht

Addition und Subtraktion ungleichnamiger Brüche wird durch Gleichnamigmachen auf die gefundene Regel zurückgeführt.

Beispiel: $\quad \dfrac{3}{4} + \dfrac{2}{5} = \dfrac{15}{20} + \dfrac{8}{20} = \dfrac{23}{20}$

(4) Multiplikation und Division

Bei der *Multiplikation* kann man zweckmäßig Operatoren benutzen, die man auf Größen mit Brüchen als Maßzahlen anwendet. (Bei der reinen Operatormethode verkettet man Bruchoperatoren miteinander.)

Beispiel: $\quad (\dfrac{3}{4}\text{kg}) \cdot \dfrac{5}{7}$

Zur Berechnung geht man in Schritten vor:

$$\dfrac{3}{4}\text{ kg} \xrightarrow{\cdot 5} \blacksquare \xrightarrow{:7} \blacksquare.$$

Beginnen wir also mit

$$\dfrac{3}{4}\text{ kg} \xrightarrow{\cdot 5} \blacksquare.$$

$$\dfrac{3}{4}\text{ kg} \cdot 5 = \dfrac{3}{4}\text{ kg} + \dfrac{3}{4}\text{ kg} + \dfrac{3}{4}\text{ kg} + \dfrac{3}{4}\text{ kg} + \dfrac{3}{4}\text{ kg} =$$

$$= \dfrac{3 + 3 + 3 + 3 + 3}{4}\text{ kg} = \dfrac{3 \cdot 5}{4}\text{ kg}$$

Multiplikation mit 5 bedeutet also, den Zähler mit 5 zu multiplizieren.

Nun die Division durch 7:

$$\dfrac{3 \cdot 5}{4}\text{ kg} \xrightarrow{:7} \blacksquare.$$

Division durch 7 bedeutet, die Anzahl der Teile der Einheit zu versiebenfachen, also Multiplikation des Nenners mit 7, d.h.:

II. Zahlen

$$\frac{3 \cdot 5}{4} \text{ kg} \xrightarrow{:7} \frac{3 \cdot 5}{4 \cdot 7} \text{ kg}.$$

Die *Division* ergibt sich durch Umkehrung der Multiplikation mit Hilfe von Umkehroperatoren.

Beispiel: $\frac{15}{28}$ kg: $\frac{3}{4}$ fragt nach der Größe, auf die man $\cdot \frac{3}{4}$ anwenden muß, um $\frac{15}{28}$ kg zu erhalten, also:

$$\blacksquare \xrightarrow{:4} \blacksquare \xrightarrow{\cdot 3} \frac{15}{28} \text{ kg}.$$

Mit Hilfe der Umkehroperatoren erhält man

$$\frac{5}{7} \text{ kg} \xleftarrow{\cdot 4} \frac{5}{28} \text{ kg} \xleftarrow{:3} \frac{15}{28} \text{ kg}.$$

Das bedeutet aber, daß man auf $\frac{15}{28}$ kg den Operator $\cdot \frac{4}{3}$ angewendet hat, also:

$$\frac{15}{28} \text{ kg} : \frac{3}{4} = \frac{15}{28} \text{ kg} \cdot \frac{4}{3}.$$

Die Divisionsregel macht zugleich deutlich, daß die Division von Bruchzahlen immer möglich ist. Damit hat man einen leistungsfähigeren Zahlbereich gefunden.

4.4. Verknüpfungseigenschaften

Daß auch die alten Verknüpfungseigenschaften erhalten bleiben, zeigt man durch Nachweis der Abgeschlossenheit von Addition und Multiplikation, der Assoziativität und Kommutativität beider Verknüpfungen und durch den Nachweis der Distributivität. Allerdings begnügt man sich dabei mit Zahlenbeispielen, die das Wesentliche zeigen.

4. Bruchzahlen im Unterricht

Beispiel: Distributivität

$$\frac{2}{3} \cdot (\frac{5}{7} + \frac{6}{7}) = \frac{2}{3} \cdot \frac{5+6}{7}$$

$$= \frac{2 \cdot (5+6)}{3 \cdot 7}$$

$$= \frac{2 \cdot 5 + 2 \cdot 6}{3 \cdot 7}$$

$$= \frac{2 \cdot 5}{3 \cdot 7} + \frac{2 \cdot 6}{3 \cdot 7}$$

$$= \frac{2}{3} \cdot \frac{5}{7} + \frac{2}{3} \cdot \frac{6}{7}$$

Indem man Produkte und Summen "unausgerechnet" läßt, tritt das Wesentliche hervor. Insbesondere wird deutlich, daß sich die Distributivität bei den Bruchzahlen aus der Distributivität bei den natürlichen Zahlen ergibt.

Man wird hervorheben, daß die Menge der Bruchzahlen die Menge der natürlichen Zahlen umfaßt, indem man deutlich macht, wie man jede natürliche Zahl als Bruchzahl schreiben kann. Für die natürlichen Zahlen liefern die Bruchrechenregeln die alte Addition und Multiplikation natürlicher Zahlen:

$$\frac{a}{1} + \frac{b}{1} = \frac{a+b}{1} = a+b \quad \text{und} \quad \frac{a}{1} \cdot \frac{b}{1} = \frac{a \cdot b}{1} = a \cdot b.$$

Auch bei diesen Überlegungen kann man sich natürlich auf Zahlenbeispiele beschränken!

Die Zahl 1 ist in $\mathbb{B}$ neutrales Element bezüglich der Multiplikation und ist in $\mathbb{B}_0$ neutrales Element bezüglich der Addition. Man könnte in $\mathbb{B}$ auch inverse Elemente betrachten. Doch erscheint das überflüssig angesichts der vorhandenen Division.

Die Bruchrechnung gehört international zu den fehlerträchtigsten Bereichen des Mathematikunterrichts. Es gibt ausführliche Fehlerlisten nach Häufigkeit ihres Auftretens sortiert. Man bemüht sich dann intensiv um Konzeptionen zur Prophylaxe und zur Therapie. Einen Überblick gibt PADBERG (1989).

In der Praxis wichtiger für die Darstellung und das Rechnen mit Bruchzahlen ist die *Dezimaldarstellung*. Strukturell bietet sie nichts Neues, da die strukturellen Eigenschaften ja gerade von der Darstellung unabhängig sind. Wir wollen deshalb nicht näher darauf eingehen. Auch für die didaktischen Probleme im Zusammenhang mit der Dezimaldarstellung der Bruchzahlen verweisen wir auf PADBERG (1989).

4.5. Strukturelle Vertiefung

Wir haben uns bisher näher mit dem Übergang von $\mathbb{N}$ nach $\mathbb{B}$ und der strukturellen Betrachtung von ($\mathbb{B}, +, \cdot$) befaßt. Es lassen sich leicht weitere elementare strukturelle Betrachtungen anschließen, mit denen sich vertiefte Einsichten über die Bruchzahlen gewinnen lassen. Wir folgen hier einem Vorschlag von WINTER (1976). *Bruchfamilien* wie $\{\frac{1}{5}, \frac{2}{5}, \frac{3}{5}...\}$ sind Teilmengen von $\mathbb{B}$, die traditionell im Rechenunterricht Interesse fanden. Man kann z.B. Familien auf Abgeschlossenheit bezüglich der Addition (ja) und der Multiplikation (nein) untersuchen. Man kann fragen, ob es Teilmengen einer Bruchfamilie gibt, die selbst wieder Bruchfamilien darstellen (nein). Erhält man wieder eine Bruchfamilie, wenn man alle Brüche einer Familie mit einem Stammbruch multipliziert (ja)?

Stammbrüche spielten in der Geschichte der Mathematik z.B. bei den Ägyptern, eine wichtige Rolle. Man kann die Menge der Stammbrüche $\{\frac{1}{1}, \frac{1}{2}, \frac{1}{3}...\}$ auf Abgeschlossenheit bezüglich der Addition (nein) und der Multiplikation (ja) untersuchen. Ist es möglich, daß die Summe zweier Stammbrüche wieder ein Stammbruch ist (ja, z.B. $\frac{1}{6} + \frac{1}{3} = \frac{1}{2}$)?

Man kann auch in $\mathbb{B}_0$ *weitere Verknüpfungen* betrachten. Im Unterricht erkennen die Schüler, daß das arithmetische Mittel zweier Zahlen auf dem Zahlenstrahl in der Mitte zwischen den beiden Zahlen liegt (daher auch der Name). Man kann Eigenschaften der Mittelbildung als Verknüpfungseigenschaften finden. Also definiert man die Verknüpfung

$$a \lozenge b = \frac{a+b}{2}.$$

$\mathbb{B}_0$ ist abgeschlossen bezüglich $\lozenge$, die Verknüpfung ist kommutativ, aber nicht assoziativ. Sukzessive Mittelbildung ist nicht korrekt! Die Verknüpfung ist idempotent: a ◊ a = a. Ein neutrales Element bezüglich ◊ ist nicht vorhanden. Es gilt Distributivität bezüglich der Multiplikation:

a · (b ◊ c) = (a · b) ◊ (a · c).

Das ist übrigens die Ursache für die Mitteltreue der proportionalen Funktionen!

5. Rationale Zahlen im Unterricht

Nachdem in der 6. Jahrgangsstufe mit den Bruchzahlen ein Zahlbereich gefunden wurde, der abgeschlossen ist bezüglich der Addition, der Multiplikation und der Division (mit der Einschränkung bezüglich der 0), wird in der 7. Jahrgangsstufe mit Hilfe der negativen Zahlen nun auch die Abgeschlossenheit bezüglich der Addition erreicht. Mit den rationalen Zahlen hat man einen Bereich, indem man ohne größere Einschränkungen rechnen kann. Dies drückt sich z.b. darin aus, daß ($\mathbb{Q}$, +, ·) ein *Körper* ist. In struktureller Sicht ist das der kleinste Körper, der ($\mathbb{B}_0$, +, ·) umfaßt. Um ihn zu finden, kann man sich "von unten vortasten", indem man $\mathbb{B}_0$ durch genau die Zahlen ergänzt, die man benötigt, um das Ziel zu erreichen. Umgekehrt kann man auch "von oben herabsteigen" und den Durchschnitt aller Körper bilden, die ($\mathbb{B}_0$, +, ·) umfassen. Man kann den gesuchten Körper konstruieren, indem man Äquivalenzklassen von Paaren aus Bruchzahlen bildet (LANDAU 1930).

Es gab Versuche, dieses Vorgehen für die Schule zu elementarisieren. Alle diese Ansätze haben sich nicht durchsetzen können, weil sie den Schülern zu viel formalen Leerlauf zumuten. Nun hatten wir bei den Bruchzahlen das Konstruktionsproblem dadurch vermeiden können, daß wir uns auf anschaulich gegebene Größen stützen konnten. Man wird deshalb versuchen, auch für den Übergang zu den rationalen Zahlen geeignete anschauliche Objekte zu finden. Nach einer Idee von KIRSCH (1973) können dies *Skalenwerte* sein. Die Theorie der Skalenbereiche (GRIESEL 1974) stellt den fachlichen Hintergrund dar, an dem sich der Zugang zu den rationalen orientieren läßt.

Wir wollen diese Theorie hier nicht darstellen, sondern sogleich zur Skizzierung der entscheidenden Schritte bei der Einführung der negativen Zahlen übergehen.

5.1. Modelle

Wie wir gesehen haben, legt man im Unterricht großen Wert darauf, Zahlen und das Rechnen mit ihnen auf die Wirklichkeit zu beziehen und anschaulich zu verankern. Negative Zahlen begegnen Schülern in ihrer Umwelt bei *Temperaturen*, bei *Schulden*, eventuell auch bei *Tiefen* (z.B. 100 m u.M.). Jahreszahlen (v. Chr./n. Chr.) sind nicht geeignet, weil es kein Jahr 0 gibt (WEIDIG 1983). Alle diese Modelle sind in der Umwelt leicht mit Skalen in Verbindung zu bringen. Man erhält unmittelbar die Kennzeichnung durch Vorzeichen. Geometrisch bedeutet der Übergang von $\mathbb{B}_0$ zu $\mathbb{Q}$ den Übergang vom *Zahlenstrahl zur Zahlengeraden*.

Neben diesen realen Modellen, die in der Wirklichkeit verankert sind, gibt es eine Reihe von künstlichen Modellen, die ausschließlich entwickelt worden sind, um das Rechnen mit negativen Zahlen anschaulich zu begründen. Erwähnt seien Pfeilmodelle (z.B. MINNING 1955) und Modellspiele (z.B. VIET 1983). Für eine ausführliche Diskussion der Modelle sei auf die Analyse von WEIDIG (1983) verwiesen. Im folgenden gehen wir näher auf einige Probleme ein.

5.2. Über den Status der Vorzeichenregeln

WAGENSCHEIN setzte ein Gespräch über didaktische Probleme im Mathematikunterricht gern mit der Frage in Gang, warum eigentlich "Minus mal Minus ist Plus" richtig sei.

Für *Laien* am überzeugendsten ist vielleicht das Vorgehen von CASTELNUOVO (1968). Sie betrachtet Rechtecke am Achsenkreuz. Das weiße Rechteck stellt das Produkt 2 · 3 dar. Um das Produkt (-2) · 3 darzustellen, klappt man das Rechteck um die y-Achse, es erscheint die schwarze Rückseite. Schwarz signalisiert "minus", also

$$(-2) \cdot 3 = -6.$$

5. Rationale Zahlen im Unterricht

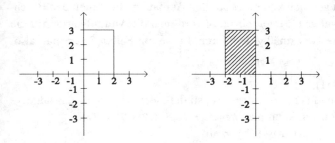

Das Produkt $2 \cdot (-3)$ kann man durch Umklappen an der x-Achse realisieren. Auch dabei erscheint die schwarze Rückseite, also wird wieder "minus" signalisiert. Also
$$2 \cdot (-3) = -6.$$

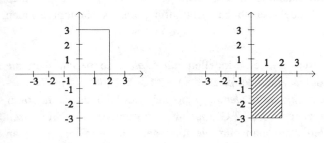

Spiegelt man nun nochmals, so erscheint die weiße Vorderseite; es wird "plus" signalisiert, also
$$(-2) \cdot (-3) = +6.$$

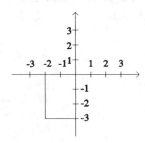

So suggestiv dieses Vorgehen ist, verschleiert es doch die Problematik, ob es sich nämlich um eine *festgesetzte* oder um eine *begründbare* Regel handelt. Sie ist natürlich in dieser Allgemeinheit gar nicht zu beantworten.

Mathematisch gesehen kommt es auf den Aufbau an. Fügt man den Bruchzahlen die negativen Zahlen hinzu, so wird man die Multiplikation für die einzelnen Fälle zweckmäßig definieren. In diesem Fall *definiert* man also

$$(-r) \cdot (-s) = rs \quad \text{für } r, s \in \mathbb{B}_0.$$

(z.B. LENZ 1961).
Fordert man, daß ($\mathbb{Q}, +, \cdot$) Körper ist, so definiert man $-a$ als das additive Inverse von a. Dann kann man *beweisen* (z.B. KIRSCH 1987):

$$(-a) \cdot (-b) = ab.$$

5.3. Zugänge zu den Regeln

Führt man die rationalen Zahlen mit Hilfe von Modellen ein, so wird man versuchen, die Modelle auch zur Einführung der Rechenoperationen heranzuziehen.

Orientiert man sich an den Modellen mit *Skalen*, so beschreiben die Skalenwerte *Zustände*, man denke etwa an +2°C, -2°C, 0°C auf der Temperaturskala. Es sind *Zustandsänderungen* möglich, z.B. kann die Temperatur um 2°C zunehmen oder um 2°C abnehmen. Summen und Differenzen rationaler Zahlen kann man nun wie folgt deuten, wenn man etwa an Temperaturen denkt:

(1) *Zustand - Änderung - Zustand*
   Ausgehend vom Zustand a erhält man bei einer Zunahme um b den Zustand a+b, bei einer Abnahme um b den Zustand a-b.
   Beispiel: $-2 + 3 = +1$ $-2 -3 = -5$

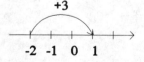
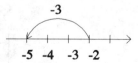

(2) *Änderung - Änderung - Änderung*
   a+b bezeichnet die Hintereinanderausführung zweier Änderungen a und b. Sie können an einer beliebigen Stelle der Skala ansetzen.

5. Rationale Zahlen im Unterricht

Beispiel: −5 + 3 = −2   −5 + (−3) = −8

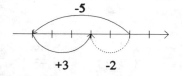
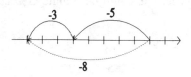

Mit diesen Deutungen bewältigt man anschaulich alle Fälle für die Addition rationaler Zahlen. Für die Subtraktion fehlt die Subtraktion einer negativen von einer beliebigen rationalen Zahl. Man kann sie nach der 2. Möglichkeit finden, indem man für a − b eine Änderung x bestimmt, für die gilt

$$a = b+x.$$

Beispiel: (−5) − (−3) = x ist gleichbedeutend mit
(−5) = (−3) + x.

Dies deuten wir als Hintereinanderausführung von Änderungen. Aus der Zeichnung liest man ab: x = −2.

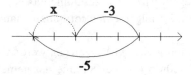

Mit Hilfe der Modelle kann man auch das Vervielfachen bzw. das Teilen rationaler Zahlen klären.

Beispiele: (−2) · 3 = (−2)+(−2)+(−2) = − 6
Also auch:
(−6) : 3 = − (6 : 2) = − 2.

Damit ist man aber auch am Ende. Wie wir oben gesehen haben, kann man nun zu künstlichen Modellen übergehen, die die Regeln veranschaulichen, wobei man jedoch die Regeln erst dem Modell aufgeprägt hat. Das gilt auch für geometrische Modelle mit Drehstreckungen an der Zahlengeraden (s. GRIESEL 1974).

Geeigneter erscheinen *Rechenfolgen*, bei denen es deutlich wird, *daß* man die Multiplikationsregeln festsetzen muß und *wie* man das zweckmäßig macht, d.h. damit bestimmte Gesetzmäßigkeiten erhalten bleiben.

Beispiel:

$2 \cdot 5$	= 10	$3 \cdot 2$	= 6		$(-3) \cdot 2$	= -6
$1 \cdot 5$	= 5	$3 \cdot 1$	= 3		$(-3) \cdot 1$	= -3
$0 \cdot 5$	= 0	$3 \cdot 0$	= 0		$(-3) \cdot 0$	= 0
$(-1) \cdot 5$	= -5	$3 \cdot (-1)$	= -3		$(-3) \cdot (-1)$	= *3*
$(-2) \cdot 5$	= -10	$3 \cdot (-2)$	= -6		$(-3) \cdot (-2)$	= *6*

Betrachtet man die Folge der Ergebnisse, so führt die *sinnvolle Fortsetzung* der Folge zu den *festgesetzten* Ergebnissen. Daraus lassen sich die Vorzeichenregeln motivieren. Einen größeren Aufwand zu betreiben, erscheint mir nicht zweckmäßig. Rechenfolgen sind übrigens auch für die übrigen Rechenoperationen möglich.

5.4. Das Problem der Regelformulierung

Die erarbeiteten Regeln wird man zusammenfassen. Mit Variablen wird das recht kompliziert. Im allgemeinen formuliert man die Regeln sprachlich, etwa so:

(1) Zwei Zahlen mit gleichem Vorzeichen werden addiert, indem man ihre Beträge addiert und der Summe das gemeinsame Vorzeichen gibt. Zahlen mit verschiedenen Vorzeichen werden addiert, indem man ihre Beträge subtrahiert und der Differenz das Vorzeichen der Zahl mit dem kleineren Betrag gibt.

(2) Zwei Zahlen mit gleichem Vorzeichen werden multipliziert, indem man die Beträge multipliziert. Zwei Zahlen mit verschiedenen Vorzeichen werden multipliziert, indem man die Beträge multipliziert und ein Minuszeichen vor das Produkt setzt.

Allerdings dürfte für die meisten Schüler das richtige Formulieren dieser Regeln schwieriger sein als die richtige Durchführung der entsprechenden Rechnungen. Man wird also nicht die Regeln einprägen, sondern die entsprechenden Algorithmen. Auch diese kann man notieren. Etwa so:

5. Rationale Zahlen im Unterricht

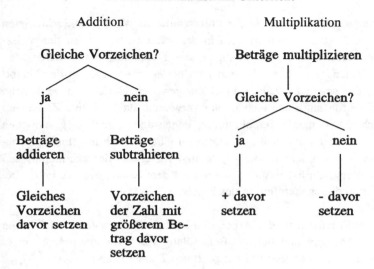

Man kennt einige typische Fehler (s. KÜCHEMANN 1981, KIPP/STEIN 1983). Häufig sind z.B.

-7 + 5 = -12   bzw.   -7 + 5 = 2.

Die Addition scheint den Schülern mehr Schwierigkeiten zu bereiten als die Multiplikation. Vergleicht man die beiden Algorithmen, so ist das einleuchtend.

5.5. Das Problem der Differenzierung

Bis in die sechziger Jahre wurde im Gymnasium die Einführung der negativen Zahlen (Zahlen mit Vorzeichen hießen damals "relative Zahlen") eng mit der Einführung in Terme mit Variablen (man sprach damals von "Buchstabenrechnung") verbunden. Bei der logischen Durchdringung der Behandlung von Termen, Termumformungen und Gleichungen zu Beginn der sechziger Jahre wirkte das jedoch sehr störend. Die Einführung der negativen Zahlen wurde daher vorgezogen; damit wurden zugleich die Schwierigkeiten der verschiedenen Bereiche isoliert. Heute ist dies Vorgehen allgemein üblich.

Bis Ende der sechziger Jahre vertrat man allgemein die Auffassung, negative Zahlen gehörten nicht in die Volksschule. Sie wurden im Sachrechnen nicht benötigt und spielten auch in der späteren Berufswelt der Volksschüler keine Rolle. Bestrebungen, die Durchlässigkeit zwischen den Schulformen zu erhöhen, führten zu Überlegungen, auch in der Hauptschule die negativen Zahlen in einem gewissen Umfang zu behandeln. Dabei wurde natürlich auch darauf verwiesen, daß negative Zahlen im "täglichen Leben" bei Temperaturen, Pegelständen oder geographischen Höhen auftreten und daß es Situationen gibt, die sich mit ihnen gut beschreiben lassen, man denke an Soll und Haben bei der kaufmännischen Buchhaltung, Guthaben und Schulden auf dem Konto, eventuell auch bei Kräften und Gegenkräften in der Physik.

Innermathematisch ist das Arbeiten am Koordinatensystem, beim Lösen von Gleichungen und bei der Behandlung von Funktionen sehr eingeschränkt, wenn man sich nur mit positiven Zahlen begnügt.

Beim Unterrichten der negativen Zahlen in der Hauptschule wird man allerdings *differenzieren* (WEIDIG 1983). Zunächst wird man den anschaulichen Verfahren stärkeres Gewicht geben. Man läßt die Schüler intensiver an den Modellen arbeiten. Es ist auch günstig zu trennen: In der 7. Jahrgangsstufe werden in der Hauptschule die Modelle erarbeitet und für Additionen und Subtraktionen herangezogen. In der 8. Jahrgangsstufe werden dann die Regeln für die vier Grundrechenarten erarbeitet. Dabei wird man die oben angeführten ausführlichen sprachlichen Formulierungen vermeiden und stattdessen eher eine Form wählen, die den Algorithmus deutlich hervortreten läßt.

5.6. Verknüpfungseigenschaften

Beim Arbeiten an den Modellen erkennt man leicht die Kommutativität der Addition; die Kommutativität ist auch bei der Multiplikation unmittelbar ersichtlich. Wollte man diese Eigenschaften streng beweisen, so würde man an den zahllosen Fallunterscheidungen schnell verzweifeln. Ähnlich ist es mit der Assoziativität und der Distributivität. Man wird sich darauf beschränken, diese für einfache Fälle nachzuprüfen. Unproblematisch ist die Abgeschlossenheit bezüglich der Addition, der Multiplikation und der

5. Rationale Zahlen im Unterricht

Division. Die Subtraktion wird ja auf die Addition der additiven Inversen zurückgeführt. Damit ist auch die Abgeschlossenheit bezüglich der Subtraktion gegeben. Das ist ja der entscheidende Wunsch bei der Zahlbereichserweiterung gewesen. Daß die Bruchzahlen als positive Zahlen im Erweiterungsbereich enthalten sind, ist eigentlich von Anfang an klar. Die zahlreichen Fallunterscheidungen bei den Regeln machen deutlich, daß man gewisse Verluste in Kauf nehmen muß.

Man sollte auf jeden Fall die Verknüpfungseigenschaften als Formeln herausheben, denn sie stellen die Grundlage für die Termumformungen dar, die spätestens in der 8. Jahrgangsstufe begonnen werden.

Darüber hinaus sollte man den Schülern noch einige Sachverhalte bewußt machen, die immer wieder in Argumentationen herangezogen werden.
Durch Fallunterscheidung erhält man:
$a^2 \geq 0$ für alle $a \leq 0$,
$a^2 = 0$ genau dann, wenn $a = 0$.
Daraus ergibt sich:
$a^2 + b^2 = 0$ genau dann, wenn $a=b=0$.
Schließlich sollte man noch die "Nullteilerfreiheit" der rationalen Zahlen hervorheben:
$ab = 0$ genau dann, wenn $a = 0$ *oder* $b = 0$.

Für das Rechnen mit Ungleichungen sind die Monotoniegesetze wichtig. Sie werden allerdings erst in der 8. Jahrgangsstufe verwendet. Es ist deshalb sinnvoll, sie erst dort hervorzuheben. Dies zeigt dann besonders deutlich den Kontrast zu den Äquivalenzumformungen von Gleichungen.

In der 8. Jahrgangsstufe wird das Rechnen mit rationalen Zahlen gesichert und vertieft durch Termumformungen. Darauf gehen wir in dem Kapitel über Terme näher ein.

6. Reelle Zahlen im Unterricht

6.1. Die Entdeckung irrationaler Zahlen

Daß mit den rationalen Zahlen noch nicht alle Punkte der Zahlengeraden "besetzt" sind, kann den Schülern erstmals in der 9. Jahrgangsstufe bei Problemen mit $\sqrt{2}$ bewußt werden. Folgende Problemstellungen führen auf $\sqrt{2}$:
a) Bestimme die Zahlen, deren Quadrat 2 ist.
b) Bestimme die Seitenlänge eines Quadrats, dessen Flächeninhalt doppelt so groß ist wie der des Einheitsquadrats.
c) Bestimme die Länge der Diagonale im Einheitsquadrat.

Besonders die geometrischen Fragestellungen machen deutlich, daß das Problem nicht darin besteht, ob es überhaupt eine Zahl gibt, sondern daß es zunächst um den Namen der Zahl geht. Es ist allerdings fraglich, ob man sie z.B. als Bruch angeben kann.

Die entsprechenden Punkte auf der Zahlengeraden kann man leicht konstruktiv bestimmen:

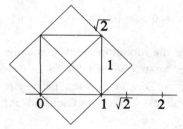
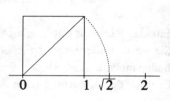

Das Problem der *Irrationalität* von $\sqrt{2}$ drückt sich in der Darstellung der rationalen Zahlen mit Hilfe von gewöhnlichen Brüchen darin aus, ob es einen gekürzten Bruch $\frac{p}{q}$ gibt, so daß

$$\sqrt{2} = \frac{p}{q}.$$

In der Dezimaldarstellung stellt sich das Problem, ob man $\sqrt{2}$ als endli-

6. Reelle Zahlen im Unterricht

chen oder als unendlichen periodischen Dezimalbruch darstellen kann. Die Argumentation über die Dezimalbrüche ist für die Schüler sicher die naheliegendere. Denn natürlich möchten die Schüler wissen, wie groß denn nun eigentlich $\sqrt{2}$ genau ist, nachdem man sie im Unterricht durch Intervallschachtelung näherungsweise bestimmt hat. Die Argumentation über die Dezimalbrüche erweist sich jedoch wegen der völlig unübersichtlichen Verhältnisse bei periodischen Dezimalbrüchen in der Schule als nicht gangbar.

Die Argumentation über gewöhnliche Brüche läuft nach dem Muster des indirekten Beweises von EUKLID, bei dem man die Annahme $\sqrt{2} = \frac{p}{q}$ auf einen Widerspruch führt.

Um die Irrationalität nicht ausschließlich an $\sqrt{2}$ festzumachen, sollte man mindestens allgemeiner beweisen:

Satz Ist p eine Primzahl, so gibt es keine rationale Zahl x mit $x^2 = p$.

Den Beweis führt man einfach so, daß man annimmt, man könne eine rationale Zahl $\frac{m}{n}$ finden mit $(\frac{m}{n})^2 = p$. Daraus folgt

$$m^2 = n^2 p.$$

In der Primfaktorzerlegung von m^2 tritt p entweder gar nicht oder in gerader Anzahl auf. Dagegen tritt p in der Primfaktorzerlegung von $n^2 p$ in ungerader Anzahl auf. Wegen der Eindeutigkeit der Primfaktorzerlegung ist das ein Widerspruch.

Meist handelt es sich hier um die erste Begegnung der Schüler mit einem *indirekten Beweis*.

Es wird immer wieder behauptet, indirekte Beweise könnten den Schülern in der Sekundarstufe I nicht zugänglich gemacht werden. Abgesehen davon, daß die Erfahrungen zumindest für das Gymnasium Zweifel an dieser Behauptung wecken, muß man darauf hinweisen, daß indirekte Argumentationen den Schülern vertraut sind.
● Bei Spielen müssen die Schüler häufig die Konsequenzen von Spielzügen überdenken. Dabei scheidet man solche aus, die zwangsläufig zum

Verlust führen.

• In Kriminalfilmen und Gerichtsverhandlungen im Fernsehen erleben die Schüler es häufig, daß Aussagen auf einen Widerspruch oder auf eine unmögliche Konsequenz geführt werden.

Wir werden später noch näher auf Probleme des Beweisens im Algebraunterricht eingehen.

6.2. Das Problem der Numerik

Wenn man $\sqrt{a}$ für nicht-negative Zahlen a als diejenige nicht-negative Zahl definiert, deren Quadrat a ist, dann hat man einen Namen gewählt, den man als Lösung einer Problemstellung angeben kann. Im Grunde weiß man aber über die Größe der Zahl kaum etwas. Diese Problematik setzt sich in der Algebra fort bei den Potenzen, den Logarithmen, den trigonometrischen Funktionen. Mit

$$5^{\pi}, \sqrt[3]{7}, \log_5 3, \sin \frac{\pi}{4}, \tan \frac{\pi}{6} \text{ usw.}$$

werden reelle Zahlen bezeichnet, über deren Größe zunächst keine Aussagen möglich sind. Man möchte diese Zahlen in Dezimaldarstellung haben. Nun weiß man, daß man irrationale Zahlen nie *genau* als Dezimalbrüche angeben kann. Man kann sie lediglich beliebig genau durch endliche Dezimalbrüche *approximieren*. Die dabei nötigen Abschätzungen und Konvergenzprobleme wirken jedoch als Fremdkörper in der Algebra. Dies wurde in den zwanziger Jahren sehr stark empfunden (s. HASSE 1930, WEYL 1932). In dem Streben nach Methodenreinheit bemühte man sich daher um eine algebraische Kennzeichnung der reellen Zahlen (ARTIN/ SCHREIER 1926).

In der Geschichte der Algebra war es ein wichtiges Anliegen, Lösungsformeln für Gleichungen zu finden. Abgesehen davon, daß nur wenige Gleichungstypen durch Radikale lösbar sind, bringt das eigentlich nichts, denn auch die Radikale kann man ja numerisch nur näherungsweise bestimmen. Wenn es einem also um die numerische Bestimmung der Lösungen geht, kann man besser gleich ein gut konvergierendes Näherungsverfahren ansetzen.

6. Reelle Zahlen im Unterricht 63

Lediglich bei eventuell erforderlichen *Termumformungen* kann die Verwendung von Wurzeltermen vorteilhaft sein. Soll z.B. bei einer Termumformung $2\sqrt{2}$ quadriert werden, dann rechnet man mit 8 weiter, wenn das Wurzelzeichen dastand. Hatte man $\sqrt{2}$ ersetzt durch 1,41, so wird man mit 7,9524 weiterrechnen müssen, einem unhandlichen und noch dazu ungenaueren Wert. Es ist also sinnvoll, bei Termumformungen möglichst lange mit den algebraischen Namen zu operieren. Andererseits sollte man sich nicht scheuen, wenn weitere algebraische Umformungen keinen wesentlichen Vorteil zur Lösung des Problems mehr bringen, Näherungswerte zu verwenden. Hier bietet sich vor allem der Taschenrechner an.

Ein interessantes Problem tritt auf, wenn man untersucht, ob die am Taschenrechner angezeigte Zahl für $\sqrt{2}$ genau ist. Quadriert man diese Zahl anschließend, so werden die meisten Taschenrechner die Zahl 2 anzeigen. Hiermit reagieren also die Taschenrechner auf das genannte Problem, indem sie intern mit mehr Stellen rechnen. Im Grunde verschleiern diese Rechner die Problematik. Der Unterricht sollte diesen Sachverhalt aufklären.

Auch bei der Erarbeitung der Näherungsverfahren spielt der Taschenrechner eine sehr wichtige Rolle. Man wird in der Regel nach einem Probierverfahren, mit dem man eine Intervallschachtelung erzeugt, auch das Heron-Verfahren erarbeiten. Für die Einzelheiten sei auf das Buch von BLANKENAGEL (1985), "Numerische Mathematik im Rahmen der Schulmathematik", verwiesen, für den Taschenrechner auf (WYNANDS/WYNANDS 1980).

6.3. Das Problem der Verknüpfungseigenschaften

Stellt man reelle Zahlen als unendliche Dezimalbrüche dar, dann rechnet man im Grunde mit unendlichen Reihen. Die üblichen Algorithmen für das schriftliche Addieren bzw. Multiplizieren laufen alle von rechts nach links, sind also für unendliche Dezimalbrüche nicht direkt übertragbar. In der Praxis wird man also mit endlichen Dezimalbrüchen als Näherungswerten wie üblich rechnen. Man kann allerdings auch Algorithmen angeben, bei denen man von links nach rechts addiert bzw. multipliziert (HOLLAND 1973). Sie sind aber so kompliziert, daß sich der Aufwand für den Unterricht nicht lohnt.

Um die Verknüpfungseigenschaften der reellen Zahlen nachzuweisen, ist die Dezimaldarstellung also nicht geeignet. Auch Intervallschachtelungen lösen nicht das Problem, weil sie in der Sekundarstufe I gar nicht auf dem für derartige Beweise erforderlichen Niveau betrieben werden können. Für positive reelle Zahlen kann man das Längenmodell heranziehen. Aber auch damit sind allenfalls Plausibilitätsbetrachtungen möglich.

Als Bilanz wird man mit den Schülern ziehen:
- Addition, Subtraktion, Multiplikation und Division in $\mathbb{R}$ folgen den gleichen Regeln wie die entsprechenden Verknüpfungen in $\mathbb{Q}$.
- Wurzelziehen (Quadratwurzel) ist in $\mathbb{R}$ möglich, allerdings nur für nicht-negative reelle Zahlen.

Die Möglichkeiten der reellen Zahlen sind damit den Schülern natürlich nur im Ansatz deutlich geworden. In algebraischer Sicht fehlt bei den Schülern vor allem eine Vorstellung von transzendenten Zahlen. In der 10. Jahrgangsstufe lernen die Schüler zwar mit π auch eine transzendente Zahl kennen. Aber die Tatsache der Transzendenz kann ihnen allenfalls mitgeteilt werden.

Neben den Grundoperationen für reelle Zahlen wird in der Sekundarstufe I noch in der 10. Jahrgangsstufe das Potenzieren behandelt. Es ist als Verknüpfung seit der 5. Jahrgangsstufe nicht weiter betrachtet worden. Man könnte z.B. in der 7. Jahrgangsstufe nach Erarbeitung der negativen Zahlen auch Potenzen mit negativen Exponenten definieren. Doch hat man für die Basis ja bereits rationale Zahlen zur Verfügung. Die Einführung gebrochener Exponenten wird aber erst in der 10. Jahrgangsstufe sinnvoll. Man sollte also mit der Erweiterung des Potenzbegriffs bis zur 10. Jahrgangsstufe warten. Bei diesem Erweiterungsprozeß läßt man für die Exponenten nacheinander natürliche Zahlen - ganze Zahlen - rationale Zahlen - reelle Zahlen zu und überstreicht damit noch einmal die Zahlbereiche und macht ihre Beziehungen zueinander deutlich. Die Zahlbereichserweiterungen erfahren damit eine Vertiefung. Wir werden auf diesen

6. Reelle Zahlen im Unterricht

Vorgang näher bei den Funktionen eingehen.

Beim Übergang von rationalen zu irrationalen Exponenten sind Probleme mit Grenzwerten wieder nicht zu vermeiden. So anschaulich man mit Intervallschachtelungen arbeiten kann, bleibt doch insbesondere bei der Bedingung, daß die Intervallängen gegen 0 konvergieren, sehr viel vage. Dieser Sachverhalt kann erst in der Sekundarstufe II zu Beginn der Analysis geklärt werden.

Spätestens bei der Behandlung der quadratischen Gleichungen in der 9. Jahrgangsstufe wird den Schülern die Unzulänglichkeit der reellen Zahlen für das Lösen von Gleichungen bewußt. Gelegentlich wird in diesem Zusammenhang auf die Möglichkeit einer nochmaligen Zahlbereichserweiterung hingewiesen. Eine gründlichere Behandlung der komplexen Zahlen muß aber der Sekundarstufe II vorbehalten bleiben.

Rückblick
In diesem Kapitel wurde gezeigt, wie man in der Sekundarstufe I schrittweise das Zahlensystem von den natürlichen Zahlen, über die Bruchzahlen und die rationalen Zahlen bis hin zu den reellen Zahlen aufbaut.

Der Unterrichtsplan folgte einem langfristigen Modell des Lernens durch Erweiterung, dem ein Lernen in Stufen überlagert war.

Den Schülern soll dabei bewußt werden, daß durch den Übergang zu einem Erweiterungsbereich Einschränkungen bei den Verknüpfungseigenschaften überwunden werden, ohne daß dabei wesentliche Verknüpfungseigenschaften verloren gehen.

Ausblick
Das folgende Kapitel befaßt sich mit Termen und Termumformungen. Terme werden in erster Linie als Ausdrucksmittel gesehen, so daß es in diesem Kapitel vor allem um das Lehren einer formalen Sprache geht. Es wird versucht, Antworten auf folgende Fragen zu geben:
(1) Was ist der Sinn dieser Sprache? Welche Regeln liegen ihr zugrunde?
(2) Worin liegen die Schwierigkeiten beim Lernen und beim Gebrauch dieser Sprache?
(3) Wie kann man im Unterricht behutsam in diese Sprache einführen, so daß sich den Schülern die Kraft dieser Sprache erschließt, ohne sie zu überfordern?

III. Terme

1. Die Formelsprache

Die "Formelsprache" der Algebra verdanken wir im wesentlichen einem Juristen, für den Mathematik eine Freizeitbeschäftigung war. 1591 erschien in Tours das von FRANÇOIS VIÈTE (1540-1603) verfaßte Buch: "In artem analyticem Isagoge" (Einführung in die analytische Kunst). In ihm wurde die Formelsprache entwickelt und systematisch begründet. Als "Buchstabenrechnung" bestimmte sie für etwa 300 Jahre die Vorstellungen von der Algebra. VIÈTE war freilich nicht der Erfinder der Variablen (REICH/ GERICKE 1973).

Will man allgemeine Aussagen über Zahlen machen, kommt man nicht umhin, *Variablen* zu verwenden. So formuliert z.B. EUKLID:

"Sind zwei Zahlen gegen irgendeine Zahl prim, so muß auch ihr Produkt gegen dieselbe prim sein." (EUKLID, S. 156).

Die Redewendungen "zwei Zahlen" und "irgendeine Zahl" drücken Allgemeinheit aus. Wir können sie als Variable ansehen. Beim Beweis beginnt EUKLID dann:

"Zwei Zahlen a,b seien gegen irgendeine Zahl c prim..." (EUKLID, S. 156)

Hier werden Buchstaben als Variable benutzt. Das läßt sich immer wieder in der Geschichte der Mathematik nachweisen (TROPFKE 1980). So verwendet sie DIOPHANT (um 250 n.Chr.) zur Bezeichnung von *Unbekannten* in Gleichungen.

"Die Buchstaben - Rechenkunst wird diejenige genennet, welche anstatt der Zifern allgemeine Zeichen der Größen brauchet, und damit die gewöhnlichen Rechnungsarten verrichtet. ...
Man benenne die gegebenen Größen jederzeit mit den ersten Buchstaben des Alphabets a,b,c,d usw. die unbekannten aber, welche man suchet, mit den letzten x,y,z." (WOLFF 1797, S. 64-65).

1. Die Formelsprache

In diesem Zitat aus einem Buch von CHRISTIAN VON WOLFF (1679-1754) werden Buchstaben als Variable (allgemeine Zahlen) und als Platzhalter (gegebene Größen - gesuchte Größen) angesprochen.

Was als Buchstabenrechnung begann, wurde schnell als ein allgemein tragfähiges Ausdrucksmittel in der Mathematik erkannt und verwendet. In allen Anwendungsbereichen der Mathematik wird diese Sprache mit Erfolg benutzt.

1.1. Die Formelsprache als formale Sprache

Eine Formel wie $y = 3 \cdot \sin(x+2\pi)$ ist eine *Zeichenreihe*, in der typische Zeichen aus dieser Sprache auftreten: die Objektvariablen x und y, die Zahlnamen 2, 3 und π, die Operationszeichen + und $\cdot$, der Funktionsname sin und schließlich die Klammern sowie das Gleichheitszeichen. Wie in einer Sprache kann man Syntax (Form) und Semantik (Inhalt) untersuchen. Die *Syntax* legt fest, welche Zeichenreihen zulässig sind.

Beispiel: $2 \cdot y + x$ ist ein Term, nicht dagegen $2 \cdot x +$

$2 \cdot x + 1 = 0$ ist eine Aussageform, nicht aber

$2 \cdot x + 1 =$

Die *Semantik* legt z.B. fest, daß beim Einsetzen von Zahlnamen für die Variablen aus einem Term eine Zahlname und aus einer Aussageform eine Aussage wird.

Formale Sprachen werden heute in der Logik mit Hilfe von *Kalkülen* begründet. Die Bezeichnung "Kalkül" erinnert an die "calculi", die Steine eines Rechenbrettes, mit denen die Römer ohne nachzudenken nach bestimmten Regeln rechneten. Den Begriff des Terms kann man in einem Kalkül rekursiv definieren (z.B. HERMES 1969). Ein solcher Kalkül beginnt z.B. mit den Festsetzungen:

(1)   Jeder Zahlname ist ein Term.
(2)   Jede Objektvariable ist ein Term.
(3)   Sind t_1 und t_2 Terme, so sind auch (t_1+t_2), (t_1-t_2), $(t_1 \cdot t_2)$, $(t_1:t_2)$ Terme.

•
•
•

Beim Einsetzen kann es Probleme geben. Während man in
$$x+1 = 3$$
ohne weiteres für x Zahlnamen einsetzen kann und dann wahre oder falsche Aussagen erhält, ist dies in der Aussage
  "Es gibt ein x, so daß gilt $x+1 = 3$."
nicht mehr möglich ist.

Im ersten Fall sagt man, x ist *freie* Variable. Im zweiten Fall ist durch die Redewendung "Es gibt ein x" die Variable x *gebunden*. Auch durch die Redewendung "Für alle x" kann x gebunden werden. Man schreibt für diese Redewendungen häufig bestimmte Zeichen, z.B. $\bigvee_x$ (es gibt ein x) bzw. $\bigwedge_x$ (für alle x) und bezeichnet sie als *Quantoren*.

Auf die Frage möglicher Einsetzungen geht die Semantik ein. Sie legt z.B. fest:

(1) Für Einsetzungen kommen die Elemente eines bestimmten Grundbereichs infrage.

(2) Für freie Variable darf man Objekte des Grundbereichs einsetzen. Gleiche Variable sind durch gleiche Objekte zu ersetzen.

(3) Für gebundene Variable darf nichts eingesetzt werden.

Mit dem Begriff der Variablen und mit der Unterscheidung von freien und gebundenen Variablen wollen wir uns im folgenden Abschnitt vor allem im Hinblick auf Probleme des Mathematikunterrichts befassen.

1.2. Die Variablen

Bezeichnungen und Redewendungen wie "Unbekannte", "allgemeine Zahl", "Buchstabenrechnung" und "Variable" ziehen sich durch die Schulbücher bis in die sechziger Jahre. So lehrte man die Schüler, zwischen "allgemeinen Zahlen" in Formeln, z.B. $x+y = y+x$, "Variablen" in Funktionsgleichungen und "Unbekannten" in Bestimmungsgleichungen, z.B. $x+1 = 4$, zu unterscheiden. Diese Terminologie verschleierte jedoch eher die Bedeutung von Buchstaben in der Algebra, als zu klären.

1. Die Formelsprache 69

Unter dem Einfluß der begrifflichen Analysen der Logik erkannte man in den sechziger Jahren, daß es zweckmäßig ist, einheitlich und konsequent die Begriffe *Variable* oder synonym *Platzhalter* zu verwenden (STEINER 1960/61).

"Variable" hat sich in der Mathematik eingebürgert, es handelt sich jedoch um ein Fremdwort. Deswegen wird häufig auch "Platzhalter" gesagt, um den Schülern den Zugang zum Sinn des Wortes zu erleichtern. In der Mathematik ist es allerdings nicht gebräuchlich. In beiden Wörtern schwingen Vorstellungen mit, die sich nicht ganz entsprechen. "Variable" erinnert an Veränderungen, wie man sie z.B. im Physikunterricht betrachtet. "Platzhalter" erinnert an mögliche Zahlen zum Einsetzen. Auch wenn man durchweg von Variablen spricht, ist es natürlich notwendig, ihren Gebrauch in unterschiedlichen Situationen näher zu beleuchten. PICKERT zeigte 1961, daß diese Unterschiede besonders deutlich hervortreten, wenn man mögliche *Bindungen* der Variablen untersucht. Folgende Fälle sind im Algebraunterricht von Interesse.

(1) *Bindung durch Quantoren*
z.B. $\bigwedge_x x+x = 2 \cdot x$

$\bigvee_x 2+x = 4$

$\bigvee_x a+x = b$; hier sind die Variablen a,b frei.

(2) *Bindung durch Mengenbildung*
z.B. $\{x \mid 2x+1 = 7\}$ Lösungsmenge einer Gleichung;
$\{x \mid ax+b = c\}$ Lösungsmenge mit freien Variablen a,b,c;
$\{(x;y) \mid y = x^2\}$ Relation, Funktion;
$\{(x;y) \mid y = ax^2+b\}$ Funktionstyp, Relationstyp.

(3) *Bindung durch Funktionsbildung*
z.B. "Die Funktion, welche x in x^2 abbildet",
symbolisch: $x \to x^2$.
Die Funktionsschar: $x \to x^2 + c$, c ist frei.

(4) Bindung durch Kennzeichnung

z.B. "dasjenige $x \in N$ mit $1 < x < 3$".

Dies ist zulässig, denn es existiert ein $x \in N$ mit $1 < x < 3$ und
für alle $x,y \in N$ gilt: Wenn $1 < x < 3$ und $1 < y < 3$, dann $x=y$.

Auf dem Höhepunkt der "Strengewelle" in den sechziger Jahren wurden Quantoren auch in Schulbüchern formalisiert. Sie haben sich jedoch nicht durchgesetzt, da sich mit ihnen teilweise abenteuerliche Formulierungen bei den Schülern fanden. Dem Vorteil an Kürze und Prägnanz stand eine übermäßige Fehleranfälligkeit gegenüber, so daß man wieder davon abgegangen ist.

Es gibt allerdings einige besondere Sachverhalte, bei denen formale Quantoren das Verständnis wesentlich erleichtern. Will man z.B. die Existenz eines neutralen Elements bezüglich einer Verknüpfung * formulieren, so kommt es wesentlich auf die Reihenfolge der Quantoren an. Richtig formalisiert erhält man:

$$\bigvee_e \bigwedge_a a * e = a.$$

Die Forderung

$$\bigwedge_a \bigvee_e a * e = a,$$

bei der die Quantoren vertauscht sind, besagt lediglich, daß von a abhängige Elemente e vorhanden sind. Das können also "Privatneutrale" sein, z.B. a selbst bezüglich $\downarrow$, denn $a \downarrow a = a$.

Auch die wesentliche Idee der vollständigen Induktion kommt besonders deutlich heraus, wenn man das Induktionsaxiom mit Quantoren formuliert:

$$(A(1) \wedge \bigwedge_n (A(n) \rightarrow A(n+1))) \rightarrow \bigwedge_n A(n).$$

Schließlich haben sich Quantoren auch für die Technik des Negierens als sehr nützlich erwiesen. Dagegen wirken die All-Quantoren bei den Rechengesetzen etwas geschwollen. Deshalb ist es eine allgemeine, sehr zweckmäßige Konvention: Die All-Quantoren "am Anfang" dürfen weggelassen werden. Aber das alles sind Feinheiten, die die Schüler kaum richtig zu würdigen wissen.

1. Die Formelsprache

So vorteilhaft die Vereinheitlichung der Terminologie war, sah man doch bald die Gefahr, daß dadurch Unterschiede verwischt werden, die zu einem Verständnis gerade wesentlich sind. So wurde der Begriff der Variable weiter analysiert (WOLFF 1976, BRÜNING/SPALLEK 1978, GRIESEL 1982, WAGNER 1983, MALLE 1986, USISKIN 1988, KIERAN 1989). Man merkte, daß es gar nicht so töricht gewesen war, unterschiedliche Kontexte zu betrachten und zu beschreiben, wie man in ihnen mit Variablen arbeitet und welche Vorstellungen bei den Schülern dabei gebildet werden. Als wichtige Kontexte für unterschiedliche Aspekte beim Arbeiten mit Variablen erwiesen sich: Eigenschaften der Zahlbereiche, Terme und Termumformungen, Funktionen, Gleichungen und Formeln. Wir werden in jedem dieser Kontexte näher auf die Rolle der Variablen eingehen.

1.3. Zahlen und Größen

Wie in der Arithmetik stehen auch in der Algebra Zahlen und Größen in enger Beziehung zueinander. In der historischen Entwicklung wurden häufig Variable für Größen verwendet. So entwickelte VIÈTE seine Algebra für Größen (REICH/GERICKE 1973), wobei er in erster Linie an Längen, Flächeninhalte und Rauminhalte dachte. So vorteilhaft diese Vorstellungen bei der Herleitung der Rechenregeln waren, muß man doch andererseits auch die dadurch gegebenen Beschränkungen sehen. Indem er die Multiplikation zweier Größen an den Flächeninhalt von Rechtecken und die Multiplikation dreier Größen an den Rauminhalt von Quadern band, verankerte er die Algebra in Vorstellungen. Den Vorteil der Anschaulichkeit erkaufte er allerdings mit dem Nachteil, daß gerade diese Bindung an Größen bei Produkten mit mehr als drei Faktoren zu erheblichen Schwierigkeiten führte. Das zeigte sich vor allem bei den Potenzen. Quadrate wurden als Flächeninhalte von Quadraten, Kuben als Rauminhalte von Würfeln gesehen. Dieses *Hindernis* überwindet der junge RENÉ DESCARTES (1596-1650) in seiner Schrift "Regulae ad directionem ingenii", indem er Produkte von Längen mit Hilfe des Strahlensatzes als Längen darstellt.

Diese geistesgeschichtlich interessante Problematik hat auch didaktische Bedeutung. Denn natürlich wird man sich auch in der Schul-Algebra darum bemühen, die theoretischen Betrachtungen möglichst anschaulich zu verankern. Das kann jedoch zu für den Lehrer zunächst vielleicht unerklärlichen Schwierigkeiten bei den Schülern führen. Man führt z.B. in der 9. Jahrgangsstufe das Quadrieren und Wurzelziehen im Problemkontext der Flächeninhalte von Quadraten ein. Hier liegt ja sogar sprachlich ein Zusammenfallen vor. Mit "Quadrat" wird die Figur, aber auch der Term a^2 bezeichnet. Will man dann in der 10. Jahrgangsstufe allgemein Potenzen und Wurzeln behandeln, so ergeben sich unter Umständen Verständnisschwierigkeiten, weil Schüler vergeblich versuchen, nach dem Muster des Quadrierens geeignete Vorstellungen allgemein für das Potenzieren zu entwickeln, während der Lehrer lediglich formale Analogien zwischen dem Quadrieren und dem Potenzieren anspricht.

1.4. Modellbildung mit Termen

Größen spielen in der Algebra vor allem bei der mathematischen Behandlung von Sachsituationen eine wichtige Rolle. Neben den algebraischen Aufgaben, die sich auf Zahlen beziehen, finden sich seit Generationen in den Algebra-Büchern immer solche, in denen Größen auftreten.

Beispiel: "Von a Thaler baar Geld ziehe ich b Thaler bezahlte Schuld ab, so bleibet mir a-b Thaler baar Geld. Gesetzt a sey 9 und b sey 5, so ist a-b = 9-5 = 4 Thaler." (BÜRJA 1786, S. 21)

In diesen Fällen geht es darum, eine Sachsituation in die Sprache der Algebra zu übersetzen. Dies ist ein Fall von *Modellbildung*. Dabei ist zu prüfen, ob die vorgenommene Modellbildung angemessen ist. In vielen Fällen können die Schüler die Erfahrungen, die sie im Umgang mit Zahlen gewonnen haben, direkt auf Variable und Terme übertragen. Geht man über die Grundoperationen hinaus, dann können sich leicht Schwierigkeiten ergeben, insbesondere wenn Eigenschaften der Grundoperationen übertragen werden.

Beispiel: Bei der Grundoperationen ist es möglich und üblich, sukzessive zu rechnen, wenn mit mehreren Zahlen zu rechnen ist. So berechnet man 2+5+3 = (2+5)+3 = 7+3 = 10. Bei der Mittelbildung wäre das nicht korrekt. Wenn ein Schüler z.B. erst eine 2, dann eine 5 als Note erhält, so ergibt sich der

1. Die Formelsprache

Mittelwert 3,5. Erhält er anschließend die Note 3, so ist der Mittelwert nicht etwa

$$\frac{3,5+3}{2} = 3,25, \quad \text{sondern} \quad \frac{2+5+3}{3} = 3,33... .$$

Terme mit Variablen ergeben sich in Sachsituationen meist als *Rechenschema*; dies entspricht einer semantischen Sicht.

Beispiel: Will man berechnen, welchen Preis man bei einem Stromverbrauch von x kWh zu einem kWh-Preis von 0,25 DM/kWh bei einem Grundpreis von 15 DM monatlich zu zahlen hat, dann kann man das nach dem Schema tun:
$(0,25x + 15) \cdot 1,15$.
Dabei sind 15% Mehrwertsteuer zugrundegelegt. Man kann natürlich mit Variablen p für den Einzelpreis und G für den Grundpreis allgemeiner schreiben: $(px + G) \cdot 1,15$.

In der Praxis ist jedoch als Berechnungsschema allgemein eine Tabelle üblich.

Beispiel:

Verbrauch (kWh)	Einzelpreis (DM/kWh)	Zwischen-ergebnis (DM)	Grundpreis (DM)	Netto Rechnungs-betrag (DM)	Mehrwert-steuer (15%)	Rechnungs-betrag (DM)

Mit dem Computer kann man derartige Berechnungen mit *Tabellenkalkulationsprogrammen* vornehmen. Dabei belegt man die einzelnen Spalten mit den gewünschten Variablen und legt fest, welche Rechnungen man zwischen den Zahlen der jeweiligen Spalten ausführen soll. Derartige Tabellenkalkulationsprogramme kann man mit Gewinn vor allem in der Hauptschule einsetzen (s. PRUZINA 1991).

Betrachtet man Terme zur Berechnung geometrischer Größen, dann interessiert man sich dafür, welche Größen in die Berechnung eingehen und in welcher Weise dies geschieht.

Beispiel: Für das Volumen eines Kreiszylinders findet man den Term $\pi \cdot r^2 \cdot h$.
Hier geht der Grundkreisradius r quadratisch und die Zylinderhöhe h geht linear ein. Das Ganze ist ein Produkt.

74 III. Terme

Einen Term kann man in dieser Betrachtungsweise als *Bauplan* betrachten. Er vermittelt Einsichten über die auftretenden Größen und ihre Beziehungen. Betrachtet man Terme als Baupläne, so interessiert man sich also für ihren Aufbau. Man betont damit die syntaktische Sicht. Das Erfassen des Bauplanes kann man durch bildhafte Darstellungen unterstützen.

Beispiel: Darstellungen des Terms x+y· (v+w)
(1) Mit geometrischen Symbolen (z.B. STRUNZ 1968)

$$\square + \triangle \cdot (\square + \bigcirc)$$

(2) Mit Hilfe eines Diagramms:

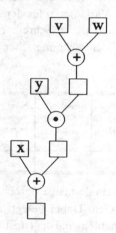

(3) Mit einer Blockreihe (z.B. LARKIN 1989):

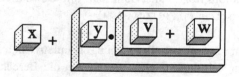

Man kann im Bau von Termen Symmetrien erkennen, so sind z.B. x^2y^2, ab^2c^2d, $ab+cd$, ab^2+c^2d "symmetrisch" gebaut. Mit FISCHER kann man von einer "Geometrie der Terme" sprechen (FISCHER 1984).

1.5. Deutung von Termumformungen

Entsprechend den beiden Sichtweisen für Terme kann man auch Termumformungen unterschiedlich sehen. Betrachtet man Terme als *Rechenschemata*, so stellt sich das Problem, ob unterschiedliche Schemata zu gleichen Ergebnissen führen.

Beispiel: 2x + 2y = 2(x+y) kann man so deuten, daß, wenn man zwei Zahlen verdoppelt und dann addiert, man das gleiche Ergebnis erhält, wie wenn man erst die Zahlen addiert und dann verdoppelt.

Mit dieser Sichtweise wird man die Gleichheit als *Wertgleichheit* sehen. Häufig spricht man auch von *Äquivalenz von Termen*. Argumentationen werden alle möglichen Einsetzungen ins Auge fassen. Termumformungen lassen sich unter diesem Aspekt häufig als Vereinfachung von Berechnungen motivieren.

Beispiel: Berechnungen nach dem Schema 2x+2y sind sowohl im Kopf als auch mit dem Taschenrechner umständlicher als Berechnungen nach dem Schema (x+y)·2.

Betrachtet man dagegen Terme als *Baupläne* in syntaktischer Sicht, so stellt sich das Problem der Termumformung als zulässige Veränderung des Plans, die zu neuer Einsicht führt.

Beispiel: Nimmt man Terme der Art 2x, 2y, 2(x+y) als Baupläne gerader Zahlen, so kann man aus der Gleichung 2x+2y = 2(x+y) ablesen, daß die Summe zweier gerader Zahlen wieder eine gerade Zahl ist und umgekehrt, daß man gerade Zahlen (größer als 2) als Summe zweier gerader Zahlen darstellen kann.

Hierbei bemühen wir uns allerdings bereits, in einem Term auch in syntaktischer Sicht etwas "Sinnvolles" zu sehen. Man kann syntaktisch natürlich Termumformungen auch rein schematisch als zulässige Umformungen betrachten. Dies ist im Unterricht letztlich die Ursache dafür, daß viele Schüler mit Termen "jonglieren".

2. Schwierigkeiten beim Lernen der Formelsprache

So wichtig die Formelsprache in der Mathematik und in ihren Anwendungsbereichen ist, bereitet das Lernen dieser Sprache doch vielen Menschen erhebliche Schwierigkeiten. Und wie diese Sprache international verwendet wird, so hat auch der Mathematikunterricht weltweit Schwierigkeiten mit ihr. Im Folgenden wollen wir uns näher mit einigen dieser Schwierigkeiten befassen.

2.1. Regeln und Regelhierarchien erfassen

Terme formt man nach bestimmten *Regeln* um. Häufig werden derartige Regeln verbal formuliert, weil man damit leichter allgemeine Fälle erfaßt.

Beispiel: Soll man eine Summe mit einer Zahl multiplizieren, so hilft einem die Formel, die das Distributivgesetz ausdrückt:
$$a(b+c) = ab+ac.$$
Die sprachliche Formulierung,
"Bei Summen wird jeder Summand multipliziert",
ist jedoch allgemeiner. Sie umfaßt z.B. den Fall, daß die Summe mehr als zwei Summanden hat. Formal drückt sich das so aus:
$$a(b_1+...+b_n) = ab_1+...+ab_n.$$
Andererseits enthalten Formeln natürlich mehr Information, als man ihnen auf den ersten Blick ansieht.

Beispiel: Die Formel $a(b+c) = ab + ac$
gilt auch für den Fall, daß die Variablen a,b,c durch Terme substituiert werden. So kann nach dieser Formel die Umformung begründet werden:
$$(x+y) \cdot (2u + 3v) = (x+y) \cdot 2u + (x+y) \cdot 3v.$$
Jede Formel kann von zwei Seiten gelesen werden. Damit kann man aus ihr auch jeweils zwei Umformungsregeln ablesen.

Beispiel: Die Formel
$$a(b+c) = ab + ac$$
gibt von links nach rechts gelesen Auskunft darüber, wie man ein Produkt in eine Summe umformt.
Liest man sie von rechts nach links, so erhält man eine An-

2. Schwierigkeiten beim Lernen der Formelsprache

weisung, wie man eine bestimmte Summe in ein Produkt verwandelt.

Wir hatten beim Rechnen mit Zahlen gesehen, daß Regeln auf vielfältige Weise (akustisch-optisch, als Formel, als Schema usw.) im Gedächtnis abgespeichert sind. Das gilt natürlich auch für Termumformungsregeln. Eine Besonderheit ist bei den Termumformungen eine Doppelfunktion bestimmter Formeln. Einmal sind sie selbst Objekte einer Termumformung, andererseits sind sie *Regeln* für bestimmte Termumformungen.

Beispiel: $a(b+c) = ab + ac$
kann man betrachten als durchgeführte Termumformung. Wie wir oben gesehen haben, kann man diese Formel auch als Regel für bestimmte Termumformungen sehen.

Es ist natürlich schwierig für die Schüler, diese Doppelnatur solcher Umformungen im Unterricht zu erfassen. Beim Erklären bestimmter Umformungen springen die Lehrenden aber immer wieder zwischen diesen Ebenen hin und her.

Man kann versuchen, diese Ebenen zu trennen, indem man auf der Regelebene mit anderen Zeichen arbeitet.

Beispiele: Man formuliert das Distributivgesetz in anderen Buchstaben, etwa

$$A \cdot (B+C) = A \cdot B + A \cdot C.$$

Oder man wählt ganz andere Symbole, etwa

$$\square \cdot (\triangle + \circ) = \square \cdot \triangle + \square \cdot \circ.$$

Derartige Symbole verstärken optisch den Eindruck der Regel (STRUNZ 1968, S. 131ff). Andererseits erfordert diese Darstellung wieder Kenntnisse im Umgang mit solchen Zeichen.

Wir haben bereits beim Umgang mit Zahlen das Problem der *Hierarchien von Regeln* betrachtet. Dieses Problem verschärft sich in der Algebra noch, denn hier kommen zu den Regelhierarchien der Zahlen noch diejenigen für Terme hinzu. Schüler, die Probleme beim Bruchrechnen haben, werden bald Probleme bei Termumformungen bekommen.

Beispiele: Terme wie $\frac{2}{3}x - \frac{3}{4}y - \frac{3}{5}x + \frac{2}{7}y$ können Schüler nur vereinfachen, wenn sie mit Brüchen und mit negativen Zahlen rechnen können.

Das gilt natürlich erst recht für die Umformung von Bruchtermen wie

$$\frac{3x+1}{x-1} + \frac{2x-1}{x+1} - \frac{5x-1}{x}.$$

Will man einem Lernenden helfen, der Schwierigkeiten mit Termumformungen hat, dann muß man zunächst die nicht beherrschten Regeln identifizieren und dann die Hierarchie von unten neu aufbauen. Für HEINRICH BÖLL wurde diese Einsicht sogar zu einem Schlüsselerlebnis, das ihm den Zugang zur Mathematik eröffnete. Er schreibt in seinen Erinnerungen:

"Wir hockten zu Schularbeiten zusammen, und ich versuchte, an einigen das merkwürdige deutsche Mathematiktrauma zu heilen, mit Konvertiteneifer, erst kurz vorher hatte mein Bruder Alfred dieses Trauma an mir geheilt, indem er systematisch und geduldig auf die Grundkenntnisse 'zurückbohrte', Lücken entdeckte, diese schloß, meine Basis stabilisierte. Das hatte zu einer solchen Mathematikbegeisterung geführt, daß wir wochenlang die Dreiteilung des Winkels zu entdecken versuchten, und manchmal glaubten wir der Lösung so nahe zu sein, daß wir nur noch flüsterten. Der im Nebenzimmer hausende 'möblierte Herr' war Dipl. Ing. und als solcher befähigt, unsere Entdeckung zu übernehmen." (BÖLL 1990, S. 32-33)

2.2. Über Termumformungen sprechen

Termumformungen erfordern häufig mehrere Schritte, in denen unterschiedliche Regeln angewendet werden. Der Lehrer will erreichen, daß die Schüler zielgerichtet und regelrecht umformen. Bei der Frage nach dem "Warum?" reden jedoch häufig Schüler und Lehrer aneinander vorbei. Während die Schüler diese Frage meist *final* verstehen und mit dem Hinweis auf den beabsichtigten Effekt antworten (z.B. "Ich will die Klammern auflösen!"), fragt der Lehrer *kausal*, also nach der Berechtigung. Es geht in solchen Aufgaben um drei Sachverhalte:
(1) Zielangabe
Beispiel: "Ich möchte in 2(x+y) die Klammern auflösen."

2. Schwierigkeiten beim Lernen der Formelsprache

(2) Wegangabe
Beispiel: "Dazu multipliziere ich jeden Summanden mit 2."
(3) Begründung
Beispiel: "Nach dem Distributivgesetz gilt $a(b+c) = ab + ac$."

Natürlich gilt dies in erster Linie für die Einführungsphase. Selbstverständlich wird man später vermeiden, den Gedankengang der Schüler zu unterbrechen. Denn sie würden dies als Störung empfinden und könnten dabei auch "außer Tritt" geraten.
Im Unterricht schreibt man einen Term also nicht nur an die Tafel und läßt ihn dann umformen, sondern man spricht auch über ihn. Dazu sind Begriffe wie "Term", "Summe", "Differenz", "Produkt", "Potenz", "Koeffizient", "Klammer", "Vorzeichen" usw. nötig. Alle diese Begriffe gehören der *Metasprache* an. Die Terme selbst gehören zur *Objektsprache*. In dem Bedürfnis, über die Objekte zu sprechen, werden zahlreiche Begriffe der Metasprache gebildet. Man kann sie im Sinne von GRIESEL als *Arbeitsbegriffe* bezeichnen, die in der Regel keinen besonderen Begriffsbildungsaufwand benötigen. Häufig erübrigt sich auch eine Erklärung, weil sich ihre Bedeutung unmittelbar aus dem Kontext ergibt (GRIESEL 1978, MÖLLER 1994). Andererseits tut man gut daran, immer wieder zu überprüfen, ob die verwendeten Begriffe tatsächlich eine Hilfe sind oder die Schüler eher belasten. Der Einfluß der Logik in der Reform der sechziger Jahre hat eine Fülle von neuen Begriffen der Metasprache in der Algebra gebracht. Einige sind inzwischen wieder aus den Schulbüchern verschwunden. Es ist aber durchaus angebracht, immer wieder Lehrpläne und Schulbücher nach überflüssigen Begriffen der Metasprache zu sichten.
Bei der sachgerichteten *Kommunikation* zwischen Lehrern und Schülern, aber auch zwischen Schülern und Schülern muß man unterschiedliche Intentionen sehen. Während das Bestreben der Schüler in erster Linie darauf gerichtet ist, die gestellten Aufgaben zu lösen, allgemeiner auf Strategien zum Lösen von Aufgabentypen, aber vielleicht auch Antworten auf den Sinn solcher Aufgaben erwarten, sind die Intentionen der Lehrer vielschichtiger. Sie wollen den Schülern Wege weisen, um bestimmte Aufgabentypen zu lösen, sie wollen helfen, Schwierigkeiten zu überwinden, sie stellen Aufgaben zur Kontrolle, ob Lernziele erreicht worden sind, geben aber auch Anregungen, die auf eine Vertiefung von Einsichten zielen.

III. Terme

Dieses Geschehen ist auf vielfältige Weise analysiert worden (z.B. BAUER 1978, WINTER 1978, KRUMMHEUER 1983, KAPUT 1989). Es wird deutlich, daß an vielen Stellen *Schwierigkeiten* und *Mißverständnisse* auftreten können. Besonders anfällig sind Situationen, in denen die Schüler Schwierigkeiten haben und der Lehrer zu helfen versucht. Machen die Schüler Fehler, so möchte der Lehrer korrigieren, zugleich jedoch erreichen, daß die Schüler die Fehlerhaftigkeit einsehen und die Fehler in Zukunft vermeiden.

Beispiel: Ein Schüler formt um:
$2(rs+st+tu) = 2rs + st + tu$.
Der Lehrer wird nun in irgendeiner Form die Regel aufrufen, gegen die verstoßen wurde.
Seine Frage: "Wie werden Summen multipliziert?" zielt auf die sprachlich formulierte Regel. Er kann Pfeile einzeichnen, um das Schema zu aktivieren: $2(rs+st+tu) =$,
oder er ruft die mit anderen Symbolen formulierte Regel auf: "Machen wir uns einmal klar, was zu machen ist:
□ • (♦ + ● + ■) = □ • ♦ + □ • ● □ • ■.
Versucht, die Aufgabe nach diesem Schema zu lösen!"

Es besteht die Gefahr, daß die Schüler diese Hilfen als solche gar nicht erkennen. Sie ist natürlich dann besonders groß, wenn sich der Lehrer einem einzelnen Schüler zuwendet und die anderen Schüler sich überhaupt nicht an dem Gespräch beteiligen, weil es nicht ihr Problem ist. Unterrichtsbeispiele belegen immer wieder das "Aneinandervorbeireden" und das "Abschalten" bzw. "Sich-Ausklinken" von Schülern (z.B. KRUMMHEUER 1983). Diese Schwierigkeiten treten vor allem dann auf, wenn die Schüler nicht bereit oder in der Lage sind, Hilfsangebote der Lehrer anzunehmen, oder wenn der Lehrer ein Hilfsangebot macht, das unzureichend auf die Probleme der Schüler eingeht oder die Schüler überfordert. Dabei wirkt erschwerend, daß die Intention der Schüler meist nur auf Bewältigung der konkret gestellten Aufgabe gerichtet ist, während der Lehrer das Problem sowohl mathematisch als auch didaktisch grundsätzlicher angehen möchte. KRUMMHEUER spricht hier von einem Konflikt auf Grund unterschiedlicher "Rahmungen". Während sich das Handeln des Lehrers in einem "algebraisch-didaktischen" Rahmen bewegt, denken die Schüler an einem "algorithmisch-mechanischen" Rahmen (KRUMMHEUER 1983, S. 61).

2. Schwierigkeiten beim Lernen der Formelsprache

2.3. Üben von Termumformungen

Von einem Schulbuch erwarten Lehrer in der Algebra Hunderte von Übungsaufgaben zu Termumformungen (HAYEN 1987). Sicherheit und Schnelligkeit beim Lösen dieser Aufgaben sind nach den Erfahrungen der Lehrer nur durch intensives Üben zu erzielen. Es fehlt jedoch auch nicht an Warnungen (z.B. MALLE 1993). Gegen die Zerrformen eines Algebraunterrichts, der formale Operationen überbetont, wandte sich besonders WAGENSCHEIN (1970). Er kritisierte:

(1) Dressur des Unverstandenen
Viele Schüler erfahren im Unterricht immer wieder schulische Zerrformen von Mathematik: "halb verstandene oder unverstandene, und deshalb verhaßte, Dressuren. Die wunderbare Wirkung, die das mathematische Denken auf den Geist hat, besonders auf den werdenden Geist des jungen Menschen, kommt nur dann zustande, wenn der Funke der aktiven und vollkommenen Einsicht zündet; wenn auf dem Gesicht des in ein Problem Hineingezogenen (des Schülers, des Kindes, und auch immer von neuem: des Lehrers), wenn dort jenes gelöste Lächeln aufgeht, das sicherste Anzeichen für das 'Verstehen', für das nur in der Mathematik so vollendet mögliche Durchsichtigwerden des vorher Problematischen" (WAGENSCHEIN 1970, S. 212/213).

(2) Überbetonen der formalen Regeln
"Nach einigen, möglichst wenigen, von jedermann nachahmbaren Regeln ist es möglich, auch ohne Verstehen der Grundlage auf eine klargestellte Frage die Antwort sich liefern zu lassen" (WAGENSCHEIN 1970, S. 422). "Aus der Gunst, daß jeder das Mathematische verstehen kann, wird die Kunst (der Trick), daß jeder es manipulieren könne, ohne es zu verstehen." (WAGENSCHEIN 1970, S. 423)

(3) Übung ohne Erlebnisgrundlage
Es wird geübt, ohne daß Mathematik erlebt worden ist. "Ohne diese Erlebnisgrundlage kann Einübung nur schädliches Pauken werden" (WAGENSCHEIN 1970, S. 341/342).

Für MALLE (1993) gibt es sogar eine "Ideologie des stereotypen Übens". In ihr drückt sich häufig eine gewisse Hilflosigkeit der Lehrer gegenüber Schwierigkeiten ihrer Schüler aus: "Vielfach werden die Mißerfolge so umgedeutet, daß man noch zu wenig geübt hätte. Es werden weitere

Übungsaufgaben gestellt - und damit wird die Sache oft noch schlimmer gemacht." (MALLE 1993, S. 23). Die Problematik des Übens im Mathematikunterricht ist eingehend untersucht worden (z.B. WINTER 1984, WITTMANN 1989, FLADE/GOLDBERG 1992). In diesen Arbeiten werden auch Wege zur Überwindung des stereotypischen Übens gewiesen, indem man durch überraschende Aufgabenstellungen Abwechslung und Aufmerksamkeit schafft.

Die starke Betonung des Übens von Routineaufgaben hat aber ihre tiefere Ursache darin, daß Lehrer den Mathematikunterricht in erster Linie von Aufgaben her denken. LENNÉ bezeichnet diese didaktische Position als "Aufgabendidaktik". Er sah sie in den sechziger Jahren unter dem Einfluß der "Neuen Mathematik" und der Didaktik WAGENSCHEINs und WITTENBERGs ins Wanken geraten (LENNÉ 1969). Sie hat sich aber vor allem am Gymnasium weitgehend unangefochten erhalten.

2.4. Über den Umgang mit Fehlern bei Termumformungen

Trotz allen Übens plagen sich Lehrer und Schüler im Mathematikunterricht mit zahllosen Fehlern herum. *Typische Fehler*, die in allen internationalen Berichten über Schülerfehler in der Algebra aufgeführt werden, sind z.B.

(1) Fehler beim Auflösen von Klammern,
z.B. 3a − (2a+b) = 3a−2a+b;

(2) Verwechseln von Termen,
z.B. x^2 wird verwechselt mit 2x;

(3) Fehler beim Kürzen,

z.B. $\dfrac{a+b}{c+b} = \dfrac{a}{c}$;

(4) Fehler beim Wurzelziehen,

z.B. $\sqrt{a^2+b^2} = a+b$.

Schülerfehler sind in den vergangenen Jahren intensiv studiert worden. Allgemein geht man heute davon aus, daß sie überwiegend regelhaft verlaufen. Die Schüler konstruieren auf dem Hintergrund von Vorstellungen,

2. Schwierigkeiten beim Lernen der Formelsprache

die zum Teil erheblich von den intendierten Vorstellungen der Unterrichtenden abweichen, ihr eigenes Regelwerk.

Natürlich wäre es zu wünschen, das Entstehen eines solchen abweichenden Regelwerkes zu verhindern. Man würde dabei jedoch die Bedeutung von Fehlern im mathematischen Erkenntnisprozeß verkennen. STELLA BARUK hat deutlich gemacht, daß jeder, der Mathematik treibt, auf seiner Ebene mit typischen Fehlern zu kämpfen hat. Die Lehrer machen zwar nicht mehr so "dumme" Fehler wie ihre Schüler, doch kann man ihnen auch leicht Fehler nachweisen, wenn sie sich auf höherem Niveau bewegen. Selbst den mathematischen Forschern unterlaufen immer wieder Fehler, die sie natürlich zum Teil allein bemerken, auf die sie aber unter Umständen erst von Kollegen aufmerksam gemacht werden. Vor allem bei den Beweisversuchen für klassische ungelöste Probleme lassen sich zum Teil fast tragische Irrtümer bei berühmten Mathematikern nachweisen (BARUK 1989).

Es ist also eine wichtige Forderung an den Mathematikunterricht, mit Fehlern vernünftig umzugehen. Das bedeutet insbesondere:
- Den Schülern wird deutlich, daß man das Auftreten von Fehlern für etwas Natürliches im Lernprozeß hält.
- Die Schüler werden für kritische Situationen sensibilisiert. Sie setzen persönlich Warnzeichen bei bestimmten Aufgabentypen und achten auf sie.
- Die Fehlerhaftigkeit bestimmter Überlegungen und Verfahrensweisen wird erkannt und überwunden.
- Die Analyse eigener Fehler wird zu einer Vertiefung von Einsichten genutzt.

Insbesondere ist es völlig verfehlt, den Schülern bei Fehlern Überdruß an diesen Fehlern zu zeigen, Fehler vielleicht sogar "moralisch" abzuqualifizieren und die Schüler deswegen anzugreifen.

Beispiel: Kommentare am Heftrand wie: "Schrecklich!", "Furchtbar!", "Quatsch!", "Lerne erst mal das kleine 1 mal 1!", "Das darf doch nicht wahr sein!", "Erst Denken, dann Rechnen!", "Vielleicht überlegst Du erst mal, bevor Du solchen Unsinn schreibst!"

Erschütternde Beispiele finden sich in dem Buch von BARUK (1989) und zeigen das ganze Ausmaß des Leidens, das Kindern im Mathematikunterricht zugefügt werden kann.

2.5. Fehleranalysen

Wir hatten eben einige typische Fehler betrachtet. Tatsächlich gibt es für die einzelnen Termumformungen Fehler, die erfahrungsgemäß immer wieder auftreten. Es ist naheliegend, Fehler zunächst nach den Aufgabentypen zu klassifizieren, bei denen sie auftreten. So kann man dann, wie wir das eben getan haben, Fehler beim Auflösen von Klammern, beim Kürzen, beim Quadrieren oder beim Wurzelziehen betrachten. Zahlreiche empirische Arbeiten berichten über Fehler und die Häufigkeit ihres Auftretens (z.B. FETTWEISS 1929, KRUTETZKI 1964, KÜCHEMANN 1981, BOOTH 1984, ANDELFINGER 1985, TIETZE 1988).

Häufig werden die Ursachen, vor allem in den älteren Untersuchungen, bei den Schülern gesucht. Es ist natürlich naheliegend, zunächst ein Versagen der Schüler anzunehmen, zumal ja auch immer einige Schüler in der Klasse sind, die Erfolg haben. Inzwischen weiß man jedoch, daß zunächst einmal die Sprache selbst ihre Tücken hat. Sie liegen vor allem in der Asymmetrie von Verknüpfungseigenschaften und unterschiedlichen Schreibkonventionen.

Beispiel: Es gilt das Distributivgesetz
$$a(b+c) = ab+ac,$$
aber nicht ein analoges Gesetz bei Vertauschung von + und $\cdot$, also $a+(b \cdot c) \neq (a+b) \cdot (a+c)$.
Bei additiven Vielfachen wird der Operator links geschrieben, bei multiplikativen Vielfachen oben rechts als Exponent:
$$a+a+a = 3a, \qquad a \cdot a \cdot a = a^3.$$
Das Malzeichen kann man häufig weglassen, ohne Mißverständnisse zu befürchten, beim Pluszeichen ist das nicht der Fall. So ist vielleicht der Fehler $2x+y = 2xy$ zu erklären.

Betrachtet man die Vielfalt der Schülerfehler, so kann man eigentlich nur die Phantasie der Schüler bewundern! Nach einiger Zeit ist man erstaunt, daß es überhaupt noch Schüler gibt, die Termumformungen in vernünftigem Maß beherrschen.

3. Über das Lehren der Formelsprache

Angesichts der großen Schwierigkeiten beim Lernen der Formelsprache fragt es sich natürlich, ob es überhaupt sinnvoll ist, alle Schüler diese Sprache lehren zu wollen. Bis Ende der sechziger Jahre blieb Algebra ja ohnehin der Realschule und dem Gymnasium vorbehalten. Volksschüler konnten nur mit Zahlen rechnen, und das reichte in der Regel auch in ihrem späteren Berufsleben aus. Bis zu einem gewissen Grade markierte die Sprache der Algebra die soziale Grenze, die von Menschen mit Volksschulausbildung kaum überschritten werden konnte. Mit der allgemeinen Reform des Bildungswesens in den sechziger Jahren sollten derartige Barrieren überwunden werden (DAMEROW 1977). Alle Schularten sollten nun Übergänge ohne größere Brüche ermöglichen. Für den Mathematikunterricht bedeutet dies, daß nun *alle* Schüler in die Formelsprache einzuführen sind. Dies macht es notwendig, über Ziele und Methoden neu nachzudenken. Die unterschiedlichen Fähigkeiten und Bedürfnisse z.B. von Hauptschülern und Gymnasiasten machen eine Differenzierung zwischen den Schularten erforderlich. Aber auch am Gymnasium und an der Realschule ist angesichts der Einsatzmöglichkeiten von Algebraprogrammen am Computer neu über Ziele beim Lehren der Formelsprache nachzudenken.

3.1. Vom Wert der Formelsprache

Machen wir uns den Wert dieser Sprache zunächst einmal für uns selbst klar. In der Formelsprache drücken wir zunächst Vorstellungen aus, die damit geordnet und in eine bestimmte Richtung gelenkt werden.

Beispiel: Wir denken an zwei aufeinanderfolgende natürliche Quadratzahlen und interessieren uns für ihre Differenz. Wir schreiben also:
$$(n+1)^2 - n^2.$$

Mit dieser Sprache kann man Sachverhalte unterschiedlich ausdrücken. Wir können hoffen, durch Umformungen neue Sachverhalte zu entdecken.

Beispiel: Die Umformung
$$(n+1)^2 - n^2 = n^2 + 2n + 1 - n^2 = 2n + 1$$
läßt erkennen, daß sich eine ungerade Zahl ergibt.

Weil wir die Sprache verstehen, hat sich uns hier ein wichtiger Zusammenhang erschlossen.

Wir können andere Menschen an unserem Denken teilhaben lassen, indem wir diese Formeln zu Papier bringen. Vielleicht hilft uns auch ein Gesprächspartner, indem er einen Gedanken aufgreift, ihm eine neue interessante Wendung gibt, das selbst in Formeln niederschreibt, so daß wir beide gemeinsam zu einer neuen Einsicht gelangen.

Schließlich können wir Erkenntnis aus Formeln gewinnen, die andere Menschen für uns niedergeschrieben haben.

- Die Formelsprache hilft dem Menschen, seine eigenen mathematischen Vorstellungen auszudrücken.
- Mit Hilfe der Formelsprache können Menschen über mathematische Fragen miteinander kommunizieren, meist sogar über sprachliche Grenzen hinweg.

Betrachten wir die geistigen Tätigkeiten näher, die sich in dieser Sprache vollziehen, so sind das in der Algebra vor allem:

- In der algebraischen Formelsprache werden Zahlen (durch Terme) und Beziehungen zwischen ihnen (durch Aussageformen) *allgemein* ausgedrückt.
- In der Formelsprache werden *Gesetzmäßigkeiten* ausgedrückt, begründet oder verworfen.
- *Probleme* können in der Formelsprache präzisiert und gelöst werden.

Wir wollen allerdings nicht verschweigen, daß man mit dieser Sprache auch "Gehirnakrobatik" treiben kann. Das ist es wohl, was so viele Menschen abschreckt von dieser Sprache. Aber welche Erkenntnis bleibt ihnen verschlossen! Sie sind z.B. auf "Physik ohne Formeln" angewiesen, was jedoch Illusion bleiben muß.

In unseren Betrachtungen haben wir den Aspekt der Sprache so stark betont, weil uns dies den Kern zu treffen scheint. Den meisten Schülern dürfte es jedoch überhaupt nicht bewußt sein, daß sie in der Algebra überhaupt eine *Sprache* gelernt haben. Für sie ist das in erster Linie eine "Buchstabenrechnung" wie seit mehr als 400 Jahren.

3. Über das Lehren der Formelsprache

Die Formelsprache der Algebra ist für die meisten Schüler mit den Signalen (ANDELFINGER 1985) verbunden:
"Setze ein!"
"Rechne und hantiere mit Buchstaben!"
"Bemühe Dich um ein funktionierendes Verfahren, mit dem Du zu einem guten Ende kommst!"
Das ist natürlich eine sehr reduzierte Sicht.

Im Grunde stehen auch hier wieder die *Aufgaben* im Vordergrund, die es zu bewältigen gilt. Da diese Aufgaben den Schülern so große Schwierigkeiten bereiten, fragt es sich natürlich, ob nicht der Computer helfen kann.

3.2. Der Computer als Werkzeug für die Formelsprache

Bereits seit Beginn der siebziger Jahre stehen in der Schule Computer zur Verfügung, mit denen das *Einsetzen* bewältigt werden kann. Seit Beginn der neunziger Jahre sind Algebraprogramme für Computer im Mathematikunterricht zugänglich, die auch *Termumformungen* durchführen können. Man kann die Terme so eingeben, wie sie auf dem Papier stehen, zuweilen allerdings mit kleinen Abweichungen von den üblichen Notationen. Befehle der Art
    ZUSAMMENFASSEN, AUSMULTIPLIZIEREN, FAKTORISIEREN
führen zu dem gewünschten Ergebnis. Dabei ist beachtlich, daß die Befehle kontextabhängig ausgeführt werden, ganz so wie das ja auch im Unterricht geschieht.
Beispiel: ZUSAMMENFASSEN bewirkt
    bei $2x+3y - x+4y$ die Umformung $x+7y$,
    bei $x^2 3y^3 xy^5$ dagegen die Umformung $3x^3y^8$.
Nun gibt es Befehle, bei denen die Schüler ahnen müssen, was das erwartete Ergebnis ist, obwohl auch andere Ergebnisse möglich sind. Auch hier übernehmen die Computerprogramme die übliche Erwartungshaltung. Abweichendes Verhalten muß gesondert mitgeteilt werden.
Beispiel: FAKTORISIEREN bewirkt bei $2xy+6x^2y^3$ wie üblich die Umformung $2xy(1+3xy^2)$.
    Mit einem Befehl wie FAKTORISIEREN 2 wird dagegen umgeformt in $2(xy+3x^2y^3)$.

Von einem Programm zur Computeralgebra erwartet man, daß es die "übliche" Sprache bei Termumformungen versteht. Der Aufwand, der im Unterricht erforderlich ist, bis ein solches Programm von den Schülern richtig verwendet werden kann, ist dann nicht mehr sehr groß.

Nehmen wir an, die Schüler haben einen Computer in Buchformat mit einem solchen Programm zur Verfügung, dann stellt der Umgang mit der algebraischen Formelsprache noch folgende Anforderungen an sie:
- Die Schüler müssen ihre mathematischen Gedanken in der Formelsprache ausdrücken können.
- Sie müssen Vorstellungen über die anzustrebenden Ziele von Termumformungen haben und diese als Befehle formulieren können. Sie müssen also *dialogfähig* sein.
- Sie müssen schließlich Ergebnissen, die in der Formelsprache ausgedrückt sind, die entscheidenden mathematischen Gedanken entnehmen können.

Mit dem Computer verschieben sich die Akzente im Algebraunterricht. Bestimmen traditionell die Termumformungen über weite Strecken den Algebraunterricht, so gewinnen nun Problemkontexte an Bedeutung, in denen es in erster Linie darum geht, mathematische Gedanken in der Formelsprache auszudrücken und umgekehrt, Formulierungen der Formelsprache mathematische Gedanken zu entnehmen. Im Unterricht kann man damit die Zeit gewinnen, die man sich als Lehrender immer wünscht, um mehr für das Wecken von Einsicht und das Erreichen von Verstehen tun zu können.

Bei einem zweckmäßigen Einsatz des Computers wird man von Fall zu Fall entscheiden, ob es überhaupt lohnt, den Computer zur Hand zu nehmen, oder ob man nicht schneller die Termumformung oder die Auflösung einer Gleichung schriftlich durchführen kann. So wie man ja auch beim Taschenrechner von Fall zu Fall entscheidet, ob sich sein Einsatz lohnt. Angesichts dieser Situation stellt sich freilich die Frage, die 1993 eine Arbeitsgruppe für die Verwendung von Computern im Mathematikunterricht stellte (HISCHER 1993):
"Wieviel Termumformung braucht der Mensch?"

3. Über das Lehren der Formelsprache

3.3. Ziele beim Lehren der Formelsprache

An den allgemeinbildenden Schulen werden heute praktisch alle Schüler im Algebraunterricht in die Formelsprache eingeführt. Im Fremdsprachenunterricht haben sich selbstverständlich unterschiedliche Niveaus ausgebildet. Das ist auch beim Lehren der Formelsprache notwendig. Differenzierungen bieten sich in folgenden Bereichen an:

Komplexität der Terme
Dies bezieht sich auf die Länge der Zeichenreihen, auf die Zahl der Variablen, die Zahl der Rechenzeichen und Funktionsnamen sowie die Klammerebenen.

Grad der Selbsttätigkeit
Dies bezieht sich auf die Komplexität der Terme, von denen erwartet wird, daß die Lernenden sie noch selbständig - also ohne Computer - umformen können.

Wenn man so differenziert, dann lassen sich die folgenden Ziele für alle Schüler rechtfertigen:
- Die Schüler sollen mathematische Gedanken in der Formelsprache ausdrücken lernen.
- Sie sollen Ziele von Umformungen setzen können, Umformungen selbst durchführen können, zugleich jedoch wissen, wann die Benutzung eines Computers zweckmäßig ist, und ihn dann richtig einsetzen können.
- Die Schüler sollen die gefundenen Ergebnisse mathematisch interpretieren können.

Stehen keine Computer zur Verfügung, so ist natürlich den zumutbaren Termumformungen eine Grenze gesetzt. Die Anforderungen liegen hier in der Hauptschule deutlich niedriger als im Gymnasium.

Zu differenzieren ist auch noch bei den Tätigkeiten, die mit Termen und Termumformungen ausgeführt werden. In allen Schularten wird die *Darstellung von Zusammenhängen* eine wichtige Rolle spielen. Deutliche Unterschiede zeigen sich jedoch beim *Problemlösen*. Dies spielt in der Hauptschule nur eine untergeordnete Rolle. Schließlich beschränkt sich das *Beweisen* in der Formelsprache in erster Linie auf das Gymnasium.

Im Hinblick auf die gemeinsamen Ziele beim Lehren der Formelsprache für *alle* Schüler, ist es sinnvoll, sich um ein einheitliches Modell des Lernens zu bemühen, so daß auf dieser Grundlage dann Unterricht entwickelt werden kann.

3.4. Denken und Umformen

Beginnen wir zunächst mit dem Problem des Umformens. Was geht in einem Menschen vor sich, der erfolgreich umformt? Indem man das eigene Tun reflektiert, entwickelt man Vorstellungen über erfolgreiches Termumformen. Es ist klar, daß zwischen dem Handeln eines Experten und dem eines Lernenden grundlegende Unterschiede bestehen, allein wegen des unterschiedlichen Erfahrungshintergrundes. Man ist also zunächst an einer Analyse korrekten Umformens interessiert, um so Fehlerursachen besser erkennen zu können.

Beobachten wir einmal einen "erfolgreichen Umformer", der uns den Gefallen tut, laut zu denken:
Vereinfache: $2xy + y \cdot 3 \cdot x + yx \cdot 5$
"Das ist eine Summe. Vielleicht kann man die Summanden zusammenfassen. Aber das ist ja ein ziemliches Durcheinander. Ordnen wir also erst mal.
$2xy$ ist in Ordnung.
Bei $y \cdot 3 \cdot x$ kann ich einiges vertauschen und die Malpunkte weglassen. Ich erhalte also
$3xy$.
Bei $yx \cdot 5$ mach ich das genau so und bekomme
$5xy$.
So, jetzt haben wir also
$2xy + 3xy + 5xy$.
Na ja, jetzt kann ich zusammenfassen: $2+3+5 = 10$, also:
$10\,xy$.
Weiter geht's nicht!"

3. Über das Lehren der Formelsprache

Zunächst ist klar: Manches ist für den Beobachter gesagt, manches bleibt ungesagt. Beschreiben wir den Vorgang einmal:
Die Aufgabe wird wahrgenommen.
Die Struktur des Terms wird im Hinblick auf mögliche Vereinfachungen betrachtet.
Es wird ein Vereinfachungstyp ins Auge gefaßt.
Störendes wird festgestellt.
Störendes wird verändert, so daß nun die Störung beseitigt ist.
Die Vereinfachungsmöglichkeit wird erkannt.
Sie kann nach Schema verlaufen.
Der Term wird nach Schema vereinfacht.
Das Ergebnis wird begutachtet und als Lösung betrachtet.

Man erkennt hier deutlich mehrere Ebenen. Auf der untersten Ebene laufen die Handlungen. Auf einer höheren Ebene gehen ihnen gedachte Handlungen voraus. Gesteuert wird das Ganze durch eine oberste Ebene, die durch Regeln, Ziele, Kontrollmechanismen, Maßstäbe usw. bestimmt ist. Wir unterscheiden:

- Steuerebene,
- Gedankliche Handlungsebene,
- Konkrete Handlungsebene.

Es ist klar, daß die eigentlichen Probleme bei den Termumformungen in der Steuerebene und ihren Beziehungen zu den beiden anderen Ebenen liegt. So kann man unterscheiden (MALLE 1993):

(1) Fehler bei der Informationsaufnahme und Informationsverarbeitung,
z.B. $3+a = 3a$.

(2) Fehler beim Regelaufruf oder der Regelanwendung,
z.B. $a - b = b - a$,
$a^2 + b^2 = (a - b)(a + b)$.

(3) Fehler bei der Durchführung,
z.B. Flüchtigkeitsfehler wie Verwechslung von + und -.

Um den Schülern zu helfen, Fehler zu vermeiden, sollte man besonderen Wert auf die Ausbildung folgender Fähigkeiten legen:

- Strukturerkennung,
- sichere und bewegliche Verwendung eines Regelsystems,
- Aufbau von Kontrollmechanismen.

Damit ist aber auch klar, daß der Lernprozeß eine wesentliche Rolle spielt. Der Lehrer kann durch die Unterrichtsgestaltung die Entwicklung dieser Fähigkeiten fördern oder behindern.

Förderlich sind folgende Maßnahmen:
- Sorgfältige Stufung des Schwierigkeitsgrades der Aufgaben.
- Anschauliche Verankerung der Begriffe, Methoden und Regeln.
- Übergang von einer Aufgabe zur schwierigeren erst dann, wenn der Aufgabentyp beherrscht wird.
- Hilfen bei Fehlern, die den Kern des Problems treffen.
- Ermutigung durch Schaffen von Erfolgserlebnissen.
- Wecken von Freude am Einfachen, Klaren, Übersichtlichen durch Wahl von Aufgaben mit passenden Ergebnissen.

Im Folgenden entwickeln wir auf dieser Grundlage ein Lernmodell, das wir dann der Unterrichtskonzeption zugrunde legen.

3.5. Zum Lernen der Formelsprache

Auch das Lernen der Formelsprache ist ein *langfristiger* Lernprozeß, der sich in der Schule über die gesamte Schulzeit zieht, allerdings in Phasen unterschiedlicher Intensität und unterschiedlicher Beanspruchung.

1. Phase: Intuitiver Gebrauch der Sprache
Die Schüler lernen zunächst den Gebrauch von Variablen und Termen aus Aufgabenstellungen, die sich unmittelbar aus dem Kontext des Unterrichts ergeben. Das bedeutet zunächst die Verankerung dieser Sprache im Umgang mit Zahlen und Größen. In dieser Phase wird nicht über die Sprachelemente geredet, sondern sie werden verwendet. Dabei kommt es darauf an, sie als Ausdrucksmittel zur Beschreibung von Problemsituationen zu nutzen.

2. Phase: Reflektion
Die bisher betrachteten Sprachelemente, ihre Verwendung, die Erfahrungen mit ihnen werden reflektiert. In dieser Phase wird über Variable, Terme und über den Umgang mit ihnen gesprochen. Jetzt ist auch die Zeit, geeignete Bezeichnungen einzuführen.

3. Die Formelsprache im Unterricht

3. Phase: Erkundung und Aneignung
Die Ausdrucksmöglichkeiten dieser Sprache werden erkundet. Es werden Regeln entdeckt und angewendet. Auf der Grundlage des Wissens über die Bedeutung der Sprachelemente und der Kenntnis ihrer Regeln werden wichtige Muster eingeprägt. Unter steigenden Ansprüchen wird Sicherheit im Umgang mit der Sprache erworben.

4. Phase: Nutzung der Sprache
Die formale Sprache wird benutzt, um neue Einsichten in mathematische Sachverhalte zu gewinnen. Dabei werden auch die Kenntnisse über die Sprache vertieft.

5. Phase: Erweiterung der Sprache
Die Schüler lernen neue Ausdrucksmöglichkeiten kennen. Mit einer solchen Phase wiederholen sich dann im Grunde entsprechende Phasen der Erkundung und Aneignung sowie der Nutzung usw.

6. Phase: Neue Sprachen
Mit Hilfe neuer Verknüpfungen in den bekannten Zahlbereichen oder in anderen Verknüpfungsgebilden können die Schüler neue Terme und Aussageformen kennenlernen, die man als Elemente einer neuen Sprache auffassen kann.

Nach dieser Übersicht über das Lernmodell wollen wir nun einen Abriß des Unterrichts vorstellen, in dem dieses Modell realisiert werden soll. Wir gliedern nach den Phasen des Modells.

4. Die Formelsprache im Unterricht

Wir behandeln in diesem Abschnitt den Themenstrang "Terme". Auf die Querverbindungen zu den Themensträngen "Funktionen" und "Gleichungen" werden wir später ausführlicher eingehen, wenn diese Themenstränge behandelt werden.

4.1 Intuitiver Umgang mit Variablen und Termen

(1) Verwendung von Variablen
Bereits in der Grundschule lernen Schüler Variable als Platzhalter für Zahlen oder als Leerstellenbezeichnungen kennen. Sie treten als offener Teil in einem Aufgabenschema auf (Leerstelle),
Beispiel: $2 + \ldots = 5$;
es werden auch Marken zur Bezeichnung einer solchen Leerstelle benutzt
Beispiel: $2 + \blacksquare = 5$,
oder man schreibt Buchstaben, die für die gesuchte Zahl stehen,
Beispiel: $2 + x = 5$.
Leerstellen werden in der Sekundarstufe durchgängig durch Marken oder Buchstaben ersetzt. Dabei bevorzugt man Marken vor allem in schematischen Darstellungen.

Beispiele: Unbekannte in Operatordiagrammen

$$25 \xrightarrow{\cdot 4} \blacksquare \; ; \; \blacksquare \xrightarrow{:2} 6 \; ; \; 4 \xrightarrow{\cdot \bullet} 36 \, .$$

Man vermeidet dabei, über die Bedeutung dieser Zeichen zu sprechen, weil man erwartet, daß sich ihr Sinn unmittelbar aus dem Kontext ergibt. Deshalb ist es auch gar nicht notwendig, für diese Zeichen einen Namen einzuführen. Dabei kann sich aber durchaus die Sprechweise "Platzhalteraufgabe" im Unterricht einbürgern.

Häufig ist es auch üblich, Variable für Relationszeichen oder für Operationszeichen zu benutzen. Hier sind nur Marken üblich.
Beispiel: Setze das richtige Zeichen <, > oder =.
 a) $2 \cdot 8 \; \blacksquare \; 5 \cdot 2$ b) $4+7 \; \blacksquare \; 4 \cdot 7$ c) $3 \cdot 2 \; \blacksquare \; 2^3$
Suche das passende Rechenzeichen.
 a) $5 \; \blacksquare \; 12 = 60$ b) $120 \; \blacksquare \; 30 = 150$ c) $125 \; \blacksquare \; 5 = 25$
Variable für Zahlen werden vor allem im Zusammenhang mit Gleichungen und Ungleichungen verwendet. Darauf kommen wir beim Themenstrang "Gleichungen" zurück.

(2) Einsetzen
In den genannten Beispielen steht die Variable meist für eine bestimmte Zahl, die zu finden ist. Sie bezeichnet also eine Unbekannte.

4. Die Formelsprache im Unterricht

Vor allem in Verbindung mit Tabellen treten Variable auch als Zeichen auf, für die man nacheinander Zahlen einsetzen kann. Hier ist auch die Beachtung von Regeln wie "Punkt-Rechnung geht vor Strichrechnung" erforderlich.

Beispiel:

x	y	$2 \cdot x$	$2 \cdot y$	$2 \cdot x + 2 \cdot y$
1	1			
1	2			
2	1			

Hier werden Terme als Rechenschemata vorbereitet. Meist werden die Schüler einfach nur aufgefordert, die Tabelle auszufüllen. Dabei kann der Schwierigkeitsgrad erheblich gesteigert werden, wenn man nicht die Belegungen für x und y vorgibt, sondern die Werte einzelner Terme.

Beispiel: Fülle die Tabelle aus.

x	$2 \cdot x$	$2 \cdot x + 3$
1		
	6	
		13

Die Schwierigkeit besteht darin, daß die Schüler hier noch keinen Algorithmus (z.B. Lösen einer Gleichung) kennen. Sie sind darauf angewiesen, in Gedanken rückwärts zu rechnen. Dies gelingt ihnen, wenn sie die enge Verbindung zwischen Aufgabe und Kehraufgabe erfaßt haben, die in den meisten Lehrgängen unter dem Einfluß der Psychologie von JEAN PIAGET (1896-1980) betont wird.

Man kann zunächst die Tabellen einfach ausfüllen lassen, wird dann aber in einem nächsten Schritt auch von "Einsetzen" sprechen.
Beispiel: Setze für x nacheinander die Zahlen 1,2,3,...,10 ein und berechne.

Man kann die Verbindung zum vorigen Aufgabentyp herstellen, indem man die Schüler anregt, selbst eine Tabelle zur Lösung dieser Aufgabe anzulegen. Ebensowenig wie man über Variable spricht, redet man schon jetzt über Terme. Auch das früher übliche deutsche Wort "Ausdruck" ist für die Schüler hier eher mißverständlich. Besser wären vielleicht "Rechenausdruck".

Die Aufgabenformulierungen mit Tabellen finden sich in den Schulbüchern. Dabei wird erwartet, daß die Schüler zunächst die Tabelle mit den Angaben ins Heft übertragen. Das ist eine mühselige Arbeit, die man eigentlich den Schülern ersparen sollte. Dieser Aufgabentyp ist im Grunde auf Arbeitshefte zugeschnitten, in die die Schüler selbst Daten eintragen können.

Aufgaben mit Tabellen können auch mit dem Taschenrechner sinnvoll bearbeitet werden. Man wird dann auf Zwischenergebnisse verzichten. Stattdessen wird man sich eine geeignete Tastenfolge angeben lassen. (Leider ist der Taschenrechner zu diesem Zeitpunkt an vielen Schulen noch nicht zugelassen.)

Beispiel: Berechne mit dem Taschenrechner. Gib die verwendete Tastenfolge an.

x	y	$2 \cdot x + 3 \cdot y$
7	5	
12	15	
25	30	

Eine mögliche Tastenfolge ist

2 [×] x [+] 3 [×] y [=].

4. Die Formelsprache im Unterricht

(3) Aufstellen von Termen

Im Zusammenhang mit Sachsituationen bieten sich erste Ansätze, die Schüler selbst Terme als Rechenschemata bilden zu lassen.

Beispiel: Anemonen kosten 1,20 DM je Stück, Tulpen 1,50 DM je Stück und Fresien 1,90 DM je Stück. Nach welchem Schema kann man den Preis eines Straußes mit a Anemonen, t Tulpen und f Fresien berechnen?

Erwartete Antwort:

$a \cdot 1{,}20 + t \cdot 1{,}50 + f \cdot 1{,}90$.

Es ist zweckmäßig, in dem jeweiligen Kontext Buchstaben als Variable zu verwenden, die an die betrachteten Objekte erinnern; häufig sind die Anfangsbuchstaben günstig. Die Zeichen geben dann zugleich einen Hinweis auf ihre Bedeutung (STRUNZ 1968, S. 131). Es besteht allerdings die Gefahr, daß die Schüler a verkürzen auf Anemonen", statt an "Anzahl der Anemonen" zu denken.

Besondere Schwierigkeiten ergeben sich beim Aufstellen von Termen vor allem durch die unterschiedlichen Bindungen der Rechenzeichen.

Beispiel: Das sprachlich gegebene Rechenschema:
"Nimm eine Zahl x, verdopple sie, addiere 5 und multipliziere das Ergebnis mit 3" wird fehlerhaft beschrieben durch
$x \cdot 2 + 5 \cdot 3$,
indem einfach fortlaufend von links nach rechts geschrieben wird.

Hier kann auch wieder ein Bezug zu den Tastenfolgen beim Taschenrechner nützlich sind.

Beispiel: Will man $2 + 5 \cdot 3$ rechnen, nimmt man die Tastenfolge

2 [+] 5 [x] 3 [=] .

Man liest also direkt ein.

Will man dagegen 2+5 mit 3 multiplizieren, so muß man Klammern setzen: $(2+5) \cdot 3$.

Man nimmt also die Tastenfolge

[(] 2 [+] 5 [)] [x] 3 [=] .

Man kann Klammerungen durch "Kringel" verstärken, mit denen man die Hierarchie der Rechnungen deutlich macht (MALLE 1993).

Beispiel: Erst 2+3, dann · 5 bedeutet: (2 + 3) · 5,

also (2+3) · 5.

Auch das Aufstellen von Termen erfordert zu Beginn der Sekundarstufe noch nicht, daß man den Begriff Term verwendet. Häufig erübrigt sich überhaupt eine Bezeichnung; man kann bei Bedarf von einem *Schema für die Berechnung* sprechen. Eine Hilfe kann es auch sein, wenn man schon in der Aufgabenstellung im Sachkontext die Variablen angibt, etwa "die Anzahl t der Tulpen".

Wir können auch wieder stärker den Aspekt des Bauplans beim Aufstellen von Termen betonen. Das kann geschehen, wenn man Aufgaben gibt, bei denen die Aufstellung eines Terms eine bestimmte Idee erfordert.
Beispiel: Drücke die Umfänge durch die Seitenlängen aus.

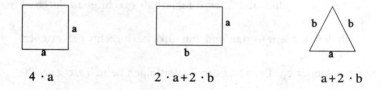

4 · a   2 · a + 2 · b   a + 2 · b

Mit diesen Betrachtungen kommt man an die Grenze der 1. Phase. Deutliche Fortschritte im Umgang mit der Formelsprache sind erst nach einer Reflektionsphase zu erreichen. Die erste Phase erstreckt sich etwa von der 5. bis zur 7. Jahrgangsstufe.

4. Die Formelsprache im Unterricht

4.2. Reflektionen über die Formelsprache

(1) Einführung der Begriffe Variable und Term
Zu Beginn der *Reflektionsphase* wird man noch einmal typische Situationen ansprechen, in denen bisher mit Buchstaben gearbeitet wurde. Man kann auch Lebensbezüge herstellen, indem man Beispiele bringt, bei denen im Alltag Variable benutzt werden.

Beispiele: Wenn ein Schriftsetzer in der Vorlage unleserliche Zeichen findet, dann setzt er "Blockaden" wie ■ oder ●. Für diese Blöcke sind bei der Korrektur die richtigen Zeichen zu setzen.

Welches Zeichen muß man in $254 + 3 \cdot \blacksquare = 575$ setzen?
In der Umgangssprache gibt es allgemeine Redewendungen, die den Charakter von Variablen haben. "Das tut man nicht." "Wer zu spät kommt, den bestraft das Leben."

Der Begriff "Variable" wird eingeführt in dem Bedürfnis, die betrachteten Phänomene angemessen auszudrücken.

Den Begriff des Terms kann man als Oberbegriff für Summen, Produkte usw. einführen. Damit betont man den syntaktischen Aspekt.

Beispiel: Summen, Differenzen, Produkte, Quotienten, Potenzen und auch Zahlen und Platzhalter sind *Terme*.

Günstiger als diese formale Betrachtung ist sicher der Zugang zum Begriff des Terms als *Rechenschema*.

Beispiel: Soll immer die gleiche Rechnung nach einem bestimmten Schema ausgeführt werden, so kann man das Schema als *Term* mit Variablen und Zahlen schreiben.

(2) Die Struktur von Termen
Wichtig ist, daß die Schüler lernen, Terme zu analysieren und ihren Aufbau übersichtlich darzustellen.

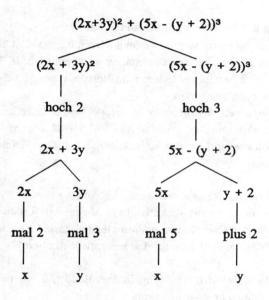

Man sollte jedoch nicht übermäßig kompliziert aufgebaute Terme wählen. Schon WALTER LIETZMANN (1880-1959) empfiehlt, daß man "üble Schachtelklammern" oder "Klammerwerte" vermeiden sollte (LIETZMANN/STENDER 1961, S.109). Es besteht sonst nämlich die Gefahr, daß die Schüler die Kompliziertheit einer Aufgabenstellung als Maßstab für den mathematischen Gehalt ansehen. "Sie werden hilflose Opfer der Verwechslung zwischen *Kompliziertem* und *Bedeutungsvollem* sein und dem Wahne huldigen, erst das theoretisch Verzwickte, nur dem Fachmann in saurer Mühe Zugängliche, trage wahrhafte Bedeutung in sich" (WITTENBERG 1963, S. 85).

(3) Gleichheit von Termen

Bei Problemstellungen, in denen ein Term aufzustellen ist, können sich unter Umständen verschiedene Terme ergeben.

4. Die Formelsprache im Unterricht   101

Beispiel: Es ist die Anzahl der Punkte des Musters zu bestimmen.

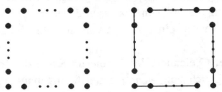

Eine mögliche Antwort ist (n-1)· 4. Die diesem Ansatz zugrundeliegende Idee kann man durch Linien, die jeweils Punkte zusammenfassen hervortreten lassen.

Für die Anzahl der Punkte kann man auf finden:

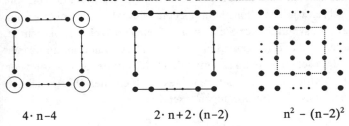

4· n−4   2· n+2· (n−2) $n^2 - (n-2)^2$

Hier ergibt sich natürlich die Frage, ob denn alle Lösungen "richtig" sind. Nach den Beobachtungen von BARUK haben die Schüler mit unterschiedlichen Lösungen in der Mathematik kaum Probleme. Für sie ist in der Mathematik "alles" möglich (BARUK 1989). Man kann als überzeugendes Argument ansehen, daß jede Lösung eine bestimmte korrekte Idee widerspiegelt, so daß also die verschiedenen Schemata zu gleichen Ergebnissen führen müssen. Das ist eine Argumentation, die den Aspekt des Bauplans verwendet. Man kann natürlich auch versuchen, über die Rechenergebnisse beim Einsetzen zu argumentieren. Dies ist jedoch nicht sehr überzeugend, weil man ja nur Stichproben kontrollieren kann.

Einen Ausweg können Termumformungen bieten. Man kann z.B. leicht erkennen, daß gilt: 4· (n−1) = 4· n − 4.
Die beiden Terme müssen also für alle Einsetzungen die gleichen Zahlen ergeben. Termumformungen werden bei diesem Zugang für Argumentationen benutzt. Wir hatten gesehen, daß diese Möglichkeit letztlich die stärkste Rechtfertigung für die Behandlung von Termumformungen in der Schule liefert. Mit diesem Beispiel folgen wir einem Vorschlag von WELL-

STEIN zur Einführung in die Algebra über Abzählprobleme (WELLSTEIN 1978). Wie reichhaltig dieser Themenkreis und wie eng er mit der Geometrie verbunden ist, wird in einer Arbeit von GLASER deutlich (GLASER 1978).

Spricht man von der Gleichheit der Terme im Sinne der Identität, dann können Terme nur gleich sein, wenn sie gleich aufgebaut sind.

Beispiel: $2 \cdot x + 3 \cdot y$ ist identisch mit $2 \cdot x + 3 \cdot y$, aber ist nicht identisch mit $x \cdot 2 + y \cdot 3$.

Identität ist also sicher zu eng als Gleichheit von Termen. Semantisch kann man die Gleichheit als Wertgleichheit deuten. Häufig spricht man deshalb im Unterricht von Äquivalenz von Termen. Ich halte das nicht für sinnvoll, denn man schreibt ja das Gleichheitszeichen. Weshalb sollte man es nun anders lesen? In syntaktischer Sicht ist das Gleichheitszeichen berechtigt, wenn man den einen Term gemäß einer Regel in den anderen umformen kann. Wie wir gesehen haben, kann man den Schülern bei dem Ansatz von WELLSTEIN deutlich machen, daß man das Problem der Wertgleichheit gerade durch zulässige Umformungen lösen kann.

Zwangsläufig führen diese Betrachtungen zu einer *Bedeutungsänderung des Gleichheitszeichens* (MALLE 1993, S. 137-142). Allerdings sind auch innerhalb der Algebra unterschiedliche Sichtweisen des Gleichheitszeichens zu erwarten. Bereits in der Grundschule ist neben der "Aufgabe-Ergebnis-Deutung" die Deutung als "Vergleichszeichen" wichtig (GRIESEL 1971, WINTER 1982). Entsprechendes ist in der Algebra der Fall: Während Termumformungen eher die Aufgabe-Ergebnis-Deutung zugrundeliegt, erfordern die Gleichungen die Vergleichszeichen-Deutung (MALLE 1993). Traditionell wird der Unterschied in den folgenden Konventionen deutlich: Bei Termumformungen sind Gleichungsketten zulässig, bei Gleichungsumformungen müssen die Gleichungen jeweils Gleichheitszeichen unter Gleichheitszeichen geschrieben werden.

Beispiel: Termumformung:
$$2x + 3y - x + 5y = 2x - x + 3y + 5y = x + 8y$$
Gleichungsumformung:
$$2x + 3 + 5x - 1 = 16$$
$$7x + 2 = 16$$
$$7x = 14$$
$$x = 2$$

4. Die Formelsprache im Unterricht

4.3. Erarbeitung der Termumformungen

Nachdem die Termumformungen als Möglichkeit erkannt sind, die Gleichheit von Termen festzustellen, geht es in der *Erkundungsphase* darum, die wichtigsten Umformungstypen kennenzulernen. Sinnvollerweise werden die Schüler schrittweise in diese Tätigkeit eingeführt. Dabei wird der Schwierigkeitsgrad sorgfältig gestuft. Das ist natürlich nur durch eine straffe, gut geplante Unterrichtsorganisation zu erreichen. Im folgenden werden die wichtigsten Schritte angegeben.

1. Schritt: Ordnen

(1) Es ist üblich, in *Summen* gleiche Summanden hintereinander möglichst in alphabetischer Reihenfolge der Summanden zu schreiben.
Beispiel: $x+z+x+y+z+y+z = x+x+y+y+z+z+z$
Bei dieser Umformung sind bereits Klammern unterdrückt (das ist zulässig auf Grund der Assoziativität). Für die Vertauschung stützt man sich auf die Kommutativität der Addition.

(2) Auch Produkte werden entsprechend geordnet. Zahlen als Faktoren werden nach vorn gesetzt.
Beispiel: $a \cdot b \cdot 5 \cdot a \cdot b \cdot a = 5 \cdot a \cdot a \cdot a \cdot b \cdot b$
Diese Umformung stützt sich auf die Assoziativität und die Kommutativität der Multiplikation.

(3) Sind Summen und Produkte kombiniert, so werden meist erst die Produkte, dann die Summen geordnet.
Beispiel: $a \cdot 2 \cdot b + c \cdot 3 \cdot b + 5 \cdot b \cdot a$
$= 2 \cdot a \cdot b + 3 \cdot b \cdot c + 5 \cdot a \cdot b$
$= 2 \cdot a \cdot b + 5 \cdot a \cdot b + 3 \cdot b \cdot c$
Den Schülern wird die Konvention mitgeteilt, daß Malpunkte weggelassen werden, wenn keine Mißverständnisse zu befürchten sind. Auch die Festsetzung "Punkt-Rechnung geht vor Strichrechnung" wird wiederholt.

2. Schritt: Zusammenfassen

(1) In Summen kann man gleichartige Summanden zusammenfassen.
Beispiele: $a+a+a+a+b+b+b = 4a + 3b$
$3a + 2a = 5a$
$2ab + 4ab = 6ab$

Man kann diese Umformung mit dem Distributivgesetz begründen:
Beispiel: 2ab + 4ab = (2+4)ab = 6ab

(2) Man kann nun Ordnen und Zusammenfassen kombinieren.
Beispiele: 3ab + 4bc + 2ab + 2bc
= 3ab + 2ab + 4bc + 2bc
= 5ab + 6bc

(3) Auch bei Subtraktionen kann man zusammenfassen.
Beispiele: 5a - 2a = 3a
2b - 6b = (- 4)b
Hier werden die Rechenregeln für das Rechnen mit negativen Zahlen benutzt.

(4) In Produkten kann man gleiche Faktoren zu Potenzen zusammenfassen.
Beispiele: $x \cdot x = x^2$
$y \cdot y \cdot y = y^3$
Man beschränkt sich hier auf Potenzen mit kleinen Exponenten. Insbesondere verzichtet man auf Variable als Exponenten.

3. Schritt: Klammern auflösen
(1) Die Schüler haben bereits Möglichkeiten zum Auflösen von Klammern bei negativen Zahlen kennengelernt. Daran kann man erinnern und das auf Terme mit Variablen übertragen.
Beispiele: (-2)a = -2a
a+(-3)b = a-3b

(2) Schwieriger sind Klammern um Summen als Faktoren aufzulösen. Dies geschieht mit Hilfe des Distributivgesetzes.
Beispiele: 2(x+3y) = 2x+6y
(-3)(x-y) = (-3)x - (-3)y = -3x+3y
3(2x-y) - 5(x+y)
= 6x - 3y - 5x - 5y
= 6x - 5x - 3y - 5y
= x - 8y

4. Die Formelsprache im Unterricht

(3) Es werden auch zwei Summen miteinander multipliziert. Man erledigt zunächst diesen Fall allgemein, indem man zweimal das Distributivgesetz anwendet.

Beispiel: $(a+b)(c+d) = (a+b)c + (a+b)d$
$= ac + bc + ad + bd$

Damit ist eine neue Regel gewonnen, die man zweckmäßig graphisch verstärkt:

$(a + b)(c + d) = ac + bc + ad + bd$

Diese Formel läßt sich auch mit Hilfe von Rechteckinhalten veranschaulichen:

	ad	bd	d
	ac	bc	c
	a	b	

Hier springt sofort ins Auge, daß man die Inhalte von 4 Teilflächen zu addieren hat. Bei Fehlern kann man unter Umständen durch Hinweis auf die Figur den Schülern ihren Fehler klarmachen.

(4) Es folgen schließlich die drei wichtigen *binomischen* Formeln, die sich unmittelbar auf die eben gefundene Formel zurückführen lassen.

$(a+b)^2 = a^2 + 2ab + b^2$ $(a-b)^2 = a^2 - 2ab + b^2$
$(a+b)(a-b) = a^2 - b^2$

Die zweite Formel ist als Sonderfall in der ersten enthalten.

b	ab	b^2
a	a^2	ab
	a	b

Dabei sind lediglich die ersten beiden Formeln übersichtlich darstellbar. Die entsprechende Darstellung ist für die dritte Formel zwar möglich, aber nur mit Mühe erkennbar.

Im Hinblick auf die Umformungen von Bruchtermen ist auch das *Faktorisieren* wichtig, denn man kann nur aus Produkten kürzen. Es bietet sich an, diese Umformung erst im Kontext der Bruchterme zu behandeln.

Im Anschluß an die binomischen Formeln kann man auch die *quadratische Ergänzung* erarbeiten. Sie wird aber erst in der 9. Jahrgangsstufe bei den quadratischen Gleichungen und bei der Bestimmung des Scheitels einer verschobenen Parabel benötigt.

Beim Aufbau dieser Unterrichtssequenz spielt die *Stufung der Aufgaben* eine zentrale Rolle. Betrachten wir einmal die Steigerung der Schwierigkeiten bei Aufgaben zum Zusammenfassen von Termen:

(1) $\quad 2x + 3x =$

(2) $\quad 6x - 3x =$

(3) $\quad -2x + 5x =$

(4) $\quad \frac{3}{4}x + \frac{5}{8}x + \frac{1}{2}x =$

(5) $\quad -\frac{5}{6}x + \frac{2}{3}x - \frac{1}{2}x =$

(6) $\quad 2xy + 3xy =$

(7) $\quad -5x^2y + 7x^2y + 2x^2y =$

(8) $\quad \frac{2}{3}x^2y - \frac{5}{6}x^2y + x^2y =$

(9) $\quad 2(x+1) + 3(x+1) =$

(10) $\quad 2(3x+y) + 5(3x+y) =$

Die Schüler können nur dann die Aufgaben lösen, wenn sie zunächst ihre Struktur erfassen: Es handelt sich um Summen, bei denen die Summanden Produkte sind, die aus einem Zahlfaktor und einem Term bestehen, wobei alle diese Terme identisch sind.

4. Die Formelsprache im Unterricht

Die Zahl der möglichen Fehler ist natürlich unermeßlich, wenn diese Struktur nicht gesehen wird. Man steht hier vor dem Problem, ob man auf jede falsche Strategie eingehen muß, oder ob man besser zu den einfachen Fällen zurückgeht, diese klärt und dann langsam wieder die Schwierigkeiten steigert. Jedenfalls ist dies in vielen Bereichen, in denen komplexe Handlungsabläufe gelehrt werden, ein bewährtes Vorgehen.

Bei der Begründung der Regeln kann man im Prinzip auf die Regeln des Körpers der rationalen Zahlen zurückgreifen. Diese "strengen" Regeln werden in der Praxis durch offener formulierte "Merksätze" ersetzt.

Beispiele: "Summanden kann man vertauschen."
"Faktoren kann man vertauschen."
"Bei Summen wird jeder Summand multipliziert."
Summe mal Summe: "Hier wird jeder Summand der 1. Summe mit jedem Summanden der 2. multipliziert."
Ultrakurz: "Jeder mit jedem!"

Beim Lernen von Termumformungen wird man zunächst nur kleine Schritte vornehmen, nach Möglichkeit also immer nur eine Umformungsregel verwenden. Später werden dann Umformungsschritte zusammengefaßt, so daß Sicherheit und Schnelligkeit zunehmen.

Ausführlich	Reduziert
$5xy + 4x + yx6 - 2x$	$5xy + 4x + yx6 - 2x$
$= 5xy + 4x + 6xy - 2x$	$= 5xy + 6xy + 4x - 2x$
$= 5xy + 6xy + 4x - 2x$	$= 11xy + 2x$
$= (5+6)xy + (4-2)x$	$= x(11y + 2)$
$= 11xy + 2x$	
$= x(11y + 2)$	

Die Lehrer sollten die Schüler selbst die Weite der Lösungsschritte bestimmen lassen, denn es handelt sich bei der Ausprägung des Reduktionsgrades um eine individuelle mathematische Fähigkeit, die sogar zu Differenzierungen in der Klasse geeignet ist, wie GULLASCH (1973) nachweisen konnte.

4.4. Nutzung der Formelsprache

Bereits in unserem Eingangsbeispiel hatten wir gesehen, daß Termumformungen die *Gleichwertigkeit zweier Rechenschemata* zeigen können. Zu Beginn bewältigt man leicht

$4 \cdot (n-1) - 4 \cdot n - 4$.

Später dann kann man auch die anderen Terme behandeln:

$2 \cdot n + 2 \cdot (n-2) = 2 \cdot n + 2 \cdot n - 4 = 4 \cdot n - 4$

$n^2 - (n-2)^2 = n^2 - (n^2 - 4n + 4) = n^2 - n^2 + 4n - 4 = 4 \cdot n - 4$.

Bei Funktionen, die durch eine Termdarstellung gegeben sind, kann man auf vielfältige Weise mit Termumformungen arbeiten.

Beispiele: (1) *Bestimmung der Normalform* einer quadratischen Funktion

$x \rightarrow (x-2)^2 + 1$

$(x-2)^2 + 1 = x^2 - 4x + 4 + 1 = x^2 - 4x + 5$.

(2) Addiert man für zwei Funktionen

$x \rightarrow a_1 x^2 + b_1 x + c_1$ und $x \rightarrow a_2 x^2 + b_2 x + c_2$

die Terme, so zeigt die Umformung

$a_1 x^2 + b_1 x + c_1 + a_2 x^2 + b_2 x + c_2 =$
$= (a_1 + a_2) x^2 + (b_1 + b_2) x + (c_1 + c_2)$

daß die Summe dieser beiden Funktionen wieder eine Funktion des gleichen Typs ist.

Das wichtigste Anwendungsgebiet dürften Gleichungen und Formeln sein. Hier treten Termumformungen als eine wichtige Art von Äquivalenzumformungen auf.

Beispiele: $x^2 + (x-1)^2 + 3x - 5 = 0$

umgeformt in die Normalform:

$x^2 + x^2 - 2x + 1 + 3x - 5 = 0$,

$2x^2 + x - 4 = 0$.

Auch bei der Herleitung von Formeln und Beweisen spielen Termumformungen eine wichtige Rolle.

Beispiel: Ein algebraischer Beweis für den Satz des Pythagoras ergibt sich aus dem Vergleich der Flächeninhalte:

4. Die Formelsprache im Unterricht

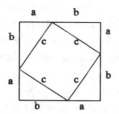

Flächeninhalt des ganzen Quadrats: $(a+b)^2$.

Flächeninhalte der Teilflächen: $c^2 + 4 \cdot (\frac{1}{2} ab)$.

$$(a+b)^2 = c^2 + 4 \cdot (\frac{1}{2} ab),$$

also $(a+b)^2 = c^2 + 2ab$.

Daraus ergibt sich:
$a^2 + 2ab + b^2 = c^2 + 2ab$.
Beidseitige Subtraktion von 2ab liefert die gewünschte Beziehung $a^2 + b^2 = c^2$.

Man sollte sich darum bemühen, möglichst früh die Leistungsfähigkeit dieser Sprache zu zeigen. Doch werden dies die Schüler erst im Laufe des weiteren Unterrichts richtig einschätzen lernen.

4.5. Erweiterung der Formelsprache

(1) Bruchterme
Eine erste Erweiterung der Sprache liefert die Behandlung von Bruchtermen. Hier werden alle Bruchrechenregeln bei Termen mit Variablen aktiviert.
Beispiel: Terme wie

$$\frac{1}{2x+1}, \quad \frac{x^2+y^2}{x-y}, \quad \frac{ax+by}{(x+a)(x+b)} + \frac{y}{x+b}$$

sind Bruchterme.
Bruchterme werden vor allem im Hinblick auf das Arbeiten mit Formeln und für die Behandlung von gebrochenen rationalen Funktionen in der Sekundarstufe II benötigt.

Probleme grundsätzlicher Art ergeben sich durch die Möglichkeit, daß sich bei bestimmten Einsetzungen im Nenner 0 ergibt. Für diese Werte sind die Terme also nicht definiert. Wir hatten bereits oben darauf verwiesen, daß dies auch in der Logik beim Aufbau eines Termkalküls für nur teilweise definierte Terme einige Probleme geschaffen hat. Hier genügt ein Hinweis, daß nicht alle Einsetzungen Zahlen ergeben. Wir werden später bei den Bruchgleichungen sehen, wie man dort mit diesem Problem sinnvoll und praktikabel im Unterricht umgehen kann.

Zur Behandlung der Umformungsregeln greift man am besten nochmals auf die Bruchrechenregeln in $\mathbb{Q}$ zurück. Schwierigkeiten der Schüler mit Bruchtermen lassen sich häufig auf Schwierigkeiten mit Brüchen überhaupt zurückführen. Es gibt auch einige typische Fehler bei Bruchtermen, vor allem, daß aus Summen gekürzt wird.

Beispiele: $\dfrac{x+2}{y+2} = \dfrac{x}{y}$

$\dfrac{2x+3y}{6x+6y} = \dfrac{x+y}{3x+2y}$

Für das Kürzen ist es unbedingt erforderlich, Terme im Zähler und im Nenner zu *faktorisieren*. Hier kann den Schülern die Bedeutung dieser Umformung klar werden. Weitere Erweiterungen der Formelsprache erfolgen bei der Wurzelrechnung in der 9. Jahrgangsstufe und bei der Potenzrechnung in der 10. Jahrgangsstufe.

(2) Terme mit Wurzeln

Für Terme mit Wurzeln wollen wir auf die wichtigsten Regeln hinweisen. Unmittelbar aus der Definition der Quadratwurzel ergeben sich:

$$(\sqrt{a})^2 = a \quad \text{und} \quad \sqrt{a^2} = a \quad \text{für } a \in \mathbb{R}_0^+.$$

Will man auch negative reelle Zahlen zulassen, so kann man formulieren

$$(\sqrt{|a|})^2 = |a| \quad \text{und} \quad \sqrt{a^2} = |a|.$$

Wichtige Umformungsregeln sind

$$\sqrt{a \cdot b} = \sqrt{a} \cdot \sqrt{b} \quad \text{für } a, b \in \mathbb{R}_0^+$$

4. Die Formelsprache im Unterricht

und $\sqrt{a:b} = \sqrt{a} : \sqrt{b}$ für $a \in \mathbb{R}_o^+$, $b \in \mathbb{R}^+$.

Man beweist z.B. die erste Regel indem man setzt

$$\sqrt{a \cdot b} = u, \quad \sqrt{a} = v, \quad \sqrt{b} = w.$$

Rückgriff auf die Definition führt zur Übersetzung

$$a \cdot b = u^2, \quad a = v^2, \quad b = w^2.$$

Daraus folgt

$$u^2 = v^2 \cdot w^2 = (v \cdot w)^2.$$

Daraus erhält man

$$u = v \cdot w,$$

also $\sqrt{ab} = \sqrt{a} \cdot \sqrt{b}$.

Analog beweist man die zweite Regel.

Eine entsprechende Regel gilt nicht für die Addition.

$$\sqrt{a+b}$$

kann man nicht vereinfachen. Besonders verführerisch ist der Term

$$\sqrt{a^2+b^2}$$

für die Schüler. Der Fehler

$$\sqrt{a^2+b^2} = a+b$$

tritt häufig auf. Wenn man die Schüler bei Wurzeln an die Probe gewöhnt, z.B.

$$\sqrt{4} = 2, \quad \text{denn} \quad 2^2 = 4,$$

dann kann man den Schülern schnell den Fehler bewußt machen.

$$(a+b)^2 = a^2 + 2ab + b^2;$$

"Pech" hat man nur, wenn die Schüler argumentieren

$$\sqrt{a^2+b^2} = a+b, \quad \text{denn} \quad (a+b)^2 = a^2+b^2.$$

Hier helfen dann wohl nur noch Zahlenbeispiele, etwa:

$$\sqrt{2^2+3^2} = \sqrt{4+9} = \sqrt{13},$$
$$2+3 = 5,$$

aber $\sqrt{13} \neq 5$.

(3) Potenzrechnung

In der 10. Jahrgangsstufe werden dann gründlicher die Potenzen behandelt. Dabei geht es um zwei wesentliche Aufgaben:
a) Erarbeitung von Regeln für Potenzen mit natürlichen Zahlen als Exponenten.
b) Erweiterung des Potenzbegriffs auf reelle Exponenten.

Die erste Aufgabe wollen wir hier behandeln; der zweiten Aufgabe wenden wir uns bei den Funktionsbetrachtungen zu.

Zunächst wird an das Potenzieren (für konkrete natürliche Zahlen) erinnert und dann allgemein für natürliche Zahlen definiert:
$$a^n = \underbrace{a \cdot a \cdot \ldots \cdot a}_{n \text{ Faktoren}}$$

Es ist sinnvoll, den Grenzfall n = 1 mit einzubeziehen durch $a^1 = a$. Die Potenz
$$a^n$$
ist damit für alle $a \in \mathbf{R}$ und für $n \in \mathbf{N}$ definiert.

Die Potenzregeln sind nun:

(1) $\quad a^m \cdot a^n = a^{m+n}$

(2) $\quad a^m : a^n = \begin{cases} a^{m-n} & \text{für } m > n \\ 1 & \text{für } m = n \\ \dfrac{1}{a^{n-m}} & \text{für } m < n, a \neq 0 \end{cases}$

(3) $\quad (ab)^n = a^n \cdot b^n$

(4) $\quad (a : b)^n = a^n : b^n, \ (b \neq 0)$

(5) $\quad (a^m)^n = a^{m \cdot n}$.

Man beweist sie leicht durch Rückgriff auf die Definition.

Beispiel:

$$a^m \cdot a^n = \underbrace{a \cdot a \cdot \ldots \cdot a}_{m \text{ Faktoren}} \cdot \underbrace{a \cdot a \cdot \ldots \cdot a}_{n \text{ Faktoren}}$$

$$= \underbrace{a \cdot a \cdot \ldots \cdot a}_{m+n \text{ Faktoren}}$$

$$= a^{m+n}.$$

Manche Mathematiker haben Bedenken bei den "Pünktchen" und wollen schon die Potenz *rekursiv definieren*. Die Beweise müßten dann mit *vollständiger Induktion* geführt werden, was besonders bei den Regeln (1) und (2) mit den Variablen m und n ungewöhnlich kompliziert ist. Ich halte die angegebene Definition und den Beweis in dieser Unterrichtssituation für angemessen. Im Unterricht wird man anschließend die gefundenen Regeln aus der Sicht der Funktionen interpretieren und dann den Potenzbegriff erweitern. Darauf gehen wir im folgenden Kapitel bei der Behandlung der Funktionen näher ein.

4.6. Neue Formelsprachen

Grundbausteine der bisher betrachteten Terme waren im wesentlichen Zahlnamen, Objektvariable und Operationszeichen. Die zugrundeliegenden Operationen entwickelten sich mit dem Aufbau des Zahlensystems. So wurde die Sprache immer weiter entwickelt. Man kann jedoch auch ganz andere Verknüpfungen betrachten und erhält damit andersartige Terme, wenn man so will, *neue* Formelsprachen. Im Folgenden sollen zwei Beispiele dafür gegeben werden, die in der Elektrotechnik eine Rolle spielen.

(1) Widerstandsalgebra
für den Gesamtwiderstand R_s bei der *Serienschaltung* zweier Widerstände R_1 und R_2 gilt:

$$R_s = R_1 + R_2 \qquad -\boxed{R_1}-\boxed{R_2}-$$

Für den Gesamtwiderstand R_p bei *Parallelschaltung* der beiden Widerstände R_1 und R_2 gilt:

$$\frac{1}{R_p} = \frac{1}{R_1} + \frac{1}{R_2}.$$

Nach R_p aufgelöst ergibt sich:

$$R_p = \frac{R_1 R_2}{R_1 + R_2}.$$

Man kann nun damit eine neue Verknüpfung definieren:

$$R_1 \square R_2 = \frac{R_1 R_2}{R_1 + R_2}.$$

Damit erhält man also:

$$R_s = R_1 + R_2 \text{ und } R_s = R_1 \square R_2.$$

In $\mathbb{R}^+$ hat man nun zwei Verknüpfungen, mit denen man alle möglichen Schaltungen von Widerständen beschreiben kann. Es bietet einigen Reiz, das Verknüpfungsgebilde ($\mathbb{R}^+, +, \square$) zu studieren (VOLLRATH 1972). Mit dieser "Widerstandsalgebra" kann man die Gleichwertigkeit von Schaltungen algebraisch beweisen oder Schaltungen unter Umständen auf Grund bestimmter Termumformungen vereinfachen.

(2) **Schaltalgebra**

Die den Computer zugrundeliegenden Schaltungen kann man mit Hilfe der Schaltalgebra beschreiben. Es ist eine Menge mit zwei Zuständen gegeben:

0: Es fließt kein Strom.

1: Es fließt Strom.

Man definiert nun für a $\in$ {0;1}:

$\bar{a}$: *Komplementärschaltung*

durch die Tabelle:

a	$\bar{a}$
0	1
1	0

4. Die Formelsprache im Unterricht

Für a,b ∈ {0,1} definiert man
und
durch die Tabelle:

a ⊔ b für *Parallelschaltung*

a ⊓ b für *Reihenschaltung*

a	b	a⊔b	a⊓b
0	0	0	0
0	1	1	0
1	0	1	0
1	1	1	1

Neutrale Elemente sind 0 bezüglich ⊔ und 1 bezüglich ⊓. Beide Verknüpfungen sind kommutativ und assoziativ. Es gelten zwei Distributivgesetze:
a⊔(b⊓c) = (a⊔b) ⊓ (a⊔c) bzw. a⊓(b⊔c) = (a⊓b) ⊔ (a⊓c).
Für alle a ∈ {0;1} gilt

$$a \sqcup \bar{a} = 1 \text{ und } a \sqcap \bar{a} = 0$$

Man kann diese Eigenschaften sowohl an Tabellen, als auch empirisch an Schaltungen nachweisen.

Auch in diesem Gebiet kann man die Gleichwertigkeit von Schaltungen durch Gleichheit der Terme beweisen und Schaltungen unter Umständen mit Hilfe von Termumformungen vereinfachen.

Man kann übrigens die Verknüpfungen in {0;1} auch mit Verknüpfungen von N erklären:
$\bar{a}$ = 1–a; a ⊔ b = a+b–ab; a ⊓ b = a · b.

Die ganze Theorie ist axiomatisch zugänglich als Theorie der Booleschen Algebra (z.B. BRAUNSS/ZUBROD 1974), doch ist das für den Unterricht weniger interessant. Eine Zeit lang bestand erhebliches Interesse an dieser Theorie für die Sekundarstufe II, doch konkurrierte sie dort mit so gewichtigen Gebieten wie Analysis, linearer Algebra und Stochastik. Trotz der zahlreichen Unterrichtsvorschläge, der günstigen Unterrichtserfahrungen und der großen Bedeutung dieses Gebietes für die Informatik (WINKELMANN 1974), machte eine Denkschrift der Deutschen Mathematiker-Vereinigung (DMV 1976) diesem Themenkreis den Garaus. In Überlegungen zur Didaktik der Informatik wird dies inzwischen bedauert (BAUMANN 1993).

4.7. Der Computer als Tutor für Termumformungen

Auch wenn die Schüler im Laufe der Zeit den Computer bei Termumformungen verwenden dürfen, so ist es doch erforderlich, je nach Schultyp ein gewisses Maß an Fertigkeit bei Termumformungen zu erreichen. Dazu sind Übungen unvermeidlich. Im Hinblick auf die große Vielzahl möglicher Fehler ist eine möglichst individuelle Betreuung der Lernenden beim Üben erwünscht. Welche Fehler wurden gemacht? Wie macht man es richtig? Was muß noch mehr geübt werden? All dies kann in der Klasse nur unzulänglich bewältigt werden. Mitte der sechziger Jahre wurden unter dem Einfluß der Lerntheorie des Psychologen SKINNER (1958) auch für den Mathematikunterricht Lernprogramme entwickelt, mit denen die Lernenden sich selbständig bestimmte Techniken aneignen konnten. Der Bereich der Termumformungen wurde früh als ein sinnvoller Einsatzbereich gesehen. Die Programme waren allerdings recht aufwendig und als Bücher ziemlich umständlich zu handhaben. Die zunächst vorhandene Begeisterung wich bald einer Ernüchterung. Diese Programme erreichten praktisch kaum Bedeutung.

Mit dem Computer steht nun ein wesentlich geeigneteres Medium für programmiertes Lernen zur Verfügung. Man spricht hier von tutoriellen Systemen und nennt sie "intelligent", wenn sie "vernünftig" auf den Benutzer reagieren.

Welche Leistungen kann man von einem intelligenten tutoriellen System für Termumformungen erwarten?

- Das System kann bei einem bestimmten Aufgabentyp den angemessenen Schwierigkeitsgrad der Aufgaben finden und bei den angebotenen Aufgaben den Schwierigkeitsgrad so steigern, bis das in der Klasse erforderliche Niveau erreicht ist.
- Das System kann aus den Fehlern der Lernenden Defizite bei vorausgesetzten Fähigkeiten erkennen und Hilfen zu ihrer Überwindung anbieten.
- Die Lernenden erhalten eine Rückmeldung, ob die gefundene Lösung korrekt ist, und werden gelobt, wenn das der Fall ist.

4. Die Formelsprache im Unterricht

- Sie erhalten Hinweise, bei welchem Schritt ein Fehler gemacht wurde und worin der Fehler bestand.
- Ein gutes Programm wird die Lernenden auf Diskrepanzen zwischen ihren Zielen und den Schritten, die sie zur Erreichung dieser Ziele unternehmen, hinweisen.
- Schließlich können die Lernenden am Ende einer Übungseinheit ihr Leistungsvermögen einschätzen, indem sie entsprechende Hinweise erhalten.

Die Qualität eines solchen tutoriellen Systems hängt entscheidend ab von der Qualität des eingebauten "didaktischen Expertenwissens". Expertenwissen findet sich z.B. in der Fehleranalyse und in Lernmodellen.

Rückblick

Der Umgang mit Variablen, Termen und Termumformungen wurde unter dem Aspekt einer formalen Sprache betrachtet. Das Lernen dieser Sprache ist mit Schwierigkeiten verbunden, die vor allem in der Beherrschung der Regelhierarchien liegen. Für viele Schüler bedeutet dieses Thema im wesentlichen das Hantieren mit Buchstaben. Dagegen geht es uns darum, die Schüler die Formelsprache als Trägerin mathematischer Gedanken bewußtzumachen und ihnen zu helfen sich dieser Sprache erfolgreich zu bedienen.

Wegen der universellen Bedeutung der Formelsprache in der Mathematik und in den Anwendungsgebieten sollen *alle* Schüler diese Sprache lernen. Allerdings werden für die verschiedenen Schularten unterschiedliche Niveaus angestrebt. Generell wird die bei Termumformungen anzustrebende Komplexität durch die Möglichkeit des Einsatzes von Computerprogrammen zur Algebra begrenzt.

Ausblick

Im folgenden Kapitel wird der Themenstrang *Funktionen* bearbeitet. Es werden dabei Antworten auf folgende Fragen gesucht:

(1) Wie hat sich der Funktionsbegriff historisch entwickelt? Welche Aspekte müssen im Unterricht beachtet werden, um begriffliche Verengungen zu vermeiden und die Schüler die Tragfähigkeit dieses Begriffs erfahren zu lassen?

(2) Wie kann man ein Modell für das Lernen des Funktionsbegriffs finden, das eine Begriffsentwicklung bei den Lernenden ermöglicht, die ihrer kognitiven Entwicklung entspricht und dem Begriff mathematisch gerecht wird?

(3) Wie kann man das Lernen über die einzelnen Jahrgangsstufen hinweg organisieren? Wie kann man Querverbindungen zu den Themensträngen "Zahlen" und "Terme" herstellen?

IV. Funktionen

Mit den Funktionen betrachten wir nun den dritten und seit dem Beginn unseres Jahrhunderts wichtigsten Themenstrang im Algebraunterricht. Funktionen drücken Beziehungen zwischen Zahlen und zwischen Größen aus. Trotz der großen Allgemeinheit des Funktionsbegriffs spielen Terme eine wichtige Rolle für die Darstellung von Funktionen; umgekehrt bilden Funktionsnamen Bausteine von Termen. Auch diese engen Verbindungen werden im Unterricht sichtbar.

Die ganze Tragfähigkeit des Funktionsbegriffs erschließt sich dem Schüler allerdings erst in der Sekundarstufe II in der Analysis. Das ist jedoch nur möglich, wenn der Funktionsbegriff bereits in der Sekundarstufe angemessen gelehrt wird. Wenn wir uns hier auf die Sekundarstufe I beschränken, so müssen wir doch auch die Sekundarstufe II im Auge behalten.

1. Zum Begriff der Funktion

Die zentrale Bedeutung des Funktionsbegriffs für die Mathematik und den Mathematikunterricht wurde vor allem von FELIX KLEIN seit Beginn unseres Jahrhunderts immer wieder in der Öffentlichkeit betont. In seinen Vorlesungen über "Elementarmathematik vom höheren Standpunkt aus" von 1908 macht er das überzeugend deutlich. Seine Ausführungen sind auch heute noch beachtenswert. Er gibt dort einen Überblick über die Entwicklung des Funktionsbegriffs, von der wir die wichtigsten Etappen wiedergeben wollen.

1.1. Entwicklung des Funktionsbegriffs

Für KLEIN ist die Entwicklung mit berühmten Mathematikern verbunden.
1. LEONHARD EULER (1707-1783)
   Bei ihm finden sich um 1750 zwei verschiedene Erklärungen des Funktionsbegriffs
   a) Funktion y ist jeder "analytische Ausdruck" in x.
   b) y(x) wird im Koordinatensystem durch eine "libero manu ductu"

1. Zum Begriff der Funktion

(freihändig) gezeichnete Kurve definiert.

2. JOSEPH LOUIS LAGRANGE (1736-1813) schränkt um 1800 den Funktionsbegriff ein auf die "analytischen Funktionen", die durch Potenzreihen definiert sind.

3. JEAN-BAPTISTE FOURIER (1768-1830) findet über Wärmeleitungsprobleme wieder zu einer stärkeren Betonung der zweiten EULERSCHEN Definition.

4. PETER GUSTAV LEJEUNE DIRICHLET (1805-1859) arithmetisiert diesen verallgemeinerten Funktionsbegriff: "Ist in einem Intervalle jedem einzelnen Werte x durch irgendwelche Mittel ein bestimmter Wert y zugeordnet, dann soll y eine Funktion von x heißen."

5. Funktionsbegriff der komplexen Funktionentheorie: AUGUSTIN LOUIS CAUCHY (1789-1857), BERNHARD RIEMANN (1826-1866), KARL WEIERSTRASS (1815-1897). CAUCHY und RIEMANMN betrachten analytische Funktionen als Lösungen von Differentialgleichungen, während WEIERSTRASS den Zugang über Potenzreihen wählt.

6. Stärkere Betrachtung unstetiger Funktionen.

7. GEORG CANTOR (1845-1918) gibt dem Funktionsbegriff die mengentheoretische Fassung.

Für die Auffassung der Funktionen als rechtseindeutige Relationen müßte man auch noch auf PEIRCEs und SCHRÖDERs Entwicklungen einer "Algebra der Logik" hinweisen, bei denen dieser Aspekt bereits klar hervorgehoben wird.

Einen für den Unterricht interessanten Überblick über die Geschichte des Funktionsbegriffs gibt STEINER (1969). Er sieht im wesentlichen zwei Entwicklungslinien:
(1) Betonung des rechnerisch-logischen Aspektes.
Hiernach kann man Funktionen als "Termabstrakte" $x \rightarrow t(x)$ einführen, z.B. $x \rightarrow x^2 + 3$.

IV. Funktionen

(2) Betonung des geometrisch-mengentheoretischen Aspektes. Hier kann man Funktionen als "Formelabstrakte" $\{(x,y) | A(x,y)\}$ einführen, z.B. $\{(x,y) | y = x^2 + 3\}$.

Zu jeder durch einen Term t(x) gegebenen Funktion kann man die Formel $y = t(x)$ angeben. Umgekehrt erhält man aus einer durch A(x,y) gegebenen Funktion eine Funktion als Termabstrakt, indem man nämlich dem x dasjenige y zuordnet mit A(x,y).

1.2. Funktionseigenschaften

Was die Funktionen so interessant macht, ist ihre Vielfalt von Eigenschaften. Wir wollen zunächst einen Überblick über die Eigenschaften geben, die in der Sekundarstufe I von besonderem Interesse sind.

(1) Art der Termdarstellung
In der geschichtlichen Entwicklung des Funktionsbegriffs stand am Anfang die Beobachtung eines Zusammenhanges zwischen zwei Größen. Einer Größe wird z.B. das Doppelte zugeordnet. Ist eine Funktion in Termdarstellung gegeben, so drückt sich in der Struktur des Terms eine Eigenschaft der Funktion aus.

Beispiel: $x \to ax + b$ ist eine *lineare* Funktion,
              $x \to ax^2 + bx + c$ ist eine *quadratische* Funktion,
              $x \to a \cdot \sin(bx+c)+d$ ist eine *trigonometrische* Funktion.

(2) Funktionalgleichung
Eigenschaften von Funktionen können sich in typischen Funktionalgleichungen ausdrücken. Hier ist die Variable f frei, während die anderen Variablen gebunden sind.

Beispiele: $f(x_1 + x_2) = f(x_1) + f(x_2)$ für alle $x_1, x_2 \in \mathbf{R}$, f ist *additiv*.
               $f(x_1 \cdot x_2) = f(x_1) \cdot f(x_2)$ für alle $x_1, x_2 \in \mathbf{R}$, f ist *multiplikativ*.
               Es existiert ein $a \in \mathbf{R}$, so daß für alle $x \in \mathbf{R}$ gilt:
               $f(x+a) = f(x)$, f ist *periodisch*.

(3) Aussageformen
Allgemeiner kann man Aussageformen mit f als Variable betrachten, in

1. Zum Begriff der Funktion 121

denen die übrigen Variablen gebunden sind.
Beispiel: Wenn $x_1 \leq x_2$, dann $f(x_1) \leq f(x_2)$ für alle $x_1, x_2 \in \mathbb{R}$; f ist *wachsend*.

(4) Eigenschaften der Graphen
Auch geometrische Eigenschaften der Graphen von Funktionen kann man als Eigenschaften der Funktionen ansehen.
Beispiele: Der Graph von $x \to x^2$ ist eine *Parabel*, die *symmetrisch zur y-Achse* ist.
Die Sinus-Kurve ist *verschiebungssymmetrisch*.

Eigenschaften von Funktionen können Anlaß zur Betrachtung von Funktionstypen sein.
Beispiele: Die Menge aller linearen Funktionen.
Die Menge aller monoton wachsenden Funktionen.
Die Menge aller Funktionen mit verschiebungssymmetrischen Graphen.

1.3. Funktionstypen

Im Rahmen philosophischer Untersuchungen zum "Begriff" hat man sich bemüht, Begriffsbildungen zu klassifizieren. So könnte man etwa $x \to e^x$ als *Individualbegriff*, "transzendente Funktionen" als *Artbegriff* und "reelle Funktionen" als *Gattungsbegriff* bezeichnen (PFÄNDER 1963). Man kann auch die logische Struktur der Definition zur Klassifizierung heranziehen. So kann man z.B. *monotone* Funktion f definieren durch die Eigenschaft, f ist monoton wachsend *oder* f ist monoton fallend. Dies wäre ein "disjunktiv" (oder) definierter Begriff. Entsprechend kann man auch "konjunktiv" (und) oder durch Negation (nicht) definierte Begriffe betrachten. Neben diesen "kombinatorischen Definitionen" (WEYL 1928) werden "schöpferische Definitionen" betrachtet, wie z.B. die Definition des Funktionsbegriffs selbst. Zur Beschreibung logischer Abhängigkeiten zwischen Nachbarbegriffen benutzt man *Begriffspyramiden* oder *Begriffsnetze*.

Natürlich können Begriffsnetze nach unterschiedlichen Gesichtspunkten aufgebaut werden, denn man kann nie alle möglichen Unterbegriffe aufführen. Man vergleiche etwa die beiden Begriffsnetze:

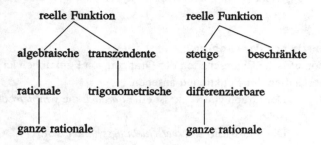

Das erste Netz ist an der Art des definierenden Terms orientiert und spielt im traditionellen Unterricht eine wichtige Rolle; das zweite ist stärker an Eigenschaften orientiert, die in einem betont "begrifflichen" Unterricht bedeutsam sind. Es ist eine wichtige didaktische Aufgabe, für den Unterricht sinnvolle Begriffsnetze zu entwickeln, bzw. vorgegebene Begriffsnetze didaktisch zu analysieren, um Folgerungen für das Unterrichten eines Begriffs ziehen zu können.

Auch die logische Form von Definitionen kann didaktisch wichtig sein. Angeregt durch Untersuchungen von BRUNER, GOODNOW und AUSTIN (1965) über das Begriffslernen ist in einer großen Reihe von Arbeiten empirisch untersucht worden, ob Schüler leichter konjunktiv oder disjunktiv aufgebaute Begriffe lernen können. Es wurde dabei mit Merkmalsmaterialien, also auf einer endlichen Grundmenge, gearbeitet. Man konnte z.B. nachweisen, daß konjunktiv aufgebaute Begriffe leichter gelernt werden als disjunktiv aufgebaute.

1.4. Modellbildung mit Funktionen

Nicht nur innerhalb der Mathematik nimmt der Funktionsbegriff eine zentrale Stellung ein. Er stellt auch in den Anwendungen einen der fruchtbarsten Begriffe der Mathematik dar. Dabei läßt sich in der historischen Entwicklung eine Wechselwirkung beobachten. Wesentliche Impulse in der Entwicklung des Begriffs sind Anwendungen zu verdanken. So stellten Probleme der Wärmeleitung für FOURIER einen Anstoß dar, die ihn ver-

1. Zum Begriff der Funktion

anlaßten, sich von der Beschränkung auf Funktionen zu lösen, die sich durch Potenzreihen entwickeln lassen. Umgekehrt hat z.b. der Funktionsbegriff wesentlich dazu beigetragen, in den Anwendungsgebieten Grundlagen zu klären. So wurde gegen Ende des vorigen Jahrhunderts deutlich, daß man sich in der Physik vom Kausalitätsprinzip verabschieden mußte. ERNST MACH (1838-1916) schreibt:

"Sobald es gelingt, die Elemente der Ergebnisse durch meßbare Größen zu charakterisieren, was bei Räumlichem und Zeitlichem sich unmittelbar, bei anderen sinnlichen Elementen aber doch auf Umwegen ergibt, läßt sich die Abhängigkeit der Elemente voneinander durch den Funktionsbegriff viel vollständiger und präziser darstellen, als durch so wenig bestimmte Begriffe, wie Ursache und Wirkung." (MACH 1905, S. 273)

In den Anwendungsbereichen der Mathematik wird der Funktionsbegriff zur *Modellbildung* verwendet. Wird eine Abhängigkeit zwischen Größen vermutet, dann sucht man eine Funktion, die den Gegebenheiten möglichst gut entspricht. Dabei muß man sich dessen bewußt sein, daß es sich immer nur um einen Anpassungsprozeß handelt. Die Frage, ob der Wirklichkeit bestimmte Funktionen zugrundeliegen, läßt sich nicht beantworten. Man kann nur feststellen, daß sich die Wirklichkeit durch bestimmte Funktionen angemessen beschreiben läßt.

Diese Sichtweise hat natürlich auch für den Mathematikunterricht grundlegende Bedeutung. In vielen Sachbereichen werden Funktionen zwischen Größen betrachtet. Es ist wichtig, daß die Schüler erkennen, daß die Annahme eines bestimmten funktionalen Zusammenhanges einen Modellbildungsprozeß darstellt.

In vielen Bereichen wird ein bestimmter funktionaler Zusammenhang sogar bewußt gesetzt. So stellen Ware-Preis-Funktionen keine "Naturgesetze" dar, sondern ergeben sich aus Entscheidungen der Händler, die damit natürlich auch auf den Einkaufspreis und die Nachfrage reagieren. Es ist deshalb ein Beitrag zu einem kritischen Verständnis wirtschaftlicher Sachverhalte, wenn die Schüler diese Zusammenhänge als Setzungen erkennen (KEITEL 1979).

2. Zum Lehren des Funktionsbegriffs

Die empirischen Befunde zum Lernen von Begriffen legen bestimmte Vorgehensweisen im Unterricht nahe. Es hat sich jedoch gezeigt, daß kurzschlüssige Folgerungen zu Fehlentwicklungen im Unterricht führen können. Es ist daher notwendig, sich eingehender mit den Eigenheiten des jeweils zu lehrenden Themenbereichs zu befassen. Die Frage, ob es z.B. günstiger ist, beim Lehren von Begriffen von einem Oberbegriff zu einem Unterbegriff oder umgekehrt vorzugehen, läßt sich in dieser Allgemeinheit gar nicht beantworten. Für den Funktionsbegriff würde das bedeuten, daß man mit einer allgemeinen Definition des Begriffs Funktion beginnen müßte. Erst dann dürfte man besondere Funktionen betrachten. Das ist aber offensichtlich verfehlt, denn auch historisch hat sich ja der Begriff durch Verallgemeinerung entwickelt. Zunächst ist also zu klären, welche didaktischen Erwartungen und Ziele man mit dem Lehren des Funktionsbegriffs verbindet.

2.1. Der Funktionsbegriff als Unterrichtsgegenstand

Aus seiner Analyse zieht KLEIN für den Unterricht die Folgerung: "Wir wollen nur, daß der allgemeine Funktionsbegriff in der einen oder anderen Eulerschen Auffassung den ganzen mathematischen Unterricht der höheren Schulen wie ein Ferment durchdringe; er soll gewiß nicht durch abstrakte Definitionen eingeführt, sondern an elementaren Beispielen, wie man sie schon bei EULER in großer Zahl findet, dem Schüler als lebendiges Besitztum überliefert werden." (KLEIN 1908, S. 221)

KLEINs Anregungen wurden von der Schule aufgegriffen; in den Zeitschriften und Lehrbüchern nahmen im folgenden Darstellungen zum Funktionsbegriff im Unterricht breiten Raum ein. Obwohl bereits KLEIN den Funktionsbegriff in ganzer Allgemeinheit behandelt wissen wollte, gab es im Unterricht doch Verengungen, die etwa seit 1950 zu neuen Ansätzen führten. Die Diskussion wurde in Deutschland im wesentlichen ausgelöst durch einen Aufsatz von PICKERT (1956). Nach Erfahrungen mit Hörern der Anfängervorlesung Analysis I im SS 1955 kritisiert er:

2. Zum Lehren des Funktionsbegriffs

(1) Es wird nicht klar zwischen Funktion und Kurve unterschieden. Z.B. wird $x - y = 1$ als Funktionsgleichung einer bestimmten Geraden bezeichnet, analog $x^2 + y^2 = 1$ als Funktionsgleichung (!) eines Kreises.

(2) Funktion und Umkehrfunktion werden unklar behandelt. Z.B. wird behauptet, die Umkehrfunktion von $y = x - 1$ erhalte man durch Umformung in $x = y + 1$.

(3) Eingeengtes Variablenverständnis. Z.B. werden Variable als veränderliche Größen (Zeit, Weg) aufgefaßt.

(4) Das Überbetonen von Funktionsgleichungen führt zu dem Mißverständnis, nur mit Hilfe von Gleichungen könne man Funktionen definieren.

(5) Da überwiegend auf **R** definierte Funktionen behandelt werden, wird nicht gesehen, daß beliebige Zahlenmengen als Definitionsbereiche von Funktionen vorkommen können.

(6) Es wird nicht deutlich, daß Funktionen als besondere Relationen aufgefaßt werden können. Auch Folgen werden nicht als Funktionen erkannt (mit Definitionsbereich **N**).

(7) Im Unterricht überwiegt die Betrachtung des Terms f(x) an Stelle von f, und damit werden häufig Funktionswert und Funktionsname verwechselt.

In der darauf einsetzenden didaktischen Diskussion werden folgende Aspekte besonders betont (s. PICKERT 1958/59):

- Es wird unterschieden zwischen der Funktion und ihrem Graphen.
- Kurven, allgemein Punktmengen, werden daraufhin untersucht, ob sie Graphen von Funktionen sind.
- Funktionen werden als Mengen von Paaren auf vielfältige Art angegeben: Durch Aufzählung der Elemente, durch eine charakterisierende Aussageform, durch eine Gleichung, durch Terme, durch Fallunterscheidungen.
- Definitions- und Wertebereich einer Funktion werden hervorgehoben. Die Definitionsbereiche werden variiert, insbesondere werden auch endliche Mengen zugelassen.
- Funktionen werden als rechtseindeutige (manchmal auch noch linkstotale) Relationen, Folgen als Funktionen mit Definitionsbereich **N** behandelt.

IV. Funktionen

- Es wird eine ganze Fülle von Veranschaulichungen entwickelt: z.b. Graphen, Pfeildiagramme, Maschinendiagramme.
- Funktionen werden auch als mathematische Objekte betrachtet, die verglichen und verknüpft werden können. Damit ergeben sich neue Modelle für Strukturbetrachtungen.

In der Praxis führte das häufig zu einer Überbetonung des Formalen, zu überzogenen Ansprüchen an Strenge, zu verfrühter Begrifflichkeit, wenn z.b. die Einführung in den Funktionsbegriff mit einer Definition als rechtseindeutiger Relation begann, oder wenn zur Vermeidung von Verengungen die Schüler mit einer Fülle "pathologischer" Beispiele konfrontiert wurde.

Zunächst wird häufig die Wirksamkeit formaler Definitionen für das Verständnis des Funktionsbegriffs überschätzt. VINNER und DREYFUS konnten in ihren Untersuchungen nachweisen, daß für das Verständnis des Funktionsbegriffs die *Vorstellungen* (concept image) entscheidend sind. Sie werden weitgehend durch Beispiele und ihre Darstellungen bestimmt, nicht durch formale Definitionen (s. VINNER 1992).

Auch beim "Lesen" von Darstellungen haben offensichtlich viele Schüler Schwierigkeiten. Insbesondere fällt es ihnen anscheinend schwer, bei den Graphen den Übergang von lokalen zu globalen Betrachtungen zu vollziehen (z.B. JANVIER 1987).

Eigenschaften von Funktionen zeigen sich in unterschiedlichen Darstellungen in verschiedener Weise. Dabei gibt es zum Teil erhebliche Unterschiede, was die Auffälligkeit anbelangt. So kann man z.B. die Proportionalität einer Funktion an einer Tabelle leicht erkennen (zum r-fachen gehört das r-fache). Diese Eigenschaft ist aber z.B. am Graphen für die Schüler praktisch nicht erkennbar. Für sie wird dort die Geradlinigkeit sichtbar. Daß Übergänge zwischen unterschiedlichen Darstellungen Schülern erhebliche Schwierigkeiten bereiten, wird ebenfalls aus zahlreichen Untersuchungen deutlich (z.B. KERSLAKE 1981, WEIGAND 1988).

Auch das Bemühen um Präzisierung durch Begriffe wie Definitionsbereich und Wertebereich, die subtile Unterscheidung zwischen Wertebereich und Wertevorrat, die Unterscheidung zwischen Funktion und Graph haben

2. Zum Lehren des Funktionsbegriffs

nicht die gewünschten Erfolge gebracht (z.B. SIERPINSKA 1992, DUBINSKY/HAREL 1992, WETH 1993). Hier zeigt sich vor allem, wie sinnlos *verfrühte* Präzisierungen sind, deren Sinn nicht eingesehen wird.

Vor allem unter dem Einfluß von FREUDENTHAL hat sich inzwischen weitgehend die Einsicht durchgesetzt, daß sich die axiomatische Methode nicht als Muster für das Lehren von Mathematik eignet. Dabei ist jedoch zu bedenken:

> "Die Sequenzierung aufgrund deduktiver Darstellungen der Mathematik ist innerhalb der Didaktik als Methode wohl nicht explizit formuliert und vertreten worden. Sie hat sich vielmehr dadurch faktisch ergeben, daß das zeitweise übermächtige Vorbild des Universitätsunterrichts in reiner Mathematik und die Eigenart der dort verwendeten Lehrbücher - oftmals unbewußt und unreflektiert, manchmal aber auch ganz bewußt - nachgeahmt wurde." (WITTMANN 1974, S. 110)

Stattdessen wird die *genetische Methode* angestrebt, in der sowohl die kognitive Struktur der Lernenden als auch die Struktur des Gegenstandes angemessen berücksichtigt werden können.

2.2. Funktionales Denken

Bereits in der Unterrichtsreform zu Beginn des Jahrhunderts spielte neben dem Funktionsbegriff der etwas schillernde Begriff des *funktionalen Denkens* eine Rolle. Die Reform erhielt damit ein Schlagwort, das bis in unsere Zeit hineinwirkt. Es deckte sehr allgemeine Ziele wie "Erziehung zur Gewohnheit des funktionalen Denkens" ab. Zwar erstreckte es sich auf alle Themenbereiche des Mathematikunterrichts, wurde aber vor allem in USA auf das Arbeiten mit Graphen reduziert (z.B. SCHULTZE 1928).

Ich halte es für sinnvoll, den Begriff des funktionalen Denkens zur Beschreibung einer bestimmten Denkweise zu verwenden. Dabei sollte er einerseits genügend allgemein sein, ohne andererseits ins Beliebige abzugleiten. Unter funktionalem Denken verstehen wir einen bestimmten gedanklichen Umgang mit Funktionen. Dabei sind drei grundlegende Sachverhalte wichtig:

IV. Funktionen

(1) Zuordnungscharakter
Durch Funktionen beschreibt oder stiftet man Zusammenhänge zwischen Größen: einer Größe ist dann eine andere zugeordnet, so daß die eine Größe als abhängig von der anderen gesehen wird.

Beispiel: Durch die Termdarstellung $x \to x^2$ wird mit Hilfe des Terms x^2 einer Größe x die Größe x^2 zugeordnet.

(2) Änderungsverhalten
Durch Funktionen erfaßt man, wie sich Änderungen einer Größe auf die abhängige auswirken.

Beispiel: Bei einer proportionalen Funktion führt z.B. Verdopplung des x-Wertes zu einer Verdopplung des y-Wertes.

(3) Sicht als Ganzes
Mit Funktionen betrachtet man einen gegebenen oder gestifteten Zusammenhang als Ganzes.

Beispiel: Man betrachtet nicht mehr nur einzelne Wertepaare, sondern die Menge aller Wertepaare. Die Betrachtung des Graphen führt zu einer Sicht des Ganzen.

Funktionales Denken *entwickelt* sich. Das bedeutet insbesondere die Entwicklung folgender Fähigkeiten:
- Zusammenhänge zwischen Größen können festgestellt, angegeben, angenommen und erzeugt werden.
- Hypothesen über die Art des Zusammenhanges und über den Einfluß von Änderungen können gebildet, kontrolliert und gegebenenfalls revidiert werden.

Vor allem die Untersuchungen von PIAGET (PIAGET u.a. 1977) haben Hinweise auf die Altersabhängigkeit dieser Fähigkeiten gegeben und im Hinblick auf die Erfassung proportionaler Zusammenhänge eine Fülle von Untersuchungen gebracht (s. TOURNIAIRE/PULOS 1985). Typische Stadien kann man an folgendem Versuch erkennen (VOLLRATH 1986).

Die Versuchspersonen sollen den Punkt S finden, bei dem man eine Kugel auf der Fahrbahn loslassen muß, um sie bis zum Punkt Z rollen zu lassen.

2. Zum Lehren des Funktionsbegriffs

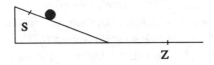

Es werden folgende Verhaltensmuster beobachtet:
(1) Eine Beziehung wird nicht erkannt.
Das Kind läßt die Kugel immer ganz oben starten. Auch die Mißerfolge verändern das Verhalten nicht.
(2) Ein Zusammenhang wird angenommen, doch die Monotonie wird nicht erkannt.
Die Versuchsperson läßt die Kugel an verschiedenen Punkten starten. Es werden aber keine Konsequenzen aus dem Verhalten der Kugel gezogen.
(3) Die Monotonie des Zusammenhanges wird erkannt.
Die Versuchsperson erkennt: Je höher der Startpunkt liegt, desto weiter rollt die Kugel. Das führt dann durch systematisches Ändern der Ausgangsposition zum richtigen Startpunkt.

Es gibt eine Reihe ähnlicher Untersuchungen an Grundschulkindern (MEIßNER 1987, BARDY 1993), die alle eine Altersabhängigkeit dieser Fähigkeiten zeigen. Für den Unterricht ist es also wichtig, daß man sich zumindest dieser Entwicklung bewußt ist. Dabei ist nach wie vor die Frage offen, inwieweit es sich um eine kognitive Entwicklung oder um Lernen handelt. Bei einem derartigen Versuch gehen ja auch Erfahrungen aus der Umwelt ein, man denke etwa an das Herabrollen in einem Wagen, auf einem Roller oder dem Fahrrad. Erfahrungen aus der Umwelt sind mit Sicherheit an der Entwicklung des funktionalen Denkens beteiligt.

2.3. Umwelterschließung mit Funktionen

Funktionen dienen in vielen Wissenschaften und in der Technik zur Beschreibung von Zusammenhängen. In diesen unterschiedlichen Wissensbereichen wird jeweils das Augenmerk auf bestimmte Zusammenhänge gerichtet. Sie alle leisten einen Beitrag zum Verstehen von Phänomenen unserer Umwelt. Bezieht man diese Anwendungsbereiche von Mathematik in den Mathematikunterricht ein, dann kann er einen Beitrag zur *Umwelterschließung* leisten. Freilich schafft diese Bezeichnung eine Distanz, die in letzter Konsequenz eine Verfügbarkeit suggeriert, die so nicht vorhanden ist. Denn der Mensch kann sich der "Umwelt" gar nicht entziehen, sondern die betrachteten Zusammenhänge schließen ihn im Grunde immer mit ein. Unter Umwelterschließung durch den Unterricht versteht man die Aufgabe der Schule, ihre Schüler mit grundlegenden Phänomenen ihrer Umwelt vertraut zu machen und zugleich Fähigkeiten zu vermitteln, Anforderungen der Umwelt angemessen und verantwortungsbewußt zu bewältigen. Wir wollen im folgenden, ohne damit eine Reihenfolge für den Unterricht vorzuschlagen, die wichtigsten Beiträge von Funktionsbetrachtungen im Mathematikunterricht zu dieser Aufgabe deutlich machen.

(1) Betrachten der Umwelt
Für funktionales Denken ist das Entdecken von Zusammenhängen grundlegend. Dies setzt eine bestimmte Sicht voraus. Größen werden nicht isoliert betrachtet, sondern man beobachtet, wie sich Änderungen einer Größe auf andere auswirken. Das kann an mathematischen Objekten geschehen.

Beispiel: Man ändert bei einem Quadrat die Seitenlänge und beobachtet, daß sich z.B. der Umfang ändert.

Doch sollte man sich nicht darauf beschränken. Es bieten sich viele Phänomene an, die auch im Mathematikunterricht konkret beobachtet werden können.

Beispiele: Der Zusammenhang zwischen Füllhöhe und Volumen beim Füllen eines Zylinders.
Der Zusammenhang zwischen Länge und Gewicht von Drähten gleicher Dicke und gleichen Materials.
Der Zusammenhang zwischen Brenndauer und Höhe einer Kerze.

(2) Das Beschreiben der Umwelt
Haben wir Zusammenhänge erkannt, so läßt sich das sprachlich ausdrücken. Wir sagen etwa:
"Der Umfang des Quadrats hängt von der Seitenlänge ab."
Wir können einen Schritt weiter gehen und die Abhängigkeit etwas deutlicher hervortreten lassen, indem wir schreiben:
Seitenlänge → Umfang;

2. Zum Lehren des Funktionsbegriffs

natürlich ist dies nur im Kontext des Quadrats zu verstehen. In einem nächsten Schritt kann man den Sachverhalt mit Variablen ausdrücken, indem man etwa schreibt

$$a \to U,$$

wobei man natürlich erläutern muß, daß a eine Variable für die Seitenlänge und U eine Variable für den Umfang bezeichnet. Schließlich kann man den beobachteten Zusammenhang mit Hilfe einer Funktionsgleichung beschreiben:

$$U = 4a.$$

Wir sehen, wie sich die Ausdrucksweise entwickelt und immer mehr Information liefert.

(3) Erklären der Umwelt
Die gefundene Gleichung

$$U = 4a$$

hilft uns, die Beobachtung zu erklären, daß z.b. eine Verdopplung der Seitenlänge auch zu einer Verdopplung des Umfangs führt. Das kann etwa so geschehen, daß man formuliert:

Ausgangssituation: $U_o = 4a_o,$
Verdopplung: $U_1 = 4(2a_o) = 2(4a_o) = 2U_o,$
Endsituation: $U_1 = 2U_o.$

Das ist hier recht formal dargestellt, es läßt sich häufig anschaulicher behandeln. Doch wird dabei deutlich, wie man mit Hilfe von Funktionen argumentieren kann.

(4) Rationales Handeln in der Umwelt
Die Einsicht in den Zusammenhang zwischen Seitenlänge und Umfang des Quadrats hilft einem, auf der Grundlage dieses Wissens rationale Entscheidungen zu treffen. Man kann sich z.B. vorher überlegen, wie lang die Seitenlänge eines Quadrats sein muß, das einen Umfang von 20 cm hat. Das Problem wird voll beherrscht, wenn man die Gleichung

$$20 = 4a$$

lösen kann. Man kann die Situation auch so interpretieren, daß man bei Kenntnis des Zusammenhanges *vorhersagen* kann, wie groß der Umfang bei einer bestimmten Seitenlänge ist.

IV. Funktionen

(5) Erforschung der Umwelt

Wir verschieben die Akzente etwas. Hatten wir bisher Beispiele, bei denen der Zusammenhang "ins Auge stach", so wird das in vielen Fällen nicht so einfach sein. Werden die Verhältnisse schwerer zu überblicken, dann werden Hypothesen gebildet, diese werden kontrolliert, eventuell wieder verworfen. Neue Hypothesen werden gebildet usw., bis man eine befriedigende Antwort erhält. Diese forschende Haltung ist grundlegend für alle empirisch arbeitenden Wissenschaften. Etwas von dieser Haltung muß auch im Mathematikunterricht zum Tragen kommen. Diese Betrachtungen münden in das Konzept des *entdeckenden Lernens* (z.B. WINTER 1989). Dabei geht es darum, den Mathematikunterricht so zu gestalten, daß bei möglichst vielen Schülern ein Lernen durch Entdecken in Gang gesetzt und in Gang gehalten wird.

(6) Kreatives Handeln in der Umwelt

Haben wir bisher Zusammenhänge entdecken lassen, so sollte man daran denken, daß Zusammenhänge auch durch Funktionen *gestiftet* werden können. Man überlege sich etwa Zahlenfolgen mit einer bestimmten Gesetzmäßigkeit, das Herstellen von Mustern, denen ein bestimmtes Bildungsgesetz zugrunde liegt, das sich als Funktion ausdrücken kann. Man denke etwa "figurierte Zahlen":

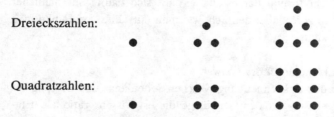

Diese Muster kann man ändern, dann erhält man neue Folgen, z.B.

Hier liegen Ansatzpunkte zu *kreativem* Handeln. Es ist bekannt, daß in der bildenden Kunst und in der Architektur häufig solche Gesetzmäßigkeiten

2. Zum Lehren des Funktionsbegriffs

"eingebaut" sind und auf die Entdeckung durch den Betrachter warten.

Wir hatten einige Beispiele gegeben, bei denen die Schüler selbst *Erfahrungen durch Handeln* sammeln können. Der Mathematikunterricht hat die Tendenz, sich auf Skizzen, Gedankenexperimente und Überlegungen zu beschränken. Damit werden vielen Schülern grundlegende Erfahrungen vorenthalten. Man kann natürlich diese Aufgaben den naturwissenschaftlichen Fächern zuweisen, doch würde damit der Mathematikunterricht eine wesentliche Chance zur Motivation und zur Vermittlung von Handlungserfahrungen verschenken. Freilich sollte es der Mathematikunterricht vermeiden, dem naturwissenschaftlichen Unterricht vorzugreifen. Die oben betrachteten Beispiele zeigen Möglichkeiten.

Im Mathematikunterricht werden traditionell nur Funktionen mit *einer* freien Veränderlichen betrachtet. Für die Umwelterschließung ist dies eine starke Einschränkung. In vielen Situationen hängt eine Größe von mehreren Größen ab. Ja, man kann es sogar als eine gefährliche Einengung ansehen, wenn der Mathematikunterricht nur immer Abhängigkeiten von einer Veränderlichen betont, während es doch ein wichtiges Bildungsziel ist, den Schülern gerade die gegenseitigen Abhängigkeiten in der Komplexität unserer Umwelt bewußt zu machen. Man sollte daher bereits in der Sekundarstufe *Funktionen mit mehreren Variablen* betrachten. Das kann in Erweiterung der Darstellung im Achsenkreuz zu einer Darstellung in einem räumlichen Koordinatensystem geschehen (z.B. KIRSCH 1986). Doch ist dies im Grunde eine Sackgasse, weil dies nicht in höhere Dimensionen fortgesetzt werden kann. Günstiger erscheint mir der Rückgriff auf *Rechenschemata*, die ohne Schwierigkeiten auf mehrere Variablen fortgesetzt werden können. Die Tabellendarstellung ist hier viel erweiterungsfähiger als der Graph. Diese Betrachtungen setzen den von uns empfohlenen Umgang mit Termen als Rechenschema sinnvoll fort. So plädieren COHORS-FRESENBORG und KAUNE für die explizite Verwendung von Funktionen mit mehreren Veränderlichen bei der Beschreibung von Zusammenhängen in Sachsituationen. Sie setzen dabei Schreibweisen wie

$$f(x_1, x_2, x_3) = 2x_1 + 3x_2 + 4x_3$$

ein (COHORS-FRESENBORG/KAUNE 1993).

Man kann "Maschinendiagramme" zur Veranschaulichung wählen, z.B.

IV. Funktionen

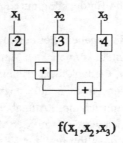

$f(x_1, x_2, x_3)$

2.4. Der Computer als Werkzeug für Funktionen

Mit der Entwicklung immer leistungsfähigerer Computer und Programme haben sich auch die Einsatzmöglichkeiten für Computer im Umgang mit Funktionen ständig vergrößert. Das begann mit der Berechnung von Funktionswerten (z.B. HIRSCHMANN/VIERENGEL 1970), es folgten Möglichkeiten der graphischen Darstellung einer Funktion, dann auch von Funktionsscharen bei Variation der Parameter. Dabei zeigte es sich, daß die systematische Variation der Parameter in der allgemeinen Termdarstellung von Funktionen mit Hilfe des Computers den Schülern das Verständnis des Funktionsbegriffs und das Erfassen von Funktionseigenschaften deutlich erleichtert und verbessert (MÜLLER-PHILIPP 1994). Inzwischen ist es sogar ohne Schwierigkeiten möglich, mehrere Darstellungen zugleich zu betrachten (z.B. WEIGAND 1994).

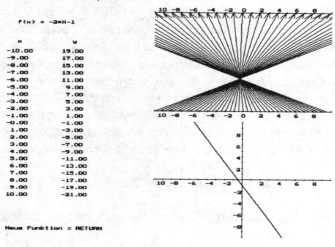

2. Zum Lehren des Funktionsbegriffs

Man kann mit Hilfe moderner Programme leicht neue Funktionen definieren, indem man z.b. bekannte Funktionen als "Bausteine" benutzt. damit kann man dann weiter operieren.

Beispiel:

$$f(x) = \begin{cases} x^3 & \text{für } x \leq 0 \\ x^2 & \text{für } x > 0 \end{cases}$$

Wir werden später noch einige Beispiele dieser Art bringen.
Problemstellungen, die auf Gleichungen führen, können sowohl graphisch als auch algebraisch und numerisch mit dem Computer gelöst werden.

Beispiel: Der Schnittpunkt der Graphen von
$f(x) = x^3$ und $g(x) = x^2 + 2x+1$
kann graphisch bestimmt werden, aber man kann auch die Gleichung
$$x^3 = x^2 + 2x + 1$$
mit einem Algebra-Programm lösen und schließlich den numerischen Wert näherungsweise berechnen lassen.

2.5. Lernmodelle für den Funktionsbegriff

Für die Mathematiker reduziert sich das Problem des Lehrens eines Begriffs auf die Wahl einer geeigneten *Definition*, die die Lernenden mit ihren Voraussetzungen erfassen und mit der sie möglichst problemlos umgehen können. Unter Umständen wählt man einen Begriff im Rahmen einer axiomatisch aufgebauten Theorie auch als Grundbegriff, den man dann durch die Axiome implizit definiert.

Lange Zeit begnügten sich auch Mathematiker in ihren Lehrbüchern mit allgemeinen Beschreibungen des Funktionsbegriffs.So heißt es in einem Klassiker:

"Wenn jedem Wert einer Veränderlichen x, der zu dem Wertebereich dieser Veränderlichen gehört, durch eine eindeutige Vorschrift je ein bestimmter Zahlenwert y zugeordnet ist, so sagt man, y sei eine *Funktion der Veränderlichen x* oder kürzer, y sei eine Funktion von x." (MANGOLDT/KNOPP 1965, S. 337):

IV. Funktionen

In einem neueren Lehrbuch dagegen findet man

"A und B seien Mengen. Eine *Funktion* oder *Abbildung* f *von* A *in* B ist ein Tripel (A,B,G) mit den Eigenschaften:
(1) $G \subseteq A \times B$
und
(2) Für alle a ϵ A existiert genau ein b ϵ B mit (a,b) ϵ G."
(LIEDL/KUHNERT 1992, S. 36)

An beiden Definitionen kann man mathematisch Kritik anbringen. Das wollen wir nicht tun. Didaktisch gesehen besteht der fundamentale Unterschied in beiden Fassungen darin, daß in der ersten Definition die Intuition bewußt angesprochen wird, daß Vorstellungen geweckt werden und daß man in Kauf nimmt, daß einiges vage bleibt. In der zweiten Definition ist alles Vage und Intuitive bewußt ausgeschaltet. Alles gründet sich auf wohldefinierte Begriffe und Aussagen. Didaktisch gesehen sind Vorstellungen, die mit einem Begriff verbunden sind, fundamental für das Verstehen. Mathematisch gesehen bergen Vorstellungen das Risiko, in Argumentationen unzulässige Vorstellungen einfließen zu lassen. Aufgabe des Mathematikunterrichts ist es, den Schülern zu helfen, Begriffe zu verstehen und den korrekten Umgang mit ihnen zu lernen. In erster Linie geht es also um das Wecken angemessener Vorstellungen und erst auf dieser Grundlage dann um korrektes Arbeiten mit dem Begriff.

Man kann natürlich einen Kompromiß suchen, indem man etwa den Begriff der *Relation* anschaulich fundiert und mengentheoretisch korrekt definiert. Funktionen lassen sich dann als spezielle, nämlich linkstotale und rechtseindeutige, Relationen definieren (z.B. PICKERT 1973); damit hätte man dann auch die Vorstellungen über Relationen zur Verfügung und könnte die zusätzlichen Forderungen anschaulich verdeutlichen (etwa durch Pfeildiagramme oder Graphen). Doch auch dieser Zugang setzt sehr viel an Vorstellung und formalen Kenntnissen voraus. Obwohl derartige Zugänge für die Sekundarstufe I unter dem Einfluß der Mengenlehre in den sechziger Jahren diskutiert wurden, setzten sie sich nicht durch, weil sie die Schüler überforderten.

Seit den Diskussionen um den Geometrieunterricht, die zu Beginn unseres Jahrhunderts durch FELIX KLEIN in Gang gesetzt wurden, sah man die

2. Zum Lehren des Funktionsbegriffs

Notwendigkeit, strengen mathematischen Überlegungen eine *propädeutische Phase* vorzuschalten, in der weitgehend handelnd und anschaulich betrachtet und gearbeitet werden sollte. Es ergab sich damit ein *Zwei-Stufen-Modell* des Lernens. Dieses litt vor allem darunter, daß die propädeutische Phase im Bewußtsein der Lehrenden von der mangelnden Fähigkeit der Kinder dieser Altersstufe zu abstraktem und formalem Arbeiten bestimmt war. Statt die Stärken der Schüler, z.b. ihre Begeisterungsfähigkeit, ihre Freude am Handeln und ihre Ausdauer, für den Lernprozeß fruchtbar zu machen, sahen vielfach Lehrende ihren Drang, im Unterricht voranzukommen, durch Schwächen der Lernenden gebremst.

Betrachtet man das Lernen unter *genetischen* Gesichtspunkten, so wird man das Lernen eines derartig zentralen mathematischen Begriffs, der selbst in der Mathematik eine lange und wechselvolle Entwicklung hinter sich hat, *langfristig* planen müssen. Dabei wollen wir uns wieder an den beiden Lernmodellen orientieren, die wir bereits beim Lernen der Zahlen betrachtet haben. Zunächst wird man auch beim Lehren des Funktionsbegriffs ein *Lernen durch Erweiterung* planen. Bedenkt man etwa, wie sich parallel zu den Termen auch die Funktionstypen über die einzelnen Jahrgangsstufen entwickeln können, dann sieht man eine ständige Erweiterung des Bereichs der betrachteten Funktionen. Die wichtigsten Grenzüberschreitungen sind:

Von den proportionalen zu den linearen Funktionen,
von den linearen zu den quadratischen Funktionen,
von den quadratischen Funktionen zu den Potenzfunktionen,
von den Potenzfunktionen zu den Exponentialfunktionen,
von den Exponentialfunktionen zu den trigonometrischen Funktionen.

Andererseits ist auch ein *Lernen in Stufen* zu organisieren. Man wird folgende Stufen anstreben:

1. Stufe: Der Begriff als Phänomen
Das Verständnis dieser Stufe ist durch folgende Fähigkeiten gekennzeichnet:
(1)   Die Schüler können Zusammenhänge zwischen Größen erkennen und mit Hilfe des Funktionsbegriffs beschreiben.
(2)   Sie kennen wichtige Beispiele derartiger Funktionen.

(3) Mit dem Funktionsbegriff sind Vorstellungen wie Kurve, Schaubild, Pfeildiagramm, Tabelle usw. verbunden.
(4) Die Schüler können diese Ausdrucksmittel zum Lösen einfacher Probleme einsetzen.
(5) Sie haben die Eindeutigkeit der Zuordnung als kennzeichnende Eigenschaft erkannt und kennen die Begriffsbezeichnung "Funktion".

Wir beziehen das Verständnis dieser Stufe als ein *intuitives Verständnis* des Funktionsbegriffs.

2. Stufe: Der Begriff als Träger von Eigenschaften

Das Verständnis dieser Stufe wird folgende Fähigkeiten beschrieben:
(1) Die Schüler kennen wichtige Eigenschaften von Funktionen.
(2) Die Vorstellungen über die Eigenschaften sind eng verbunden mit den unterschiedlichen Darstellungsformen.
(3) Die Schüler sind in der Lage, Argumente für die erkannten Eigenschaften anzugeben. Dabei greifen sie ebenfalls auf die entsprechenden Darstellungen zurück.
(4) Die Schüler können die entdeckten Eigenschaften zur Lösung von Problemen benutzen.

Das auf dieser Stufe erreichte Verständnis bezeichnen wir als *inhaltliches Begriffsverständnis*.

3. Stufe: Der Begriff als Teil eines Begriffsnetzes

In dieser Stufe geht es um das Erkennen von Zusammenhängen zwischen den Eigenschaften. Es werden folgende Leistungen erbracht:
(1) Die Schüler kennen Zusammenhänge zwischen den Eigenschaften.
(2) Die Schüler erkennen mögliche charakterisierende Eigenschaften, so daß sie nun Definitionen bilden können.
(3) Die Schüler können Eigenschaften von Funktionen formal ausdrükken und in Beweisen verwenden.
(4) Sie kennen für wichtige Funktionstypen unterschiedliche Definitionen und sind sich deren Äquivalenz bewußt.

Wir sprechen hier von einem *integrierten Begriffsverständnis*.

2. Zum Lehren des Funktionsbegriffs

4. Stufe: Der Begriff als Objekt zum Operieren
Hier geht es um folgende Leistungen:
(1) Die Schüler kennen wichtige Verknüpfungen von Funktionen.
(2) Sie haben Vorstellungen von den Verknüpfungen, die an die verschiedenen Darstellungsformen gebunden sind.
(3) Sie kennen wichtige Eigenschaften dieser Verknüpfungen und können sie begründen.
(4) Sie benutzen beim Operieren mit Funktionen die gefundenen Verknüpfungseigenschaften.

Die Schüler erreichen auf dieser Stufe ein *formales Begriffsverständnis*.

In der Sekundarstufe II läßt sich auch noch ein *kritisches Begriffsverständnis* erreichen, indem etwa Beziehungen zum Relationsbegriff gesehen werden und über den Einfluß von unterschiedlichen Definitions- und Wertebereichen nachgedacht werden kann, wie es in der Analysis erforderlich ist.

Man kann in einem Lehrgang auch anders stufen. Doch sprechen viele Gründe für das angegebene Modell. Was die Bezeichnungen der einzelnen Stufen des Verstehens anbelangt, sei auf die abweichende Sicht anderer Autoren hingewiesen (z.b. DYRSZLAG 1972, SKEMP 1971, 1976, HERSCOVICS/BERGERON 1983, SIERPINSKA 1992).

Ein langfristiger Plan zum Lehren des Funktionsbegriffs wird sich also um eine Kombination dieser Modelle bemühen: Einerseits wird das Verständnis des Funktionsbegriffs schrittweise *vertieft*, andererseits werden die Kenntnisse über wichtige Funktionstypen und Fähigkeiten im Umgang mit ihnen schrittweise *erweitert*. Wie das im Unterricht realisiert werden kann, wird in folgendem Abschnitt gezeigt.

3. Der Funktionsbegriff im Unterricht

3.1. Rollen des Funktionsbegriffs

Im folgenden wollen wir zeigen, wie sich die eben entwickelte Konzeption zum Lehren des Funktionsbegriffs realisieren läßt. Die Bedeutung dieses Themenstranges kommt darin zum Ausdruck, daß man den Funktionsbegriff als *Leitbegriff* wählt, an dem sich der Unterricht orientieren kann.

Für den Themenstrang "Zahlen" hat sich z.B. die Operatorauffassung als sehr nützlich erwiesen. Operatoren vertiefen das Zahlenverständnis, erleichtern das Lösen bestimmter Aufgaben und eröffnen Zugänge zu neuen Zahlbereichen. Für die Behandlung von Größen, die ja in enger Verbindung mit Zahlen bearbeitet werden, dienen Funktionsbetrachtungen vor allem für das Aufdecken von Zusammenhängen. Terme führen unmittelbar auf die Termdarstellung von Funktionen und umgekehrt liefern Funktionsnamen Bausteine von Termen. Gleichungen und Gleichungssysteme erwachsen aus Fragestellungen über Funktionen, z.b. Schnittpunkte von Graphen mit den Achsen oder Schnittpunkte von Graphen verschiedener Funktionen. Es wird sogar vorgeschlagen, Gleichungen und Ungleichungen ganz in dem Thema "Funktionen" aufgehen zu lassen (BRÜNING/SPALLEK 1978). Wenn wir hier auch nicht so weit gehen wollen, soll doch die enge Beziehung zwischen Funktionen und Gleichungen auch in unserer Konzeption deutlich werden.

Das Lehren eines Leitbegriffs wird *global* geplant. Dabei ist deutlich zu machen, wie sich das Begriffsverständnis und die Fähigkeiten im Umgang mit dem Begriff über den Lehrgang hin entwickeln. Zugleich müssen Querverbindungen zu anderen Kernthemen geschaffen werden.

Betrachtet man einzelne Abschnitte bei der Behandlung des Themas, so ergeben sich *Unterrichtssequenzen*, in denen ein Begriff unter Umständen von bestimmten Unterbegriffen her erschlossen werden kann. Man denke etwa an die Schlußrechnung, bei der proportionale und antiproportionale Funktionen eine solche Schlüsselrolle übernehmen. Wir sprechen in diesem Zusammenhang von *Schlüsselbegriffen.* Sie werden *regional* geplant. Im folgenden steht zwar die globale Planung für das Lehren des Leitbegriffs "Funktion" im Vordergrund, doch werden wir für einige Unterrichtssequenzen Hinweise auf die regionale Planung geben.

Auch im Zusammenhang mit Funktionen sind Begriffe im Unterricht zu lehren, die von den Schülern ohne Schwierigkeiten in einer *Unterrichtseinheit* erfaßt werden können. Unterrichtseinheiten werden *lokal* geplant. Die Begriffe "wachsende Funktion" bzw. "fallende Funktion" sind z.B.

3. Der Funktionsbegriff im Unterricht

Kandidaten für solche Begriffe. Man kann sie als *Standardbegriffe* bezeichnen. Indem man einen Begriff als Leitbegriff, Schlüsselbegriff oder Standardbegriff bezeichnet, weist man ihm eine bestimmte Rolle im Unterricht zu. Die Zusammenhänge werden in einer Theorie über das Lehren mathematischer Begriffe ausführlicher behandelt (VOLLRATH 1984).

3.2. Vermittlung von Grunderfahrungen

Das Arbeiten mit Operatoren, das Bearbeiten von Aufgaben in Tabellenform, bei denen für Variable Zahlen einzusetzen sind, die Entwicklung von Rechenschemata in Form von Termen, aber auch das Suchen nach Gesetzmäßigkeiten beim Aufbau von Aufgabenfolgen können als Tätigkeiten betrachtet werden, die den Schülern erste Erfahrungen vermitteln, die zum Phänomen Zuordnung bzw. Funktion gehören.

Am weitesten gehen in dieser Richtung Aufgabenstellungen, denen eine Beziehung zwischen Größen zugrunde liegt. So werden bereits in der Grundschule Aufgaben über Preise bestimmter Warenmengen gestellt, bei denen stillschweigend eine Proportionalität zwischen Warenmenge und Preis vorausgesetzt wird. In der Regel werden auch keine besonderen Anstrengungen unternommen, den Schülern dieser Altersstufe diese Voraussetzung bewußt zu machen. Denn man befindet sich in einem Dilemma. Die Untersuchungen zur Entwicklung des funktionalen Denkens (s. TOURNIAIRE/PULOS 1985) lassen bei den Kindern dieser Altersstufe Schwierigkeiten im Erfassen der Proportionalität erwarten. Andererseits können Lehrende auf Erfolge bei der Bearbeitung dieser Aufgaben in der Grundschule verweisen. Man kann das vielleicht damit erklären, daß die Schüler in der "Einkaufswelt" durchaus bereits proportionale Zusammenhänge erfassen und mit ihnen arbeiten können. Das Vorhandensein derartiger bereichsspezifischer Fähigkeiten ist vor allem durch die Untersuchungen von GINSBURG (1977) gezeigt worden. Auch die große Bedeutung des Themas "Geld" bei der Umwelterschließung rechtfertigt derartige Überlegungen und Aufgabenstellungen schon in der Grundschule. Einfache Aufgaben, bei denen man "von einer Einheit zur Vielheit" oder "von der Vielheit zur Einheit" übergeht, spielen bei der Anwendung des Rechnens mit Größen bei der Multiplikation und Division auch in der 5. und 6. Jahrgangsstufe eine Rolle.

Beispiele: Aus der 5. Jahrgangsstufe:
(1) Ein Nagel wiegt 4 g. Wieviel g wiegen 600 Nägel dieser Sorte?
(2) 500 Nägel einer anderen Sorte wiegen 3000 g. Wie schwer ist ein Nagel?

In der Regel wird angenommen, daß die Schüler erkennen, welche Multiplikationen oder Divisionen vorzunehmen sind. Besondere Bemühungen, den Zusammenhang zwischen den Größen (hier zwischen Anzahl und Gewicht) herauszuarbeiten, werden nicht unternommen, weil man davon ausgeht, daß diese Beispiele Handlungsmuster ansprechen, die zum Begriffsaufbau der Operationen gehören.
Das ändert sich zu Beginn der 7. Jahrgangsstufe. Hier wird der Zusammenhang zwischen Größen thematisiert. Dabei werden Sachsituationen vorgestellt, in denen die Zuordnung in unterschiedlicher Weise dargestellt ist.

Beispiele:

Wertepaare

Auf den Preisschildern von Käsestücken steht, wieviel kg das Stück wiegt und wieviel DM es kostet. Dem Gewicht ist der Preis zugeordnet.

Edamer		Edamer		Edamer	
Gewicht in kg	Preis in DM	Gewicht in kg	Preis in DM	Gewicht in kg	Preis in DM
0,250	3,00	0,100	1,20	0,150	1,80

Tabelle

Aus der Währungstabelle kann man ablesen, wieviel öS man für DM erhält und umgekehrt.

ÖSTERREICH			
DM	öS	öS	DM
0,10	0,70	1,—	0,14
0,20	1,40	2,—	0,29
0,50	3,50	5,—	0,71
1,—	7,—	10,—	1,43
2,—	14,—	20,—	2,86
3,—	21,—	30,—	4,29
4,—	28,—	40,—	5,71
5,—	35,—	50,—	7,14
6,—	42,—	60,—	8,57
7,—	49,—	70,—	10,00
8,—	56,—	80,—	11,43
9,—	63,—	90,—	12,86
10,—	70,—	100,—	14,29
100,—	700,—	1000,—	142,86

3. Der Funktionsbegriff im Unterricht   143

Skala

Die Skala der preisanzeigenden Waage zeigt das Gewicht und den zugehörigen Preis einer Ware, wenn man den Preis für 1 kg einstellt.

```
|1,50        2           2,50  | DM
|0,600 0,700 0,800 0,900 1,000 | kg

|2,00    2,50    3,00    | DM
|0,400   0,500   0,600   | kg
```

Zuordnungsvorschrift

Das Normalgewicht eines Mannes hängt von seiner Körpergröße ab. Man findet es nach der Vorschrift:

Körpergröße in cm - 100

Schaubild

Beim Würzburger Pegel wird laufend der Wasserstand des Mains aufgezeichnet. An dem Schaubild kann man für jeden Zeitpunkt die zugehörige Wasserhöhe ablesen.

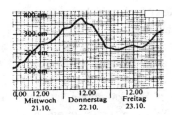

An diesen Sachsituationen wird deutlich, daß man zwei Grundaufgaben stellen kann:
 a) Gesucht ist bei gegebener 1. Größe die zugeordnete 2. Größe.
 b) Gesucht ist bei gegebener 2. Größe die zugehörige 1. Größe.

Mit Hilfe der Darstellungen lassen sich diese Aufgaben durch Ablesen, durch Überlegen, durch Schätzen, durch Rechnen oder unter Umständen auch gar nicht lösen.

Viele der betrachteten Situationen erinnern an konkret erlebte Situationen aus der Umwelt. Die Schüler können sie sich leicht vorstellen. Die benötigten Angaben oder Hinweise können dem Buch, einem Arbeitsblatt oder einer Folie entnommen werden. Man sollte sich aber nicht die Gelegenheit entgehen lassen, den Schülern selbst die Möglichkeit zu geben, im Unterricht durch einfache *Schülerversuche* Daten zu gewinnen und Zusammenhänge zu erforschen. Dies sollte auch noch in den folgenden Unterrichtsphasen immer wieder an geeigneten Stellen geschehen. Man sollte darauf achten, daß derartige Aufgabenstellungen auch immer Problemstellungen enthalten, die durch Überlegungen mit Hilfe der gefundenen Daten ermittelt werden können. Im folgenden gebe ich einige Beispiele, die erprobt sind und dem Physikunterricht nicht vorgreifen, sondern ohne großen Aufwand in der 7. Jahrgangsstufe durchgeführt werden können (VOLLRATH 1978 b).

Beispiele: (1) Gewicht von Nägeln in Abhängigkeit von der Stückzahl.
Meßgeräte: Briefwaage
Material: Nägel gleicher Art
Problem: In einer Tüte befindet sich eine unbekannte Anzahl dieser Nägel. Wie kann man sie durch Wiegen ermitteln ohne die Tüte zu öffnen?

(2) Gewicht von Kabelstücken in Abhängigkeit von der Länge
Meßgeräte: Briefwaage, Lineal mit Skala
Material: Kabelstücke zwischen 5 und 30 cm.
Problem: An einem Kabelstück ist eine Schelle montiert. Wie kann man das Gewicht der Schelle bestimmen, ohne sie abzumontieren?

(3) Gewicht von Papprechtecken in Abhängigkeit vom Flächeninhalt
Meßgeräte: Briefwaage, Lineal mit Skala
Material: Papprechtecke gleicher Stärke
Problem: Der Flächeninhalt eines krummlinig begrenzten Pappstücks soll bestimmt werden. Wie kann man aus dem Gewicht den Flächeninhalt ermitteln?

Bei allen Versuchen bietet es sich an, die gefundenen Meßwerte zunächst in einer Tabelle zu notieren und dann die zugehörigen Punkte in ein

3. Der Funktionsbegriff im Unterricht   145

Achsenkreuz mit passend gewählten Einheiten einzutragen. Die Meßpunkte können durch eine Gerade angenähert werden. Der Modellbildungscharakter tritt hierbei sehr deutlich zutage. Am Schaubild löst man dann auch leicht die gestellten Probleme.

3.3. Entdeckung von Funktionseigenschaften

Die Sicht der Funktionen ändert sich bei den Lernenden grundlegend, wenn sie die Proportionalität und die Antiproportionalität als Eigenschaft erfassen.

Eine Funktion $f: x \to f(x)$, $x \in \mathbb{Q}^+$, heißt
proportional, wenn gilt

$$f(rx) = rf(x) \text{ für alle } r \in \mathbb{Q}^+, x \in \mathbb{Q}^+,$$

antiproportional, wenn gilt

$$f(rx) = \frac{1}{r} f(x) \text{ für alle } r \in \mathbb{Q}^+, x \in \mathbb{Q}^+.$$

Man kann diese Eigenschaft besonders gut an Tabellen feststellen:
Beispiel:

Gewicht	Preis		Leistung	Zeit
·3 ⌒ 50 g	1,20 DM ⌒		·3 ⌒ 20 W	6 h ⌒
⌄ 150 g	3,60 DM ⌄) ·3		⌄ 60 W	2 h ⌄) :3

Mit Hilfe der Operatoren kann man die Grundaufgabe lösen, bei Kenntnis eines Paars zu gegebener 1. Größe die zugehörige 2. Größe zu bestimmen. Dabei ist es häufig zweckmäßig, in einem zusätzlichen Schritt über die Einheit zu gehen.

Beispiel:
4 Brötchen wiegen 200 g. Wieviel g wiegen 6 dieser Brötchen?

Mit 3 Pumpen gleichen Typs ist ein Keller in 8 h leergepumpt. Wie viele h benötigen 2 Pumpen dieses Typs?

Proportionale Funktion

Anzahl	Gewicht
4	200 g
1	50 g
6	300 g

:4 ⟍ ⟋ :4
·6 ⟋ ⟍ ·6

Antiproportionale Funktion

Anzahl	Zeit
3	8 h
1	24 h
2	12 h

:3 ⟍ ⟋ ·3
·2 ⟋ ⟍ :2

Man erkennt in diesen Tabellen das alte "Dreisatzschema" wieder. Es ist hier jedoch in den Kontext der Funktionen eingebunden.

Bei ADAM RIES (1492-1559) wurden derartige Aufgaben völlig schematisch gelöst:

"Dreisatz ist eine Regel von drei Dingen. Setze hinten, was du wissen willst: es heißt die Frage. Das Ding unter den anderen beiden, das die gleiche Benennung hat, setze in die Mitte. Danach multipliziere, was hinten und in der Mitte steht, miteinander. Was herauskommt, teile durch das vordere Ding. So erhältst du, wie teuer das dritte Ding kommt."
(DESCHAUER 1992)

Die Aufgabe: 3 Ellen Stoff kosten 9 Gulden. Wieviele Gulden kosten 4 Ellen? werden also nach folgendem Schema gelöst:

```
Ellen    Gulden    Ellen
  3   ---- 9 ----    4
                     ×
                     9
                    ----
                 36:3 = 12
```

3. Der Funktionsbegriff im Unterricht 147

Dies ist das klassische Dreisatzschema. Es stellte einen großen Fortschritt dar, denn damit konnten weite Kreise der Bevölkerung selbst derartige Aufgaben lösen. Allerdings blieb ihnen das Verständnis für den Lösungsweg verschlossen.

Zu Beginn des vorigen Jahrhunderts wird die Aufgabe argumentativ gelöst, so daß Verständnis zu erwarten ist:
>Da 3 Ellen Stoff 9 Gulden kosten, so kostet 1 Elle den 3. Teil von 9 Gulden, also 3 Gulden.
>Mithin kosten 4 Ellen Stoff 4 mal so viel wie eine Elle, also 12 Gulden.

In der 1. Hälfte unseres Jahrhunderts setzt sich dann das Lösungsschema in folgender Form durch (in geänderten Einheiten):
>3 Meter Stoff kosten 9 Mark.
>1 Meter Stoff kostet 9 Mark : 3 = 3 Mark.
>4 Meter Stoff kosten 3 Mark · 4 = 12 Mark.

War bei Adam Ries "Dreisatz" ein Aufgabentyp, bei dem 3 *Zahlen* gegeben und eine 4. gesucht ist, so war nun daraus ein Verfahren mit 3 *Sätzen* geworden. Man konnte sie auch so formulieren:
>*Wenn* 3 m Stoff 9 DM kosten,
>*dann* kostet 1 m Stoff 9 DM : 3 = 3 DM.
>*Wenn* 1 m Stoff 3 DM kostet,
>*dann* kosten 4 m Stoff 3 DM · 4 = 12 DM.

Diese "Wenn - dann - Formulierungen" legen einen logischen Schluß nahe. Deshalb wurde auch die Bezeichnung "Schlußrechnung" gebräuchlich. Es ist daher nicht verwunderlich, wenn als Begründung für die Schlußrechnung im Unterricht die Schulung des logischen Schließens durch diesen Aufgabentyp angeführt wird (z.B. LIETZMANN/STENDER 1961, S. 98). KIRSCH konnte in einer gründlichen Analyse zeigen, daß dieses Verfahren gerade nicht auf logischen Schlußregeln beruht, sondern auf Funktionseigenschaften. Eine Schulung des logischen Denkens ist damit sicher nicht zu erreichen (KIRSCH 1969).

In der Diskussion um die Schlußrechnung wurde vor allem vom Mathematikunterricht des Gymnasiums her dafür plädiert, statt des Dreisatzes lieber so lange zu warten, bis man mit den Gleichungen ein schlagkräftiges Instrument zur Lösung dieser Aufgaben hat (z.B. FLADT 1950, S. 42).

Inzwischen hat sich weitgehend die Erkenntnis durchgesetzt, daß dieser Aufgabentyp überhaupt nur unter dem Gesichtspunkt von Funktionen in seinem Kern verstanden werden kann (s. VOLLRATH 1993 a). Man sollte deshalb auch bei den Lösungsverfahren auf Funktionseigenschaften zurückgreifen.

Dies kann in den verschiedenen Darstellungen der Funktionen geschehen. Beispiel: 6 kg Äpfel kosten 18 DM. Wieviel DM kosten 8 kg dieser Äpfel?

Sprachliche Darstellung:
6 kg Äpfel kosten 18 DM.
1 kg Äpfel ist ein Sechstel davon,
es kostet also auch ein Sechstel;
d.h. 18 DM:6 = 3 DM.
1 kg Äpfel kostet demnach 3 DM.
8 kg Äpfel sind 8 mal so viel,
sie kosten also auch 8 mal so viel;
d.h. 3 DM · 8 = 24 DM.
8 kg Äpfel kosten demnach 24 DM.

Dies ist im Grunde das klassische Dreisatzschema.

Tabelle:

	Gewicht	Preis	
: 6	6 kg	18 DM	: 6
· 8	1 kg	3 DM	· 8
	8 kg	24 DM	

Dieses Verfahren hat sich heute im Unterricht vor allem in der Hauptschule weitgehend durchgesetzt.

3. Der Funktionsbegriff im Unterricht

Man kann mit den Schülern herausarbeiten, daß proportionale Funktionen wachsend und antiproportionale Funktionen fallend sind. Man wird diese beiden Eigenschaften ebenso wie die Funktionalgleichung verbal formulieren, etwa:

Zum r-fachen gehört das r-fache.	(proportional)
Zum r-fachen gehört der r-te Teil.	(antiproportional)
Je mehr - desto mehr.	(wachsend)
Je mehr - desto weniger.	(fallend)

Nur wenn von vornherein klar ist, daß nur Proportionalität oder Antiproportionalität vorliegen, genügt es, die beiden Eigenschaften für Tests zu nehmen. Sowohl im Hinblick auf den Funktionsbegriff als auch auf das tägliche Leben wäre es aber unzweckmäßig, ausschließlich Proportionalitäten und Antiproportionalitäten im Unterricht zu behandeln.

Weitere Eigenschaften die an den Tabellen proportionaler Funktionen entdeckt werden können, lassen sich ebenfalls zum Lösen von Aufgaben verwenden. Dies sind die folgenden:

Verhältnisgleichheit:

$$\frac{x_1}{x_2} = \frac{f(x_1)}{f(x_2)}$$

Beispiel:

Gewicht	Preis
6 kg	18 DM
8 kg	x DM

$$\frac{6}{8} = \frac{18}{x}$$
$$x = 24$$

Dieses Verfahren wird noch heute vielfach am *Gymnasium* verwendet.

Quotientengleichheit:

$$\frac{f(x)}{x} = a$$

Diese Eigenschaft dient besonders bei der Auswertung von physikalischen Versuchen als Proportionalitätstest.

Beispiel: Man mißt bei Blechdosen Umfang und Durchmesser und erhält:

d	U	$\frac{U}{d}$
cm	cm	
10	31	3,1
12	36	3,0
15	48	3,2
18	56	3,1

Der Quotient liefert in diesem Fall einen Näherungswert für π.

Aus der Quotientenkonstanz ergibt sich auch unmittelbar die Funktionsgleichung mit dem **Proportionalitätsfaktor**

$$f(x) = ax.$$

Aus der Tabelle läßt sich der Faktor a als Quotient $f(x) : x$ bestimmen. Man kann a aber auch als denjenigen Funktionswert erhalten, der der 1 zugeordnet ist: $f(1) = a$.

Beispiel: 6 kg Äpfel kosten 18 DM. Wieviel DM kosten 8 kg?

Man erkennt unmittelbar, daß $a = 3 \frac{DM}{kg}$ beträgt.

Damit ergibt sich: 8 kg Äpfel kosten

$$3 \frac{DM}{kg} \cdot 8 \text{ kg} = 24 \text{ DM}.$$

An der Tabelle kann man auch gut eine weitere Eigenschaft erkennen, die **Additivität**

$$f(x_1 + x_2) = f(x_1) + f(x_2).$$

Beispiel:

3. Der Funktionsbegriff im Unterricht

Gewicht	Preis
6 kg	18 DM
8 kg	24 DM
14 kg	42 DM

Auch diese Eigenschaft läßt sich zur Bestimmung weiterer Wertepaare verwenden.

Wir haben also einen ganzen Katalog von Eigenschaften gefunden. Die Funktionen können damit als Träger von Eigenschaften erkannt werden. Allerdings sind die gefundenen Eigenschaften keineswegs selbstverständlich und auch nicht bei allen Funktionen vorhanden. Man kann dies den Schülern klarmachen, indem man nicht nur proportionale Warenmenge - Preis - Funktionen betrachtet, sondern als Kontrastbeispiele auch andere Fälle aus der Umwelt studiert.

Aufgaben wie "6 kg Zucker kosten 8 DM, wieviel DM kosten 225 g" sind mit der oben gezeigten Technik leicht zu lösen, werden aber nicht der Wirklichkeit gerecht, da vom Handel derartige Warenmengen im allgemeinen nicht mehr abgegeben werden. So ist der Käufer unter Umständen gezwungen, wenigstens 250 g Zucker zu kaufen, wenn er 225 g haben will. Weiter ist es allgemein üblich, beim Abnehmen größerer Warenmengen einen Rabatt zu vereinbaren. Dadurch ist die Proportionalität nicht mehr für den ganzen Warenbereich gewährleistet. Schließlich ist bei manchen Waren, etwa bei elektrischer Energie, zunächst eine Grundgebühr zu bezahlen. Auch dadurch wird die Proportionalität zerstört. Bei einer Parkuhr muß man sich vorher für eine bestimmte Parkzeit entscheiden. Es kann sein, daß man dabei "zu viel" zahlt, denn man bekommt für nicht ausgenutzte Zeit kein Geld heraus. Die Ware-Preis-Zuordnung ist also in diesem Fall keine Funktion. Solche Beispiele aus dem täglichen Leben legen es nahe, den Bereich der zu betrachtenden Ware - Preis - Zuordnungen für den Unterricht zu erweitern. Sie können mit Hilfe von Tabellen und graphischen Darstellungen durchaus angegangen werden.

Strommodell

Der Preis der im Haushalt verbrauchten elektrischen Energie setzt sich zusammen aus dem Grundpreis und dem Preis pro kWh. Die graphische Darstellung ergibt eine Gerade, die nicht durch den Ursprung des Koordinatensystems geht.

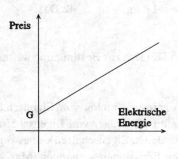

Parkhausmodell

Beim Parken in einem Parkhaus ist ein Grundbetrag G zu entrichten, der das Parken bis zu einer Zeitdauer von 1 Stunde gestattet. Für jede weitere Stunde ist ein bestimmter Betrag p zu entrichten. Schließlich treten Sondervereinbarungen in Kraft. Die graphische Darstellung ergibt eine Treppenfunktion.

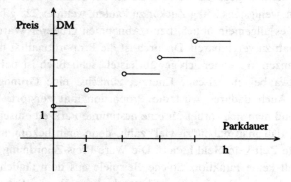

3. Der Funktionsbegriff im Unterricht

Heizölmodell

Kauft man Heizöl unter Inanspruchnahme von Mengenrabatt ein, so erhält man als Ware-Preis-Relation eine stückweise proportionale Funktion.

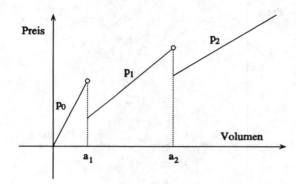

Das ist jedoch noch nicht die optimale Funktion.

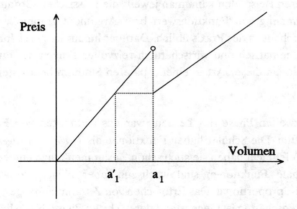

Die Figur zeigt, daß es unzweckmäßig ist, im Bereich (a'_1, a_1) die wirklich gekaufte Ware zu bezahlen. Es ist besser, die Menge a_1 zu kaufen und, falls man nur $x \in (a'_1, a_1)$ abnehmen kann, weil vielleicht der Tank zu klein ist, den Rest $a_1 - x$ dem Händler zu schenken.

Die optimale Einkaufsfunktion ergibt sich also durch "Abschneiden der Spitzen". Man erhält als Graphen

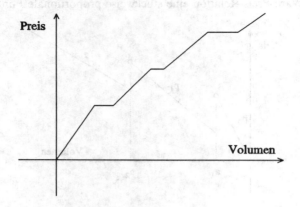

Bei all diesen Beispielen kann man jeweils die klassischen Grundaufgaben der Bestimmung von Funktionswert bzw. Argument graphisch zu lösen. Das ist durchaus in der Praxis üblich. Darüber hinaus lassen sich noch eine Reihe mathematisch und wirtschaftlich reizvoller Fragen bei Funktionen und Relationen dieser Art in einem späteren Stadium bearbeiten (VOLLRATH 1973).

Ziel der zweiten Phase des Lernens war das Entdecken von Funktionseigenschaften. Die Schüler haben Funktionen als *Träger von Eigenschaften* erfahren. Vielleicht haben sie auch schon Zusammenhänge entdeckt, etwa: Proportionale Funktionen sind wachsend, aber nicht jede wachsende Funktion ist proportional. Das Erforschen von Zusammenhängen zwischen diesen Eigenschaften ist Gegenstand der nächsten Phase. Natürlich können solche Zusammenhänge erst nachgewiesen werden, wenn die Eigenschaften selbst bewiesen werden können. Bisher haben die Schüler meist durch Rückgriff auf die Anschauung oder auf Einzelfälle argumentiert. Mit der Termdarstellung und der Darstellung durch eine Funktionsgleichung werden nun Beweise möglich.

3. Der Funktionsbegriff im Unterricht

3.4. Aufdecken von Zusammenhängen

Die Betrachtung proportionaler und antiproportionaler Funktionen in der 7. Jahrgangsstufe erfolgte vor der Einführung der negativen Zahlen. Im Achsenkreuz wurde deshalb auch nur der 1. Quadrant betrachtet. Die Graphen sind also Halbgeraden bzw. Hyperbeläste.

In der 8. Jahrgangsstufe ist nun erst einmal die Erweiterung auf das vollständige Achsenkreuz vorzunehmen. Zweckmäßig ist es, die Betrachtung mit der Termdarstellung zu verbinden. Proportionale Funktionen haben die Termdarstellung

$$x \to ax.$$

Funktionen mit der Termdarstellung

$$x \to ax + b$$

werden lineare Funktionen genannt. Die Bezeichnung *linear* erinnert an die gerade *Linie*, die sich als Graph ergibt. Beginnen wir mit den proportionalen Funktionen.

Zunächst wird eine Beziehung zwischen a und dem Verlauf des Graphen hergestellt. Man erhält eine Aussage, die man durchaus als Satz formulieren kann:

> Der Graph von $x \to ax$ ist eine Gerade durch den Ursprung. Die Gerade ist
> steigend für $a > 0$,
> die x-Achse für $a = 0$,
> fallend für $a < 0$.

Der Beweis, daß es sich um eine Gerade handelt, ist auf dieser Altersstufe praktisch nicht zu erbringen. Die Wirkung von a kann man der Anschauung entnehmen, es ist aber auch eine formale Argumentation möglich:

> Sei $x_1 < x_2$, dann folgt für $a > 0$: $ax_1 < ax_2$,
> die Gerade ist also steigend;
> dagegen folgt für $a < 0$: $ax_1 > ax_2$,
> die Gerade ist fallend.
> Daß $a = 0$ die x-Achse liefert, ist unmittelbar klar.

Dieser Beweis macht die Nähe des Sachverhalts zu den Umformungen von Ungleichungen deutlich. Man kann die geometrische Bedeutung auch mit dem Steigungsdreieck zeigen.

IV. Funktionen

Nachdem man die Termdarstellung der proportionalen Funktion betrachtet hat, liegt es nahe, nun allgemein die Termdarstellung der linearen Funktion näher zu studieren. Zunächst wird man wieder versuchen, eine Beziehung zwischen dem Graphen und den Koeffizienten herzustellen.

Auch hier kann man nun wieder einen Satz angeben, der eine Beziehung zwischen den Koeffizienten und dem geometrischen Verhalten herstellt. Für a = 0 erhält man *konstante* Funktionen.

Man erkennt nun erste Zusammenhänge zwischen den Eigenschaften:
Die *proportionalen* Funktionen sind
besondere *lineare* Funktionen.

Lineare Funktionen können *wachsende* Funktionen, *fallende* Funktionen oder *konstante* Funktionen sein.

Mit leistungsfähigeren Schülern kann man auch noch intensiver die früher gefundenen Eigenschaften betrachten. Man kann ohne besondere Schwierigkeiten zeigen:
Hat die Funktion die Termdarstellung
x → ax, so ist sie proportional.
Ist die Funktion f proportional, so hat
sie die Termdarstellung x → ax.

Hierbei ist allerdings erforderlich, einen Namen f für die Funktionen einzuführen und die Schreibweise f(x) zu benutzen. Dann lassen sich alle in der 7. Jahrgangsstufe gefundenen Eigenschaften ausdrücken und werden Beweisen zugänglich. Beispielsweise verläuft dann der Beweis für die beiden Behauptungen wie folgt:
Aus f(x) = ax folgt f(rx) = a(rx) = r(ax) = rf(x).
Umgekehrt folgt aus f(rx) = rf(x) für x = 1
f(r) = rf(1). Bezeichnet man f(1) = a, so hat man
f(r) = ar. Nun braucht man nur noch umzubenennen:
r = x und erhält f(x) = ax.

3. Der Funktionsbegriff im Unterricht

Den zweiten Schluß kann man auch weniger formal an einer Tabelle führen:

$$\cdot x \begin{pmatrix} x & y \\ \hline 1 & a \\ x & ax \end{pmatrix} \cdot x$$

Wesentlich einfacher ist es natürlich, von der Termdarstellung auf Quotientenkonstanz und umgekehrt von Quotientenkonstanz auf die Termdarstellung zu schließen.

Einfach ist auch der Schluß von der Termdarstellung auf die Additivität. Die Umkehrung ist wesentlich schwieriger. Man braucht zusätzlich Stetigkeit oder ähnlich gewichtige Eigenschaften (s. ACZÉL 1961).

3.5. Entdeckung neuer Funktionstypen

In der 8. Jahrgangsstufe können die Schüler mit den Betragsfunktionen und den Treppenfunktionen neue Funktionen kennenlernen, die einerseits in engem Zusammenhang mit linearen Funktionen stehen, andererseits aber als Kontrastbeispiele dienen können, um verengten Vorstellungen zum Funktionsbegriff vorzubeugen. Sie lassen sich innermathematisch, aber auch von den Anwendungen her motivieren.

(1) Betragsfunktionen
Bei der Behandlung negativer Zahlen wird die Betragsfunktion eingeführt. Häufig wird sie jedoch den Schülern nicht als Funktion bewußt. Das führt dann zu erheblichen Schwierigkeiten beim Variablenverständnis. So neigen Schüler zum Fehler, die Gleichung
$$|-a| = a$$
für allgemeingültig über $\mathbb{R}$ zu halten.
Bei einer ausführlichen Behandlung der Betragsfunktion wird man definieren:

IV. Funktionen

$$|x| = \begin{cases} x & \text{für } x \geq 0 \\ -x & \text{für } x < 0 \end{cases}$$

Bei der Berechnung von Beträgen muß man auf diese Definition zurückgreifen. Also:

$|-2| = -(-2) = 2$, denn $-2 < 0$.

$|\frac{1}{3}| = \frac{1}{3}$, denn $\frac{1}{3} \geq 0$.

Dann ist in enger Anlehnung an den Graphen ein Katalog von Eigenschaften dieser Funktion zu erarbeiten:

$$\begin{aligned} |-x| &= |x| \\ |xy| &= |x| \cdot |y| \\ |x+y| &\leq |x| + |y| \\ ||x|+|y|| &= |x| + |y| \\ |x-y| &= |y-x| \\ |x+y| &\geq |x| - |y| \\ ||x|| &= |x| \end{aligned}$$

Mit dem Hervorheben dieser Eigenschaften schafft man zugleich Möglichkeiten, einfache Beweise in der Algebra führen zu lassen.

Mit Hilfe eines Programms zum Zeichnen von Funktionsgraphen kann man bei Funktionen wie $x \to a|x-b|+c$ die Wirkung der Koeffizienten auf den Graphen studieren.

Dies ist eine Vorbereitung für entsprechende Untersuchungen an quadratischen Funktionen in der 9. Jahrgangsstufe und an Exponentialfunktionen und trigonometrischen Funktionen in der 10. Jahrgangsstufe.

Die Betragsfunktion liefert auch interessante Beispiele zum Thema Gleichungen und Ungleichungen.

Beispiel: $|x - 1| = 1$

Gesucht sind für die Funktion mit $y = |x - 1|$ diejenigen x-Werte, für die $y = 1$ gilt. Man kann die Gleichung graphisch lösen, aber auch durch Fallunterscheidung.

3. Der Funktionsbegriff im Unterricht 159

(2) Treppenfunktionen
Bei den nicht-proportionalen Ware-Preis-Funktionen haben die Schüler erste Beispiele für *Treppenfunktionen* kennengelernt. So gilt z.b. für Paketporto in Abhängigkeit vom Gewicht (1. Zone):

6,00 DM für 0 kg < x ≤ 5 kg
6,60 DM für 5 kg < x ≤ 6 kg
7,30 DM für 6 kg < x ≤ 7 kg
7,90 DM für 7 kg < x ≤ 8 kg
8,60 DM für 8 kg < x ≤ 9 kg
9,20 DM für 9 kg < x ≤ 10 kg
9,90 DM für 10 kg < x ≤ 12 kg
11,50 DM für 12 kg < x ≤ 14 kg
12,90 DM für 14 kg < x ≤ 16 kg
14,30 DM für 16 kg < x ≤ 18 kg
15,70 DM für 18 kg < x ≤ 20 kg

Die graphische Darstellung legt unmittelbar den Namen Treppenfunktion nahe. Man kann sie definieren als *stückweise konstante* Funktionen. Im allgemeinen sind höchstens abzählbar viele Sprungstellen zugelassen.

Mit Hilfe der *charakteristischen* Funktionen kann man auch eine Termdarstellung erhalten. Die charakteristische Funktion f_M einer Menge M ist definiert durch:

$$f_M(x) = \begin{cases} 0 & \text{für } x \notin M \\ 1 & \text{für } x \in M \end{cases}$$

Damit kann man die obige Portofunktion in der Termdarstellung schreiben:

$$\begin{aligned}
f(x) = &\quad 6{,}00 \text{ DM} \cdot f_{(0kg;5kg]}(x) + 6{,}60 \text{ DM} \cdot f_{(5kg;6kg]}(x) \\
&+ 7{,}30 \text{ DM} \cdot f_{(6kg;7kg]}(x) + 7{,}90 \text{ DM} \cdot f_{(7kg;8kg]}(x) \\
&+ 8{,}60 \text{ DM} \cdot f_{(8kg;9kg]}(x) + 9{,}30 \text{ DM} \cdot f_{(9kg;10kg]}(x) \\
&+ 9{,}90 \text{ DM} \cdot f_{(10kg;12kg]}(x) + 11{,}50 \text{ DM} \cdot f_{(12kg;14kg]}(x) \\
&+ 12{,}90 \text{ DM} \cdot f_{(14kg;16kg]}(x) + 14{,}30 \text{ DM} \cdot f_{(16kg;18kg]}(x) \\
&+ 15{,}70 \text{ DM} \cdot f_{(18kg;20kg]}(x)
\end{aligned}$$

Mit den modernen Algebra-Programmen ist es ohne weiteres möglich, die charakteristischen Funktionen zu definieren und dann z.B. die Portofunktion unmittelbar in der Termdarstellung einzugeben und am Bildschirm darstellen zu lassen.

Als weiteres Beispiel sei die Behandlung des Rundungsproblems mit Hilfe von Treppenfunktionen (WELLSTEIN 1977) skizziert. Bei der Behandlung der Dezimalbrüche in der Jahrgangsstufe 6 werden meist auch die Rundungsregeln behandelt. Das Verständnis läßt sich in der Jahrgangsstufe 8 bei der Einführung in den Funktionsbegriff vertiefen. Man kann Rundungsfunktionen r_i definieren, die einer reellen Zahl x die auf die i-te Dezimale gerundete Zahl $r_i(x)$ zuordnen (i = 0,...). Diese Funktionen sind Treppenfunktionen. Man wird für einige von ihnen zunächst Tabellen und graphische Darstellungen anlegen. Die Schüler erkennen, daß die Stufen links abgeschlossen und rechts offen sind. Sie vergleichen die Lage der Sprungstellen bei den verschiedenen Rundungsfunktionen und stellen fest, daß mit wachsender Genauigkeit (wachsendem i) die Stufen kürzer und niedriger werden. Man kann diese Funktionen auch darstellen mit Hilfe der *Ganzteilfunktion*: [x] ist diejenige ganze Zahl g mit g≤ x < g+1. Damit erhält man die Termdarstellung der Rundungsfunktionen:

$$r_i(x) = \frac{1}{10^i} [10^i \cdot x + 0{,}5], \quad i = 0,1...$$

In der 9. Jahrgangsstufe lernen die Schüler im Zusammenhang mit dem Quadrieren einen neuen Funktionstyp kennen, der den Vorrat bekannter Funktionen erweitert.

(3) Quadratische Funktionen
Zunächst wird die Funktion x → x^2 betrachtet. Ihr Graph ist eine Parabel, die sogenannte "Normalparabel". Diese Bezeichnung bezieht sich sowohl auf ihre Form als auch auf ihre Lage im Koordinatensystem. Es wird zunächst die Symmetrie des Graphen zur y-Achse erarbeitet. Der Scheitel der Parabel läßt sich unabhängig von der Lage der Parabel als Schnitt der Parabel mit der Symmetrieachse definieren.

Zur allgemeinen quadratischen Funktion x → $ax^2 + bx + c$, a ≠ 0, gelangt man schrittweise.

3. Der Funktionsbegriff im Unterricht

Verschiebung in Richtung der y-Achse
Am einfachsten ist es für die Schüler, die Wirkung von c in $x \to x^2 + c$ zu erkennen. Ist $c > 0$, so wird die Parabel nach oben verschoben, für $c < 0$, nach unten.

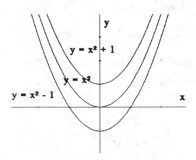

Diese Vorgänge lassen sich sehr gut am Bildschirm des Computers beobachten.

Verschiebung in Richtung der x-Achse
Etwas schwieriger ist es, die Verschiebung in Richtung der x-Achse zu beschreiben.
Beispiele:

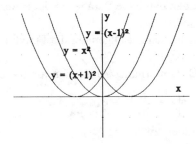

Scheitelform
Verschiebung in Richtung der x-Achse um x_s und in Richtung der y-Achse um y_s führen auf die Gleichung
$$y = (x-x_s)^2 + y_s.$$

Dies ist die *Scheitelgleichung* der Parabel, denn $S = (x_s; y_s)$ ist der Scheitel der Parabel. Diese Gleichung kann umgeformt werden in eine Gleichung der Form $y = x^2 + bx + c$.

Streckungen-Stauchungen-Spiegelungen
Stellt man die Funktionen

$$x \to x^2, \quad x \to 2x^2, \quad x \to \frac{1}{2} x^2$$

dar, daran erkennt man, daß der Koeffizient a in $x \to ax^2$ eine "Streckung" bzw. eine "Stauchung" bewirkt.

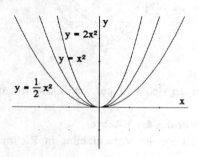

Im nächsten Schritt wird man auch noch negative Koeffizienten a zulassen. Dabei erkennt man, daß damit die Parabel an der x-Achse gespiegelt wird.

Damit hat man die Möglichkeit allgemein die Funktion
$$f(x) = ax^2 + bx + c$$
zu betrachten. Durch Umformung erhält man für $a \neq 0$:

$$f(x) = a\left(x + \frac{b}{2a}\right)^2 + c - \frac{b^2}{4a}.$$

Als Scheitel der Parabel ergibt sich:

$$(-\frac{b}{2a}; c - \frac{b^2}{4a}).$$

Betrachtet man diese allgemeine Darstellung des Scheitels, so wird deutlich, daß der Scheitel auch vom Parameter a abhängig ist. Dies kann man mit Hilfe des Computers sehr schön deutlich machen.

3. Der Funktionsbegriff im Unterricht

Beispiel: Darstellung der Funktionen $f(x) = ax^2 - 2x - 1$

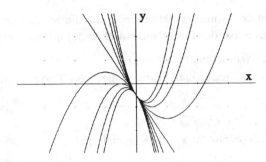

Indem man durch quadratische Ergänzung den Scheitel bestimmt, bestimmt man zugleich die Extremwerte quadratischer Funktionen. Man erhält damit einen algebraischen Zugang zu diesem Thema, den man als Vorbereitung auf die Kurvendiskussionen der Sekundarstufe II sehen kann (SCHUPP 1992).

Beispiel: Welches Rechteck mit dem Umfang U hat größten Flächeninhalt?

Das Rechteck mit den Seitenlängen a und b hat den Umfang U und den Flächeninhalt A.
Es gilt: $U = 2a + 2b$; $A = ab$.
Daraus ergibt sich

$$A = a(\frac{U}{2} - a) = -a^2 + a \cdot \frac{U}{2}.$$

Mit $a = x$; $A = y$ erhält man die Gleichung

$$y = -x^2 + \frac{U}{2}x.$$

Ihre Scheitelform ist:

$$y = -(x - \frac{U}{4})^2 + \frac{U^2}{16}.$$

Das Maximum wird für $x_m = \frac{U}{4}$ angenommen: Die andere Seitenlänge ist dann ebenfalls $\frac{U}{4}$. Das Rechteck größten Flächeninhalts bei gegebenem Umfang ist also ein Quadrat.
Der maximale Funktionswert ist $y_m = \frac{U^2}{16}$.

3.6. Das Problem der Umkehrfunktion

Dem Problem der Umkehrfunktion begegnen die Schüler erstmals in der 9. Jahrgangsstufe bei der Beziehung zwischen der quadratischen Funktion $x \to x^2$ und der Wurzelfunktion $x \to \sqrt{x}$.
Zunächst erkennt man, daß Wurzelziehen das Quadrieren rückgängig macht:

$$\sqrt{x^2} = x$$

Dies gilt allerdings nur für $x \geq 0$. Allgemein gilt

$$\sqrt{x^2} = |x|$$

Dies ist ein für die Behandlung der quadratischen Gleichungen zentraler Sachverhalt.

Betrachtet man die Graphen von

$$x \to x^2 \quad \text{und} \quad x \to \sqrt{x}$$
$$\text{für } x \geq 0,$$

so erkennt man, daß es sich um Parabelstücke handelt. Sie liegen spiegelbildlich zur 1. Winkelhalbierenden.

Man erhält also für eine umkehrbare Funktion den Graphen der Umkehrfunktion, indem man den Graphen der Funktion an der 1. Winkelhalbierenden spiegelt:

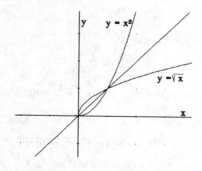

Damit wird zugleich deutlich, daß eine Funktion höchstens dann eine Umkehrfunktion besitzt, wenn das Spiegelbild des Graphen an der 1. Winkel-

3. Der Funktionsbegriff im Unterricht

halbierenden wieder Graph einer Funktion ist.
Algebraisch kann man die Gleichung der Umkehrfunktion durch Vertauschung der Variablen erhalten.

Beispiel: $f: x \to 2x + 3$
Gleichung der Funktion: $y = 2x + 3$
Vertauschung der Variablen: $x = 2y + 3$
Gleichung der Umkehrfunktion durch Auflösung
nach y: $y = \frac{1}{2}x - \frac{3}{2}$ $\bar{f}: x \to \frac{1}{2}x - \frac{3}{2}$

Bei nicht umkehrbaren Funktionen kann man die durch Vertauschung der Variablen entstandene Gleichung nicht eindeutig nach y auflösen.

Umkehrfunktionen werden vor allem in der 10. Jahrgangsstufe jeweils bei den neu betrachteten Funktionstypen bestimmt. Dabei zeigt es sich, daß in vielen Fällen Einschränkungen des Definitionsbereichs nötig sind, wie wir das ja auch hier bei den quadratischen Funktionen gesehen haben.

Man sollte bei der Betrachtung von Umkehrfunktionen nicht versäumen, auf die zugehörigen Tasten des Taschenrechners zu verweisen. Die Taste [INV] kehrt die jeweiligen Funktionen um.

Beispiel: 3 [log] [INV] [log] 3 ; 3 [sin] [INV] [sin] 3

3.7. Funktionen und Relationen

Die Reformbestrebungen in den sechziger Jahren sahen es als einen Fortschritt an, Funktionen als linkstotale und rechtseindeutige Relationen *definieren* zu können. Wir haben gesehen, daß sich ein so grundlegender Begriff wie der Funktionsbegriff in Verständnis der Schüler *entwickeln* muß. Keinesfalls steht eine Definition wie die eben angegebene am Anfang des Lernprozesses. Andererseits hat es durchaus Sinn, über den Funktionsbegriff im Unterricht grundlegender nachzudenken. Man strebt dann ein *kritisches Begriffsverständnis* an. Dies wird sicher erst in der Sekundarstufe

IV. Funktionen

II zu erreichen sein. Doch bieten sich auch bereits in der Sekundarstufe I Ansatzpunkte. Ich sehe hier in erster Linie die Betrachtungen zur Umkehrfunktion in der 9. Jahrgangsstufe. Dort betrachtet man ja die Graphen quadratischer Funktionen. Die Normalparabel ist Graph der Funktion $x \to x^2$. Man kann sie als Punktmenge beschreiben:

$$\{(x;y) \mid y = x^2\}.$$

Spiegelt man die Parabel an der 1. Winkelhalbierenden, so bedeutet dies in der Punktmenge die Vertauschung der Koordinaten. Die gespiegelte Parabel ist die Punktmenge

$$\{(x;y) \mid x = y^2\}.$$

Natürlich ist diese Punktmenge nicht Graph einer Funktion, denn Parallelen zur y-Achse haben unter Umständen 2 Punkte mit der Kurve gemeinsam.

Man kann die Punktmenge jedoch als Graph einer *Relation* ansehen. Allgemein kann man eine Relation r mit Hilfe einer Aussageform A erklären:

x r y genau dann, wenn A(x,y),

bzw.

$$r = \{(x;y) \mid A(x;y)\}.$$

Man erkennt, daß Funktionen spezielle Relationen sind. Zu einer Relation r kann man die *Umkehrrelation* $\bar{r}$ definieren durch

$$\bar{r} = \{(x;y) \mid A(y;x)\}.$$

Damit können wir nun das Ausgangsproblem begrifflich klären. Es ist die Funktion

$$r = \{(x;y) \mid y = x^2\}$$

gegeben.

Die zugehörige Umkehrrelation

$$\bar{r} = \{(x;y) \mid x = y^2\}$$

ist jedoch keine Funktion.

Betrachtet man andererseits

$$r_p = \{(x;y) \mid y = x^2, x \geq 0, y \geq 0\},$$

so ist die Umkehrrelation

$$\bar{r}_p = \{(x;y) \mid x = y^2, x \geq 0, y \geq 0\}$$

wieder eine Funktion, nämlich

$$x \to \sqrt{x}, \, x \geq 0.$$

3. Der Funktionsbegriff im Unterricht

Wir haben diese Überlegungen formal dargestellt. Im Unterricht wird man dies natürlich in enger Verbindung zu den Graphen tun.

3.8. Mit Funktionen operieren

Die Stufe des integrierten Verständnisses wird überschritten, wenn man $f(x) = ax^2 + bx + c$ unter dem Gesichtspunkt betrachtet, daß f als *Summe zweier Funktionen* f_1 und f_2 mit

$$f_1(x) = ax^2 \text{ und } f_2(x) = bx + c$$

dargestellt werden kann:

$$f(x) = f_1(x) + f_2(x),$$

d.h. $\quad f = f_1 + f_2.$

Historisch finden sich solche Betrachtungen bei der Superposition zweier Bewegungen. Die Figur zeigt ein Bild aus einem alten Mathematikbuch, indem man die Bahnkurve eines Geschosses durch Überlagerung einer geradlinigen Bewegung schräg nach oben und der Fallbewegung nach unten bestimmt.

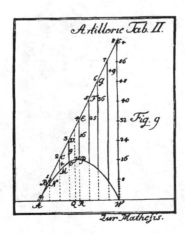

Auch die Addition zweier Funktionen läßt sich mit modernen Algebraprogrammen gut am Bildschirm verfolgen. Bei dieser Sicht werden *Funktionen als Objekte* betrachtet, mit denen man operieren kann.

Entsprechend führt man die *Multiplikation von Funktionen* ein. Für das Operieren mit Funktionen kann man nun wieder überprüfen, ob die bei den Zahlen gefundenen Rechengesetze auch gelten. Mit der Verknüpfung von Funktionen erhält man einen neuen Modellvorrat für spätere Strukturbetrachtungen. Für die Weiterentwicklung des Verknüpfungsbegriffs wird hier ein wesentlicher Beitrag geleistet.

Auch andere Verknüpfungen von **R** lassen sich zu Verknüpfungen von Funktionen nutzen. Man kann z.B. die Minimum- und Maximumverknüpfung von **N** auf **R** fortsetzen: $\quad r \downarrow s = \min(r,s)$ und $r \uparrow s = \max(r,s)$

Damit kann man nun auch Verknüpfungen reeller Funktionen definieren. Seien f_1 und f_2 reelle Funktionen, so definiert man:

$$f_1 \downarrow f_2 : x \to f_1(x) \downarrow f_2(x) \text{ und } f_1 \uparrow f_2 : x \to f_1(x) \uparrow f_2(x)$$

Beispiel: $\quad$ Mit $f_1(x) = 2x - 1$ und mit $f_2(x) = -\frac{1}{2}x + 1$ ergeben sich für

$f_1 \downarrow f_2$ und $f_1 \uparrow f_2$ die Darstellungen:

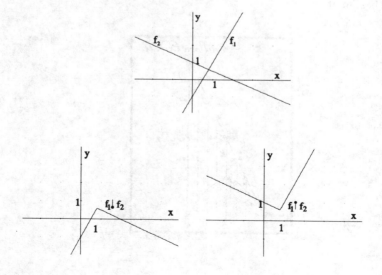

3. Der Funktionsbegriff im Unterricht

Man erkennt unmittelbar $x \uparrow -x = |x|$ und $x \downarrow -x = -|x|$.

Mit Hilfe dieser Verknüpfungen kann man stückweise lineare Funktionen darstellen.

Beispiele:
$f_1(x) = 2x$ $\qquad\qquad$ $f_1(x) = 2x$
$f_2(x) = 2$ $\qquad\qquad$ $f_2(x) = 2$
$f_3(x) = 3x - 4$ $\qquad\qquad$ $f_3(x) = -\frac{1}{2}x + 1$

$f(x) = ((2x)\downarrow 2)\uparrow(3x-4)$ $\qquad$ $f(x) = (2x)\downarrow(2\uparrow(-\frac{1}{2}x + 1))$

$f = (f_1 \downarrow f_2) \uparrow f_3$ $\qquad\qquad$ $f = f_1 \downarrow (f_2 \uparrow f_3)$

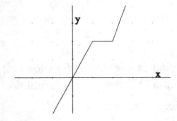
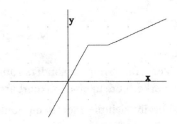

Auf diese Weise kann man z.B. auch die optimale Ware-Preis-Funktion für den Kauf von Heizöl, die wir in Abschnitt 3.3. betrachtet hatten, darstellen. Bei all diesen Vermutungen erweist sich der Computer als Hilfe, indem er auf Vermutungen führt und es gestattet, diese zu überprüfen.

Beispiel: Die Funktion $f = (f_1 \downarrow f_2) \uparrow f_3$ führt im 1. Beispiel zum richtigen Ergebnis. Würde man auch im 2. Beispiel so ansetzen, so würde der Computer die Darstellung liefern:

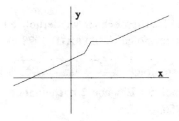

Man erkennt, daß man in diesem Fall $f = f_1 \downarrow (f_2 \uparrow f_3)$ ansetzen muß.

Als weitere Verknüpfung von Funktionen kann man das *Verketten von Funktionen* betrachten. Es ist im Grunde genommen ja durch das Hintereinanderausführen von Operatoren schon lange vorbereitet. Eine besonders günstige Darstellung für die Verkettung von Funktionen sind Pfeildiagramme. Denn sie machen sehr deutlich, wie man die Verkettung als Hintereinanderausführung erhält.

Beispiel:

$$v: x \to g(f(x))$$
$$v = f \circ g$$

Die Verkettung trägt besonders zum Verständnis der *Umkehrfunktion* bei, denn verkettet man eine umkehrbare Funktion f mit ihrer Umkehrfunktion $\bar{f}$, so ergibt sich die identische Funktion id: $x \to x$, also $f \circ \bar{f} = $ id.

Über die Verkettung kommt man zu den *Iterationen mit Funktionen*. Dies ergibt einen interessanten Zugang zu Folgen, denn man erhält bei gegebener Funktion f und dem Anfangswert a_1 die Folge $a_1, f(a_1), f(f(a_1)),...$.
Eigenschaften der Iterationsfolgen lassen sich als Funktionseigenschaften deuten. Wie Schüler diese Zusammenhänge entdecken können, wurde von WEIGAND eingehend untersucht (WEIGAND 1989). Der Taschenrechner erweist sich hier als nützliches Werkzeug.

3.9. Von den Funktionen zu den Folgen

Drückt man auf dem Taschenrechner wiederholt eine Funktionstaste, so erhält man eine Iterationsfolge (VOLLRATH 1978 c).

Beispiel: Die Tastenfolge 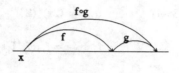 ...

liefert bei der Eingabe 2 nacheinander die Zahlen 4, 16, 256, 65, 536,...

3. Der Funktionsbegriff im Unterricht

Allgemein liefert eine Funktion f mit dem Startwert x_1 eine Iterationsfolge
$$x_1, x_2 = f(x_1), x_3 = f(x_2) \ldots .$$
Die Eigenschaften der Iterationsfolgen hängen von der Funktion f und im allgemeinen auch vom Startwert ab. Es ist nun eine reizvolle Aufgabe, für einfache Funktionen die Eigenschaften von Iterationsfolgen zu untersuchen (WEIGAND 1993, S. 213 ff.). Für $f(x) = ax$ findet man z.B.

Für $a = 1$	: die Iterationsfolge ist immer eine konstante Folge;
für $a = -1$	: die Iterationsfolgen sind immer alternierend periodisch;
für $a > 1$ und $x_1 > 0$	: die Iterationsfolgen sind immer wachsend;
für $a > 1$ und $x_1 < 0$	: die Iterationsfolgen sind immer fallend.

Diese Eigenschaften können die Schüler an unterschiedlichen Darstellungen entdecken und in einer der Altersstufe angemessen Form beweisen.

Beispiel: $a = -0.8$; $x_1 = -5$
Der *Folgenanfang* ist:
-5,00; 4,00; -3,20; 2,56; -2,05; 1,64; -1,13; ...
Die Folge ist alternierend, die Beiträge sind fallend.
Die Darstellung als *Pfeilkette* veranschaulicht dies:

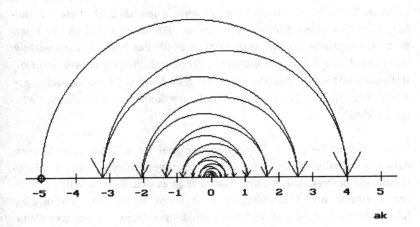

Die Abhängigkeit vom Startwert läßt sich am ehesten beim *Streckenzug* erkennen. Zum x-Wert x_1 wird der Punkt auf dem Graphen gesucht; dieser wird an der Winkelhalbierenden des 1. und 3. Quadranten gespiegelt. Seine Abszisse ist x_2 usw.

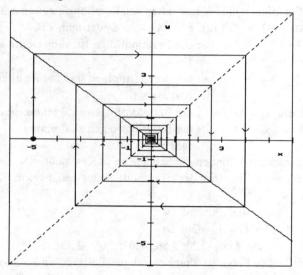

Diese Darstellungsform bereitet den Schülern einige Schwierigkeiten. Mit Hilfe leistungsfähiger Programme können sie jedoch auch diese Darstellung vom Computer anfertigen lassen, so daß ihnen lediglich die Interpretation überlassen bleibt. Insgesamt ist es für das Problemlösen wichtig, daß die Schüler die zu den einzelnen Problemstellungen günstigsten Darstellungen wählen. Es ist daher notwendig, im Unterricht die Darstellungen zu variieren und im Hinblick auf Problemstellungen zu analysieren (WEIGAND 1989).

Dieser Themenbereich ist besonders geeignet für entdeckendes Lernen, denn die auffälligen Eigenschaften der erzeugten Folgen führen zu Hypothesen, die beweisbedürftig sind. Dabei zeigt es sich, daß die sehr suggestiven Beispiele und Darstellungen auch leicht zu falschen Hypothesen führen. Diese bestehen vor allem in unzulässigen Generalisierungen (WEIGAND 1989).

3. Der Funktionsbegriff im Unterricht

Iterationsfolgen betonen das *Aufeinanderfolgen* der Glieder einer Folge. Man wird sich allerdings nicht auf Iterationsfolgen beschränken, sondern auch Folgen betrachten, bei denen der *Zuordnungscharakter* deutlicher hervortritt. Dies kann etwa durch Folgen geschehen, die durch Gleichungen gegeben sind, z.B.

$$a_n = a_1 + (n-1)d \quad \text{bzw.} \quad a_n = a_1 \cdot q^{n-1}.$$

Der Zuordnungscharakter wird deutlich, wenn man schreibt

$$n \to a_1 + (n-1)d \quad \text{bzw.} \quad n \to a_1 \cdot q^{n-1}.$$

Man kann sie in Verbindung mit Wachstumsprozessen erhalten. So beschreibt der erste Folgentyp lineares, der zweite Folgentyp exponentiales Wachstum. Die Pfeilschreibweise macht deutlich, daß Folgen Funktionen mit Definitionsbereich N sind.

Nachdem Folgen lange Zeit als Grundlage der Analysis im Mathematikunterricht eine wesentliche Rolle spielten, erlosch zu Beginn der siebziger Jahre unter dem Einfluß der "grenzwertfreien Analysis" das Interesse an ihnen. Durch den Computer und die große Bedeutung der Folgen bei der Betrachtung dynamischer Systeme ist jedoch das Interesse an ihnen wieder erwacht. Eine sehr gründliche Analyse dieses Themenbereichs gibt WEIGAND (1993).

3.10. Erweiterungen

(1) Potenz-und Exponentialfunktionen
Betrachtet man die Potenzen unter dem Aspekt der Funktionen, so ergeben sich zwei Funktionstypen.

Potenzfunktionen
$\text{pot}_n: x \to x^n$
für alle $x \in \mathbf{R}$

Exponentialfunktionen
$\exp_a: x \to a^x$
für alle $x \in \mathbf{N}$.

Man kann auch die Potenzregeln unter dem Aspekt der Funktionen sehen und erhält dann Eigenschaften dieser Funktionen.

IV. Funktionen

Die Regel

$$a^m \cdot a^n = a^{m+n}$$

kann man so interpretieren:

$\text{pot}_m(x) \cdot \text{pot}_n(x) = \text{pot}_{m+n}(x)$, $\qquad \exp_a(x_1+x_2) = \exp_a(x_1) \cdot \exp_a(x_2)$.

d.h.

$\text{pot}_m \cdot \text{pot}_n = \text{pot}_{m+n}$.
Das Produkt zweier Potenzfunktionen ist wieder eine Potenzfunktion.

Der Funktionswert einer Summe ist bei Exponentialfunktionen gleich dem Produkt der Funktionswerte.

Die Regel

$$(ab)^n = a^n b^n$$

liefert:

$\text{pot}_n(x_1 \cdot x_2) = \text{pot}_n(x_1) \cdot \text{pot}_n(x_2)$, $\qquad \exp_a(x) \cdot \exp_b(x) = \exp_{ab}(x)$,
Der Funktionswert eines Produkts ist bei Potenzfunktionen gleich dem Produkt der Funktionswerte.

d.h.

$\exp_a \cdot \exp_b = \exp_{ab}$.
Das Produkt zweier Exponentialfunktionen ist wieder eine Exponentialfunktion.

Die Erweiterung des Potenzbegriffs auf reelle Exponenten stellt sich für beide Funktionen unterschiedlich dar.

Potenzfunktionen

$\text{pot}_n: x \to x^n$

für $n \in \mathbb{N}, x \in \mathbb{R}$

Exponentialfunktionen

$\exp_a: x \to a^x$

für $a \in \mathbb{R}, x \in \mathbb{N}$

Es sind Funktionen pot_r gesucht, die man als Potenzfunktionen betrachten kann, bei denen also möglichst viele der gefundenen Eigenschaften gelten.

Es sind Fortsetzungen der Exponentialfunktionen $\exp_a$ auf $\mathbb{R}$ gesucht, bei denen möglichst viele Eigenschaften erhalten bleiben.

3. Der Funktionsbegriff im Unterricht

1. Schritt: $\qquad a^0 = ?$

$\text{pot}_0(x) \cdot \text{pot}_m(x)$
$= \text{pot}_{0+m}(x)$
$= \text{pot}_m(x),$
also
$\text{pot}_0(x) = 1$
für $x \neq 0$.

$\exp_a(x)$
$= \exp_a(x+0)$
$= \exp_a(x) \cdot \exp_a(0),$
also
$\exp_a(0) = 1$
für $a \neq 0$.

2. Schritt: $\qquad a^{-n} = ?$
$$n \in \mathbb{N}$$

$1 = \text{pot}_0(x)$
$= \text{pot}_{n+(-n)}(x)$
$= \text{pot}_n(x) \cdot \text{pot}_{-n}(x),$
also
$$\text{pot}_{-n}(x) = \frac{1}{\text{pot}_n(x)} = \frac{1}{x^n}$$
für $x \neq 0$.

$1 = \exp_a(0)$
$= \exp_a(n + (-n))$
$= \exp_a(n) \cdot \exp_a(-n),$
also
$$\exp_a(-n) = \frac{1}{\exp_a^{(n)}} = \frac{1}{a^n}$$
für $a \neq 0$.

3. Schritt

$$a^{\frac{1}{n}} = ?$$
$$n \in \mathbb{N}; n > 1$$

$x = \text{pot}_1(x)$
$= \text{pot}_{n \cdot \frac{1}{n}}(x)$
$= \text{pot}_{\frac{1}{n} + \ldots + \frac{1}{n}}(x)$
$= \text{pot}_{\frac{1}{n}}(x) \cdot \ldots \cdot \text{pot}_{\frac{1}{n}}(x)$
$= (\text{pot}_{\frac{1}{n}}(x))^n,$
also:
$$\text{pot}_{\frac{1}{n}}(x) = \sqrt[n]{x}$$
für $x \geq 0$.

$a = \exp_a(1)$
$= \exp_a(n \cdot \frac{1}{n})$
$= \exp_a(\frac{1}{n} + \ldots + \frac{1}{n})$
$= \exp_a^{(\frac{1}{n})} \cdot \ldots \cdot \exp_a^{(\frac{1}{n})}$
$= (\exp_a(\frac{1}{n}))^n,$
also:
$$\exp_a(\frac{1}{n}) = \sqrt[n]{a}$$
für $a \geq 0$.

IV. Funktionen

Es fehlen noch Potenzfunktionen pot_r mit irrationalem r.

Es fehlen noch Funktionswerte bei irrationalen x-Werten.

Man erhält mit $r = \lim_{n\to\infty} q_n$, $q_n \in \mathbb{Q}$, r irrational,

$\lim_{n\to\infty} pot_{q_n}(x) = pot_r(x)$.

Hier wird die Konvergenz der Funktionenfolge angenommen.

$\lim_{n\to\infty} \exp_a(q_n) = \exp_a(r)$.

Hier wird die Stetigkeit der Exponentialfunktionen angenommen.

Beides überschreitet natürlich die in der Sekundarstufe I vorhandenen Kenntnisse.

Man erkennt bei den einzelnen Schritten, daß man den Definitionsbereich bzw. die möglichen Basen immer mehr einschränken muß. Daß auch die anderen Potenzgesetze gelten, muß nachgewiesen werden. Das ist unter Berücksichtigung aller möglichen Fälle mühsam.

Das Hauptproblem ist, daß bei diesem Prozeß so argumentiert wird, daß die Schüler den Eindruck gewinnen, hier würden die neuen Potenzen *hergeleitet*. Tatsächlich wird bewiesen, daß bei Erhalt der Regel $a^m a^n = a^{m+n}$ und der Annahme einer Definition der jeweils betrachteten Potenzen sich die jeweiligen Beziehungen ergeben. Man erhält also dabei lediglich Hinweise, wie der Potenzbegriff durch Definitionen zu erweitern ist.

Betrachtet man die Schlüsse, dann fällt auf, daß sie sehr ähnlich sind. Der Vorstellungshintergrund ist jedoch unterschiedlich.

Bei den Potenzfunktionen werden neue Funktionen gesucht.

Bei den Exponentialfunktionen werden neue Funktionswerte gesucht.

Beide Betrachtungen lassen sich motivieren. Die Anforderungen an die Schüler sind nicht sehr unterschiedlich. In jedem Fall ist der letzte Schritt mit dem Grenzübergang problematisch. Man kann auch mit schwächeren Voraussetzungen (Monotonie) arbeiten, doch sind die Vereinfachungen unerheblich.

3. Der Funktionsbegriff im Unterricht 177

Was die Umkehrbarkeit anbelangt, so ergeben sich für $x \in \mathbf{R}^+$ keine besonderen Probleme.

Zu pot_r ist $pot_{\frac{1}{r}}$ für $r \neq 0$ die Umkehrfunktion.

Zu exp_a bezeichnet man für $a \neq 1$ die Umkehrfunktion als *Logarithmusfunktion* log_a.

(2) Logarithmusfunktionen

In der Sekundarstufe I ist der einfachste Zugang zu den Logarithmusfunktionen, diese als *Umkehrfunktionen* von Exponentialfunktionen zu betrachten. Damit ergibt sich unmittelbar der Graph durch Spiegelung der entsprechenden Exponentialfunktion an der 1. Winkelhalbierenden.

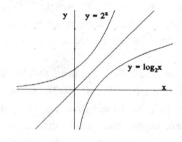

Die Logarithmen haben für das praktische Rechnen heute keine Bedeutung mehr.

Sollte man früher ein Produkt $r \cdot s$ bestimmen, so las man $\log_{10}(r)$ und $\log_{10}(s)$ aus einer Tafel ab, addierte die Logarithmen und bestimmte dann umgekehrt zu dem gefundenen Logarithmus das gesuchte Produkt.

Beispiel: Berechne näherungsweise das Produkt $325 \cdot 5431$.

Aus der Tabelle findet man $\log_{10}(3,25) \approx 0,5119$,
$\log_{10}(325) \approx \log_{10}(3,25 \cdot 100) = \log_{10}(3,25) + \log_{10}(100)$
$\approx 0,5119 + 2 = 2,5119$.

Entsprechend findet man: $\log_{10}(5431) \approx 3,7349$,
$\log_{10}(325 \cdot 5431) = \log_{10}(325) + \log_{10}(5431)$
$\approx 2,5119 + 3,7349 \approx 6,2468$.

Für $0,2468$ findet man $\log_{10}(1,765)$, also für
$6,2468$ ergibt sich $\log_{10}(1,765 \cdot 10^6)$.

Man erhält für das Produkt: $325 \cdot 5431 \approx 1,765 \cdot 10^6$.

Ein Taschenrechner liefert 1765075.

Man konnte Näherungsrechnungen auch mit dem Rechenstab durchführen, bei dem mit zwei logarithmischen Skalen gearbeitet wurde.
Beispiel:

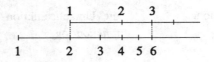

$2 \cdot 3 = 6$

Die Beziehung zwischen Summen und Produkten wurde von dem Schweizer Hofuhrmacher JOBST BÜRGI (1552-1632) entdeckt und in Potenztafeln zur Erleichterung des Rechnens verwendet. Die Logarithmen zur Basis 10 gehen auf HENRY BRIGGS (1561-1630) zurück. Sie spielten vor allem bei astronomischen und geodätischen Berechnungen eine wichtige Rolle. Im Unterricht sollte auf ihre historische Bedeutung hingewiesen werden (s. TROPFKE 1980)

Man wird wenigstens an einem Beispiel eine Möglichkeit zur Berechnung der Logarithmen aufzeigen (s. ENGEL 1977). So verlangt bereits KARL KOMMERELL (1871-1962), "daß bei allen neu eingeführten Funktionen (Wurzeln, Logarithmen, trigonometrische Funktionen) oder Zahlen (π,e) sofort Methoden angegeben werden, wie diese Funktionen oder Zahlen berechnet werden können." (KOMMERELL 1936, S.2) Für die Logarithmen bietet sich das Verfahren des fortlaufenden Quadrierens mit Hilfe des Taschenrechners an. Z.B. für $\log_{10}(2) = x$:

$10^x = 2 \quad \rightarrow 10^0 < 10^x < 10^1 \quad \rightarrow \quad 0 < x < 1$

$10^{2x} = 4 \quad \rightarrow 10^0 < 10^{2x} < 10^1 \quad \rightarrow \quad 0 < x < \dfrac{1}{2}$

$10^{4x} = 16 \quad \rightarrow 10^1 < 10^{4x} < 10^2 \quad \rightarrow \quad \dfrac{1}{4} < x < \dfrac{1}{2}$

$10^{8x} = 56 \quad \rightarrow 10^2 < 10^{8x} < 10^3 \quad \rightarrow \quad \dfrac{1}{4} < x < \dfrac{3}{8}$

$10^{16x} = 65536 \quad \rightarrow 10^4 < 10^{16x} < 10^5 \quad \rightarrow 0{,}25 = \dfrac{1}{4} < x < \dfrac{5}{16} \approx 0{,}31$

$10^{32x} \approx 4 \cdot 10^9 \rightarrow 10^9 < 10^{32x} < 10^{10} \rightarrow 0{,}28 \approx \dfrac{9}{32} < x < \dfrac{10}{32} \approx 0{,}31$

3. Der Funktionsbegriff im Unterricht

Man sieht, daß das Verfahren etwas mühsam ist. Wegen der Konvergenzfragen sei auf KOMMERELL (1936) verwiesen.

(3) Trigonometrische Funktionen
In der Trigonometrie werden die Winkelfunktionen sin, cos, tan und cot zu Berechnungen am Dreieck benutzt. Dabei konkurrieren zwei Zugänge miteinander.

a) Berechnungen am rechtwinkligen Dreieck
   Berechnungen am beliebigen Dreieck
   Winkelfunktionen am Einheitskreis
   Anwendungen der Winkelfunktionen (Schwingungen)

b) Winkelfunktionen am Einheitskreis
   Berechnungen am rechtwinkligen Dreieck
   Berechnungen am beliebigen Dreieck
   Anwendungen in der Physik

Im ersten Fall erklärt man die Winkelfunktionen als Seitenverhältnisse für Winkel zwischen 0° und 90°. Beim Übergang zum beliebigen Dreieck erweitert man sie dann auf Winkel zwischen 0° und 180°. Im Umgang mit den Winkelfunktionen findet man Formeln, mit denen bestimmte Problemstellungen gelöst werden.
Im zweiten Fall beginnt man mit den Winkelfunktionen am Einheitskreis, erarbeitet die wichtigsten Formeln als Funktionseigenschaften und wendet diese auf Dreiecksberechnungen an.

Beispiele: $\sin(x + 2\pi) = \sin(x)$, für alle $x \in \mathbb{R}$
drückt die *Periodizität* der Sinus-Funktion aus (im Bogenmaß). Geometrisch handelt es sich um die Verschiebungssymmetrie der Sinus-Kurve.
Zwischen den Winkelfunktionen bestehen die Beziehungen:

$$\cos(x) = \sqrt{1 - \sin^2(x)}; \quad \tan(x) = \frac{\sin(x)}{\cos(x)}; \quad \cot(x) = \frac{1}{\tan(x)}.$$

Man kann auch in der Trigonometrie die Winkelfunktionen über Funktionalgleichungen erarbeiten (s. KRAUSKOPF 1973). Doch erfordert dies einen erheblichen Aufwand. Die Wirkung der freien Variablen a,b,c,d auf den

Graphen der allgemeinen Sinus-Funktion kann man sehr gut mit Hilfe des Computers studieren.

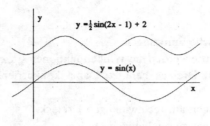

Mit den notwendigen Einschränkungen der Winkelfunktionen erreicht man die Umkehrbarkeit. Man erhält so die Umkehrfunktionen
arc sin (x); arc cos (x); arc tan (x); arc cot (x).
Die entsprechenden Tasten finden sich auch auf dem Taschenrechner.
(Häufig sind sie auch einfach als $\sin^{-1}$, $\cos^{-1}$, $\tan^{-1}$, $\cot^{-1}$ bezeichnet. Dabei bezieht sich der Exponent -1 auf die Verkettung und nicht wie üblich auf die Multiplikation). Die Umkehrfunktionen können benutzt werden, um zu gegebenem Funktionswert den entsprechenden Winkelwert zu bestimmen.

Beispiel: 0,5 [INV] [sin] 30   bzw.   0,5 [INV] [sin] 0,523598775
            (Gradmaß)   (Bogenmaß)

3.11. Funktionen und Verknüpfungen

Man kann die Funktionsbetrachtungen vertiefen, indem man in einem Rückblick vergleicht, wie die unterschiedlichen Funktionen Summen und Produkte abbilden.
Ausgangspunkt kann z.B. die Exponentialfunktion sein.
Wegen $a^{r+s} = a^r \cdot a^s$
gilt $\exp_a(r+s) = \exp_a(r) \cdot \exp_a(s)$.
Durch die Exponentialfunktion werden Summen auf Produkte abgebildet. Umgekehrt bildet die Logarithmusfunktion Produkte auf Summen ab, d.h.
$\log_a(r \cdot s) = \log_a(r) + \log_a(s)$.
Die Potenzfunktion bildet wegen $(r \cdot s)^n = r^n \cdot s^n$
Produkte auf Produkte ab, d.h. $\text{pot}_n(r \cdot s) = \text{pot}_n(r) \cdot \text{pot}_n(s)$.
Man fragt nun natürlich, ob es auch Funktionen gibt, die Summen auf Summen abbilden, und erinnert sich daran, daß proportionale Funktionen

3. Der Funktionsbegriff im Unterricht

additiv sind. Als Kontrastbeispiel ist das Additionstheorem der Sinusfunktion geeignet:

$$\sin(r+s) = \sin(r) \cdot \cos(s) + \cos(r) \cdot \sin(s).$$

Für die Minimum- und Maximumverknüpfung kann man herausfinden:

$$f(r \downarrow s) = f(r) \downarrow f(s)$$

ist gleichbedeutend damit, daß f monoton wachsend ist.
Entsprechend findet man:

$$f(r \downarrow s) = f(r) \uparrow f(s)$$

ist gleichbedeutend damit, daß f fallend ist.

Rückblick

Der Funktionsbegriff ist ein zentraler mathematischer Begriff der Neuzeit. Er hat in seiner historischen Entwicklung wichtige Stufen durchlaufen, die auch für das Lehren von Interesse sind. Entsprechend wird das Lehren des Funktionsbegriffs in einem langfristigen Lernprozeß geplant, in dem sich Phasen des Lernens in Stufen mit denen des Lernens durch Erweiterung abwechseln. Ausgehend von einem intuitiven Verstehen des Funktionsbegriffs wird so schrittweise im Laufe der Sekundarstufe I zu einem formalen Verständnis geführt. Bei den Funktionstypen werden nacheinander proportionale und antiproportionale, lineare quadratische Funktionen und Wurzelfunktionen, Potenzfunktionen und Exponentialfunktionen sowie deren Umkehrfunktionen, schließlich die trigonometrischen Funktionen mit ihren Umkehrfunktionen erarbeitet.

Ausblick

Im folgenden Kapitel wird der Themenstrang "Gleichungen" behandelt. Hier werden folgende Fragen bearbeitet:

(1) Wie wirkten sich die Reformbestrebungen auf die Behandlung von Gleichungen und Ungleichungen aus? Welcher Begriffsapparat ist erforderlich, um den Schülern Verständnis für das Lösen von Gleichungen und Ungleichungen zu vermitteln?

(2) Welche Beziehungen bestehen zwischen dem Thema Gleichungen und den anderen behandelten Themensträngen?

(3) Welche Anforderungen stellt das Lösen von Gleichungen und Ungleichungen an die Lernenden? Wie können Schüler lernen, für derartige Probleme selbst Algorithmen zu entwickeln und diese zu handhaben?

(4) Wie entwickelt sich das Thema "Gleichungen" im Laufe der Schulzeit? Welche Typen werden behandelt und wie entwickeln sich dabei die Lösungsmethoden?

V. Gleichungen

1. Gleichungen im Wandel

In der Entwicklung der Algebra spielen von Anfang an Gleichungen eine zentrale Rolle. In der Renaissance liegen Mathematiker im Wettstreit um die Lösung von Gleichungen. Es gibt einen furchtbaren Prioritätsstreit um die Lösung der kubischen Gleichung zwischen GERONIMO CARDANO (1501-1576) und NICCOLO TARTAGLIA (1500-1557). FRANÇOIS VIÈTE (1540-1603) entdeckt den Zusammenhang zwischen den Wurzeln und den Koeffizienten einer quadratischen Gleichung. Der Würzburger Mathematiker ADRIANUS ROMANUS (1561-1615) gibt der Fachwelt eine Gleichung 45. Grades zur Lösung, und 1595 kann VIÈTE diese Gleichung tatsächlich lösen. Er stellt nun seinerseits ADRIANUS ROMANUS eine Gegenaufgabe, die dieser lösen kann (s. TROPFKE 1980).

Mit Sätzen über das Lösen von Gleichungen haben viele bedeutende Mathematiker wichtige Beiträge geleistet. Wir denken an den Fundamentalsatz der Algebra von CARL FRIEDRICH GAUSS (1777-1855), an den Satz von NIELS HENRIK ABEL (1802-1829) über die Unmöglichkeit, die allgemeine Gleichung höheren als 4. Grades durch Radikale zu lösen, aber auch an Sätze über die Lage von Wurzeln von RENÉ DESCARTES (1596-1650) und die näherungsweise Bestimmung von Wurzeln von ISAAC NEWTON (1642-1727). Gleichungen sind bis zum Beginn unseres Jahrhunderts das zentrale Thema der Algebra.

Zugleich jedoch hat man in vielen Bereichen der Mathematik Gleichungen als wirksames *Ausdrucksmittel* entdeckt und Lösungsverfahren entwickelt, die die Grenzen der Algebra überschreiten. Man denke an die Kurvengleichungen der Geometrie, an die Differential- und Integralgleichungen der Analysis und an die Funktionalgleichungen, um nur einige der wichtigsten Bereiche zu nennen. Bei der Betrachtung derartiger Gleichungen hat man erkennen müssen, daß man Lösungsverfahren in der Regel nur für bestimmte Typen finden kann. So ist man z.B. bei den Funktionalgleichungen von einer allgemeinen Theorie noch sehr weit entfernt; vielleicht ist eine solche Theorie angesichts der großen Vielfalt von Problemen aus

1. Gleichungen im Wandel

allen möglichen Gebieten der Mathematik, die man mit Funktionalgleichungen ausdrücken kann, auch gar nicht zu erwarten. Andererseits liegt ein besonderer Reiz in einem Gebiet, in dem originelle Lösungsmöglichkeiten für Einzelfragen bestehen.

Auch der Mathematikunterricht sollte in erster Linie die Ausdrucksfähigkeit der Formelsprache für die Formulierung und das Lösen von Problemen aus ganz unterschiedlichen Bereichen der Mathematik in den Vordergrund stellen. Es geht also im Mathematikunterricht weniger um eine Gleichungs*lehre* als vielmehr um den sinnvollen Gebrauch von Gleichungen, den man dann allerdings auch jeweils reflektieren wird.

Gleichungen durchziehen den gesamten Mathematikunterricht. Sie werden bereits in der Grundschule zur Formulierung von Aufgaben verwendet, wenn man z.B. in

$$2 + x = 5$$

die passende Zahl x sucht, bis hin zur Differentialgleichung

$$y' = y,$$

die man in der Sekundarstufe II behandeln kann.

1.1. Schwächen der klassischen Gleichungslehre

Noch zu Beginn unseres Jahrhunderts ging es bei der Behandlung von Gleichungen im Mathematikunterricht um die Bestimmung der Unbekannten. Die Meraner Reform brachte dann zusätzlich Funktionsgleichungen. Nach den Beobachtungen von EDWARD THORNDIKE (1874-1949) führte das Nebeneinander ganz unterschiedlicher Gleichungstypen und Fragestellungen zu einer Reihe bis dahin nicht gekannter Schwierigkeiten im Mathematikunterricht (THORNDIKE u.a. 1924). Der Mathematikunterricht begegnete ihnen durch eine Systematik, bei der Typen von Gleichungen unterschieden wurden. Für jeden Typ arbeitete man grundlegende Fragestellungen und Methoden heraus. Doch wurden damit die Schwierigkeiten nur verlagert. Denn nun wurde die Beziehungslosigkeit bei den Gleichungen zu einem Problem.

Eine einheitliche Sicht boten Ende der fünfziger Jahre Mengenlehre und Logik. Eine wesentliche Anregung zur Neugestaltung der Gleichungslehre

V. Gleichungen

war der Vortrag von STEINER 1960 auf der Fördervereinstagung in Düsseldorf, (STEINER, 1960/61) ihm folgten 1961 die theoretisch orientierte Arbeit von HANS WÄSCHE (1903-1980) und die stärker auf den Unterricht bezogenen Arbeiten von WÄSCHE und LAUTER 1964. Diese Überlegungen basieren auf den Vorarbeiten der Logiker; insbesondere hat zweifellos die erstmals 1936 erschienene, dann 1941 in englischer Sprache herausgebrachte "Einführung in die mathematische Logik" von TARSKI (1966) daran erheblichen Anteil. Die Arbeiten von WÄSCHE und LAUTER regten zahlreiche weitere Publikationen an, die teilweise den systematischen Aufwand noch weiter trieben (z.b. WUNDERLING 1968), oder ihn zu reduzieren suchten, um einen praktikablen Lehrgang zu entwickeln (z.B. HÄNKE 1966). In der DDR wurden erstmals von DIETZ (1963, 1967) Überlegungen für den Unterricht angestellt, die dann auch zu mehreren Unterrichtsversuchen und Empfehlungen führten (ILGNER 1964, FRANZKE 1967). Die Ergebnisse schlugen sich größtenteils in den Lehrplänen und Lehrbüchern nieder.

Mit der neu gestalteten Gleichungslehre hoffte man, eine Reihe von Schwächen der klassischen Gleichungslehre überwinden zu können. Dies waren vor allem:

(1) Verschleiernde Systematik
Man hatte versucht, die Vielfalt der in der Schule auftretenden Gleichungen zu systematisieren, indem man etwa folgende Typen unterschied: identische Zahlengleichungen, identische Buchstabengleichungen, Formeln, Definitionsgleichungen, Bestimmungsgleichungen in Zahlen, Bestimmungsgleichungen in Buchstaben, Funktionsgleichungen usw. (z.B. WIGAND o.J.). Die neue Gleichungslehre machte sich von diesem Begriffsgerüst frei. Gleichungen und Ungleichungen ohne Variablen wurden als *Aussagen*, Gleichungen und Ungleichungen mit Variablen wurden als *Aussageformen* betrachtet. Als Sonderfälle wurden hervorgehoben: *allgemeingültige* (Lösungsmenge = Grundmenge) und *unerfüllbare* (Lösungsmenge = leere Menge) Aussageformen.

(2) Ignorierung von Sonderfällen
Bei der Behandlung von Gleichungen als "Bestimmungsgleichungen" waren meist Typen wie

1. Gleichungen im Wandel

$3x + 5 = 3x + 4$ und $3x + 6 = 3(x + 2)$ vernachlässigt worden. Solche Gleichungen erschienen als "pathologische" Sonderfälle. Den Schülern war häufig nicht klar, daß eine Gleichung keine Lösung oder alle Zahlen des Grundbereichs als Lösungen haben kann. Indem man von der *Lösungsmenge* sprach, waren diese Sonderfälle in die Betrachtungen eingeschlossen.

(3) Vernachlässigung der Grundmenge

Die Lösungsmenge einer Gleichung hängt von der zugrundeliegenden Menge ab. Dieser Sachverhalt trat bei der üblichen Behandlung der Gleichungen nicht deutlich hervor. Erstmals bei den quadratischen Gleichungen erfuhren die Schüler, daß der Fall eintreten kann, daß bei einer Gleichung keine reellen Lösungen vorhanden sind. Sie sind dann eben komplex. Daß die Lösbarkeit einer Gleichung nicht nur von der Form der Gleichung, sondern auch vom zugrundeliegenden Zahlbereich abhängt, blieb weitgehend unklar. Die Betonung der *Grundmenge* wurde nun als geeignet angesehen, diesen Sachverhalt aufzuklären. Diese Betrachtungen sollten es ermöglichen, das Problem der Lösbarkeit von Gleichungen und das Problem der Zahlbereichserweiterungen den Schülern einsichtig zu machen.

(4) Überbetonung syntaktischer Aspekte

Beim Lösen von Gleichungen standen die Umformungstechniken im Vordergrund. Damit wurde das Lösen von Gleichungen in erster Linie syntaktisch gesehen. Die neue Gleichungslehre bot Ansatzpunkte, Umformungen auch semantisch zu betrachten. Vergleicht man die Lösungsmenge der Ausgangsgleichung mit der Lösungsmenge der umgeformten Gleichung, so kann man drei Arten von Umformungen unterscheiden:

a) *Gewinnumformungen* (z.B. Quadrieren, Multiplikation mit 0, Multiplikation mit Variablen)
Beispiel: Die Gleichung $x=3$ hat in $\mathbf{R}$ die Lösungsmenge $\{3\}$, dagegen hat die Gleichung $x^2 = 9$ in $\mathbf{R}$ die Lösungsmenge $\{3, -3\}$. Durch den Übergang von $x = 3$ zu $x^2 = 9$ hat man also eine Gleichung mit mehr Lösungen erhalten, also eine Lösung "dazugewonnen".

b) *Verlustumformungen* (z.B. Radizieren, Division durch Variable)
Beispiel: Die Gleichung $x^2 + 2x = 0$ hat die Lösungsmenge $\{0, -2\}$. Division durch x liefert die Gleichung $x + 2 = 0$ mit der Lösungsmen-

ge {-2}. Bei dieser Umformung ist also eine Lösung "verlorengegangen".

c) *Äquivalenzumformungen* (z.b. beidseitige Addition von Termen, beidseitige Multiplikation mit von 0 verschiedenen Zahlen). Die Lösungsmengen ändern sich nicht.

Bei dieser Betrachtungsweise erhielt die *Probe* eine neue Bedeutung. Diente sie früher dazu, die Richtigkeit der durchgeführten Umformungen zu kontrollieren, so wurde nun deutlich, daß man bei Gewinnumformungen nur durch eine Probe entscheiden kann, ob tatsächlich eine Lösung der Ausgangsgleichung vorliegt.

Durch die Verwendung von *logischen Zeichen* (→, ↔) hob man häufig die Art der Umformungen hervor. Früher waren Gleichungen dagegen einfach beim Umformen untereinander geschrieben worden: Gleichheitszeichen unter Gleichheitszeichen.

(5) Unzureichende Begründungen der Umformungsregeln

Die Umformungsregeln wurden meist mit dem Waagemodell veranschaulicht. Man erläuterte etwa, daß die Waage im Gleichgewicht bleibt, wenn man auf beiden Seiten das gleiche Gewicht zufügt. Bei der Veranschaulichung der Multiplikation, insbesondere mit negativen Zahlen, reicht das Modell nicht aus. Außerdem wurde den Schülern nicht klar, daß es sich dabei nicht um Eigenschaften der Gleichheit, sondern um Eigenschaften der Verknüpfungen handelt. Offenbar blieben aber selbst diese Plausibilitätsüberlegungen meist ziemlich wirkungslos. WAGENSCHEIN irritierte immer wieder "Gebildete" mit der Frage nach der Begründung elementarer Rechenregeln. Die niederschmetternden Ergebnisse veranlassen ihn zu der Frage: "Ist es wirklich tröstlich und erleichternd, was mir mehr als einmal Schulmathematiker erwiderten, wenn ich auf solche Dissonanzen hinwies, solche elementaren Dinge hätten sie selber - offen gestanden - auch erst während ihres Studiums verstanden?" (WAGENSCHEIN 1970, S. 418). Er zitiert einen Darmstädter Primaner, der das "kreuzweise Multiplizieren" einer Gleichung auf die Kurzform brachte "riwwer ruff - niwwer nunner" (WAGENSCHEIN 1970, S. 423). Es wurde deshalb Wert darauf gelegt, die Umformungen klar herauszuarbeiten (z.B. "beidseitige Multiplikation mit" statt einfach nur "auf die andere Seite bringen") und vielfältig zu verankern (neben der Waage auch "Vergleich von Längen" und "Einsetzungen").

1. Gleichungen im Wandel

(6) Unzulängliche Formulierungen
Bei quadratischen Gleichungen z.B. schloß man von

$$(x + \frac{p}{2})^2 = \frac{p^2}{4} - q$$

auf

$$x_{1,2} + \frac{p}{2} = \pm \sqrt{\frac{p^2}{4} - q}.$$

Die methodischen Vorschläge zur Erklärung dieser Umformung waren allesamt unbefriedigend. Denn es blieb unklar, wie es plötzlich zu zwei neuen Variablen kommt, weshalb auf der einen Seite ± auftaucht und schließlich, was ± vor der Wurzel bedeutet. Mit den Mitteln der Logik konnte man das vermeiden und den Sachverhalt angemessen darstellen, indem man als Disjunktion schrieb:

$$x = -\frac{p}{2} + \sqrt{\frac{p^2}{4} - q} \ \text{oder}\ x = -\frac{p}{2} - \sqrt{\frac{p^2}{4} - q}.$$

(7) Vernachlässigung von Ungleichungen
Ungleichungen wurden im herkömmlichen Algebraunterricht kaum behandelt. WÄSCHE (1961) empfahl dagegen, das Arbeiten mit Gleichungen frühzeitig zu ergänzen durch Betrachtung entsprechender Ungleichungen. Dafür sprachen im wesentlichen folgende Gründe:
a) Es wird die Anordnungsstruktur der zugrundeliegenden Zahlbereiche angesprochen, was zu einem vertieften Zahlverständnis führt. Das kann systematisch geschehen, indem man die Anordnungseigenschaften von Zahlen zum Gegenstand von Axiomatisierungsübungen macht (KIRSCH 1966).
b) Es treten "normalerweise" mehrelementige Lösungsmengen auf. Bereits in der Einführungsphase wurden deshalb Beispiele wie $\{x \mid x \in \mathbb{N} \land 5 < x < 10\}$ betrachtet.
c) Das Umgehen mit Ungleichungen ist eine wichtige Voraussetzung für Beweise in der Analysis. Wenn man also eine Präzisierung des Analysisunterrichts anstrebt, hat man in der Sekundarstufe I die Möglichkeit, diese Fähigkeiten zu schulen.
d) Ungleichungssysteme ermöglichen die Behandlung von Problemen der Optimierung, sie sind damit ein grundlegendes Hilfsmittel für einen wichtigen Typ von Anwendungen.

V. Gleichungen

1.2. Übertreibungen der Reform

Logik und Mengenlehre verhalfen dem Mathematikunterricht zu einem einheitlichen Begriffsapparat bei der Behandlung der Gleichungen und Ungleichungen. Man sah darin vor allem die Möglichkeit, die Grundlagen dieses Themenbereichs den Schülern verständlich zu machen. Dabei übersah man den hohen Preis, den man dafür zu zahlen hatte.

(1) Begriffsaufwand

Tragen wir noch einmal die Begriffe zusammen, die im Gefolge der Reform die Gleichungslehre prägten.
Zunächst benötigte man für die Beschreibung der Gleichungen und Ungleichungen die Begriffe
  Variable, Term, Gleichung, Ungleichung, Aussage, Aussageform.
Zur Beschreibung von Lösungen dienten die Begriffe
  Grundmenge, Lösung, Lösungsmenge, Definitionsmenge.
Hinzu kamen noch die Bezeichnungen für die Umformungsarten:
  Gewinnumformungen, Verlustumformungen, Äquivalenzumformungen.
Schließlich unterschied man noch die Typen:
  erfüllbare, unerfüllbare, allgemeingültige Aussageformen (alles bezogen auf eine bestimmte Grundmenge).
Diese Begriffe gestatten es, über Gleichungen zu reden, Regeln zu formulieren und Ergebnisse zu interpretieren. Es fragt sich freilich, ob es wirklich nötig war, diesen Begriffsaufwand zu treiben.

(2) Selbstzweck der Metasprache

So verständlich das Bemühen um Klarheit war, führte vor allem ein Ignorieren der *Entwicklung* des Denkens zu einer verhängnisvollen Akzentverschiebung. Die Reformer waren von der Vorstellung erfüllt, man müsse Gleichungen von Anfang an auf einer klaren begrifflichen Grundlage unterrichten. Das führte dazu, daß nun bereits in der 5. Jahrgangsstufe nicht nur Lösungen zu bestimmen waren, sondern daß sich das in einem festgelegten begrifflichen Rahmen abzuspielen hatte. Grundmengen, Definitionsmengen und Lösungsmengen waren anzugeben und vor allem auch richtig zu notieren. Die Schwierigkeit einer Aufgabe bestand nun nicht mehr im Finden der Lösung, sondern in erster Linie in ihrer Dar-

1. Gleichungen im Wandel

stellung innerhalb eines festgelegten begrifflichen Schemas.

(3) Überbewertung von Probierverfahren
Das Lösen von Gleichungen durch Umformen wurde in den Lehrplänen in der 5. Jahrgangsstufe ausdrücklich untersagt. Stattdessen sollten ausschließlich Probierverfahren zugelassen werden. Das Problem, daß man mit der Grundmenge N unendlich viele Zahlen zum Einsetzen hatte, wurde durch Einschränkung der Grundmenge auf überschaubare Mengen, etwa {1,2,...,10} gelöst. Man konnte darauf verweisen, daß derartige Einschränkungen ohnehin in vielen Sachsituationen natürlich seien. Die Möglichkeit, Gleichungen durch einfache Überlegungen zu lösen (z.B. $x+2=5$ ergibt durch Umformung $x+2=3+2$ und durch Termvergleich $x=3$.), die auch in der 5. Jahrgangsstufe den Schülern zugänglich sind, wurde nicht genutzt.

(4) Dominanz der Logik
Betrachtet man den Begriffsapparat, so gehört er weitgehend der Logik (z.B. Aussage, Aussageform) an, zum Teil handelt es sich auch um "Schulbegriffe", die im Rahmen der Reform eingeführt wurden, um bestimmte Sachverhalte für die Schüler "griffig" zu formulieren (z.B. Gewinnumformung, Verlustumformung). Diese für Mathematiker häufig künstlich wirkenden Begriffsbildungen lösten erhebliches Unbehagen aus. So schlugen z.B. BRÜNING und SPALLEK vor, beim Lösen von Gleichungen die Sprache aus dem Kontext der Funktionen zu verwenden (z.B. statt Gleichung einfach formal zu bilden, sie als Frage nach den Nullstellen zu stellen) und mit Funktionseigenschaften zu argumentieren (BRÜNING/SPALLEK 1978).

1.3. Die Wiederentdeckung des Inhaltlichen

Seit Mitte der siebziger Jahre bemühte man sich darum, diese Schwächen zu überwinden. Das geschah durch folgende Maßnahmen:

(1) Einbindung in zentrale Themen
Gleichungen wurden stärker in zentrale mathematische Themen eingebunden. Das waren vor allem "Zahlbereiche" und "Funktionen". Damit standen Begriffe, Vorstellungen und Methoden dieser Themenbereiche für das Lösen von Gleichungen zur Verfügung.

(2) Inhaltliche Orientierung der Sprache

Die Anbindung an zentrale Themen wirkte sich auch auf die Sprache aus. Es werden nun wieder Redewendungen zugelassen, die lange verpönt waren, wie "die Zahl x", "die Lösung ist 2" oder "die Lösung ist x = 2", statt ausschließlich zu formulieren L = {2}.

(3) Inhaltliche Argumentationen

Bereits vor dem eigentlichen Umformen von Gleichungen sollten Schüler Lösungen nicht nur durch Probieren, sondern auch durch Überlegen bestimmen. Hier entdeckte man wieder die Bedeutung inhaltlicher Überlegungen (z.b. WINTER 1980), indem man z.b. Gleichungen durch gleich lange Strecken darstellte und die Umformungen anschaulich nachvollziehen konnte.

(4) Entwickelndes Arbeiten mit Gleichungen

Gleichungen und Lösungsverfahren sollten sich mit den betreffenden Themenbereichen entwickeln. Insbesondere sollte die strikte Trennung zwischen Propädeutik und Systematik überwunden werden. Theoretische Überlegungen sollten sich aus reflektierenden Betrachtungen und nicht als Teil einer Systematik ergeben, die zu Beginn einer "strengen" Gleichungslehre steht.

(5) Reduktion der Terminologie

Dem Hang, alle möglichen Sachverhalte durch Begriffe zu beschreiben, wollte man mit dem Bemühen begegnen, den Begriffsaufwand zu reduzieren. So schlug z.B. PICKERT vor, für Gleichungen, bei denen Einsetzungen zu undefinierten Termen führen können, für diese Einsetzung den Wahrheitswert "falsch" zu vereinbaren (PICKERT 1980). Dann kann man auf den Begriff der Definitionsmenge einer Gleichung verzichten. Auch die Schulbücher bemühten sich um Reduktion des Begriffsapparates.

(6) Vermeidung logischer Zeichen

Logische Symbole sollten weitgehend vermieden werden. Nur dort, wo sie wesentlich zum Verständnis beitragen könnten, sollte man sie umgangssprachlich hervorheben.

Beispiel: $(x - 2)(x - 3) = 0$ ist äquivalent zu $x - 2 = 0$ *oder* $x - 3 = 0$.

1. Gleichungen im Wandel

(7) Rücknahme von Ungleichungen
Entsprechend dem unterschiedlichen Gewicht von Gleichungen und Ungleichungen in der Mathematik sollte man Ungleichungen gegenüber den Gleichungen wieder etwas zurücknehmen. Sie kommen vor allem als Kontrastbeispiele infrage, um deutlich zu machen, daß es mehrelementige Lösungsmengen gibt.

Im Rückblick kann man diese Bestrebungen vor allem unter dem Aspekt sehen, daß nach der Überbetonung des Formalen in der Reform wieder das Inhaltliche zu seinem Recht kommt. Im Laufe eines Lehrgangs wechseln sich nun inhaltliche (d.h. auf die betrachteten Gegenstände bezogene), semantische (d.h. auf Einsetzungen bezogene) und syntaktische (d.h. auf Umformungen bezogene) Betrachtungsweisen ab.

1.4. Beobachtungen des Schülerverhaltens

Die Reformen hatten bei erkannten Schwächen der unterrichtlichen Behandlung von Gleichungen angesetzt. Mit den Mitteln der Logik und der Mengenlehre versuchten sie, diese Schwächen zu überwinden.

Auch das Unbehagen an den Übertreibungen erwuchs zum Teil aus der Unterrichtspraxis, vor allem aber aus der Kritik an den Schulbüchern. In dieser Entwicklung blieb das konkrete Schülerverhalten außer Betracht. Das änderte sich gegen Mitte der siebziger Jahre (z.B. DAVIS 1975). In der didaktischen Forschung befaßte man sich eingehender mit Vorstellungen, Schwierigkeiten und Fehlern von Schülern (s. MALLE 1993). In der *Fehleranalyse* setzte sich auch bei den Gleichungen die Erkenntnis von ihrer Regelhaftigkeit durch, die wir ja bereits in anderen Bereichen kennengelernt haben.

Beispiel: $3x = 5$
wird umgeformt in
$x = 2$
(3 wird mit umgekehrtem Vorzeichen auf die andere Seite gebracht.)

Tiefergehend waren die Konzept-Analysen, die unterschiedliche Vorstellungen von Lehrenden und Lernenden aufdeckten (ANDELFINGER 1985,S. 188). Die Lehrer möchten z.B. die Schüler dazu bringen, Gleichungen "beidseitig" äquivalent umzuformen. Die Lerner bevorzugen und bilden aber lieber "Seite-Zeichen-Wechsel-Regeln". Selbst wenn sie schließlich unter dem Druck der Lehrer beidseitig umformen, ist die Notation häufig bereits das Ergebnis einer in Gedanken durchgeführten "Seite-Zeichen-Wechsel-Umformung".

Auf Grund dieser Beobachtungen ist die Didaktik heute eher darum bemüht, die Lehrenden für die Problematik der Lernenden zu sensibilisieren und Zusammenhänge zwischen bestimmten Behandlungsweisen und entsprechenden Verhaltensweisen der Lernenden aufzuzeigen (s. MALLE 1993).

Insgesamt werden in den neunziger Jahren Gleichungen wieder deutlich schlichter behandelt (WEIDIG 1994). Schließlich darf man nicht übersehen, daß das Lösen von Gleichungen heute *praktisch* kein Problem mehr darstellt, seit Computer-Programme, die leicht zu handhaben sind, alle gängigen Gleichungen und Gleichungssysteme in der gewünschten Weise lösen können. Das Lösen von Gleichungen und Ungleichungen ohne Umformungs- und Rechenhilfen im Unterricht ist eigentlich nur noch zur Vermittlung von Verständnis und von Grundfähigkeiten zu rechtfertigen. Welcher Schwierigkeitsgrad hier angemessen ist, hängt im wesentlichen vom Schultyp ab.

2. Gleichungen in den Themensträngen der Algebra

Den Übergang von Gleichungen mit Zahlen zu Gleichungen mit Variablen kann man aus dem Blickwinkel der Logik als Übergang von den Aussagen zu den Aussageformen sehen. *Syntaktisch* gesehen entstehen Gleichungen, wenn man Terme mit dem Gleichheitszeichen verbindet. In *semantischer* Sicht interessiert man sich vor allem für die Wirkung von Einsetzungen. Aus einer Aussageform wird dann eine Aussage. Besonderes Interesse finden Einsetzungen, die zu wahren Aussagen führen. Umformungen kann man rein syntaktisch durch Anwendung von Regeln rechtfertigen, semantisch wird man sich vor allem für die Wirkung solcher Umformungen auf

2. Gleichungen in den Themensträngen der Algebra 193

mögliche Einsetzungen interessieren. All diese Betrachtungen sind notwendigerweise sehr formal. Sie beschreiben zwar allgemein den logischen Umgang mit Gleichungen in der Mathematik. Die große Bedeutung dieses Ausdrucksmittels in der Mathematik ist dabei jedoch nicht zu erkennen. Sie wird erst deutlich, wenn man die Verwendung von Gleichungen in wichtigen Gebieten der Mathematik studiert. Hatte man in den sechziger Jahren die Bedeutung struktureller Betrachtungen für das Erfassen von Gemeinsamkeiten in der Vielfalt gesehen, so erkannte man in den achtziger Jahren die Bedeutung des Bereichsspezifischen vor allem für die Ausbildung angemessener Vorstellungen. Wir wollen im folgenden zeigen, wie mit Gleichungen in den Themenbereichen "Zahlen", "Terme" und "Funktionen" gearbeitet wird.

2.1. Zahlen und Gleichungen

Grundlegende *Eigenschaften* von Zahlen lassen sich als Gleichungen formulieren. Man denke etwa an die Kommutativität, die Assoziativität und die Distributivität. Bei ihnen handelt es sich um *allgemeingültige* Gleichungen, die also für alle Einsetzungen von Zahlen aus dem gegebenen Bereich wahre Aussagen ergeben. Sie bestimmen die Struktur des jeweiligen Bereichs. Die Schüler erkennen Zahlenmengen als Trägerinnen von Eigenschaften, wenn sie über dieses Ausdrucksmittel verfügen. Diese Eigenschaften erschließen sich zuerst vielleicht in der Umgangssprache, etwa als Einsicht: In einer Summe kann man die Summanden vertauschen. Diese Einsicht wird dann formal in einer Gleichung komprimiert, die demjenigen, der diese Sprache versteht, das Wesentliche deutlich macht.

Beziehungen zwischen Rechenoperationen kann man häufig durch äquivalente Gleichungen ausdrücken. So zeigt:
$a+b = c$ ist äquivalent zu $c - b = a$
die enge Verbindung zwischen Addition und Subtraktion.

Derartige Äquivalenzen kann man benutzen, um einfache Gleichungen *argumentativ* zu lösen.
$3+x = 5$ ist äquivalent zu $5 - 3 = x$.
Damit findet man unmittelbar die Lösung 2. In der Grundschule wird dies

vorbereitet durch die Betonung der engen Beziehung zwischen Aufgabe und Kehraufgabe, die besonders von FRICKE mit Hinweis auf den Gruppierungsbegriff von PIAGET gefordert wurde. Danach ist eine geistige Operation erst dann ausgebildet, wenn sie im Zusammenhang mit ihrer Gegenoperation gesehen wird (FRICKE 1967). Wir werden noch zeigen, wie dies im 5. Schuljahr geschehen kann.

2.2. Terme und Gleichungen

Die beiden Seiten einer Gleichung sind Terme. *Termumformungen* drücken sich in allgemeingültigen Gleichungen aus. Grundlage dieser Termumformungen sind in allgemeingültigen Gleichungen ausgedrückte Eigenschaften der Zahlbereiche, die man erhält, wenn man die Gleichung von links nach rechts oder von rechts nach links liest.

Terme ergeben sich häufig als Rechenschemata. So kann man etwa den Umfang eines Rechtecks mit den Seitenlängen a und b nach dem Schema 2(a+b) berechnen. Daraus erhält man aber auch sogleich eine *Formel*, wenn man für den Umfang die Variable U schreibt, also U = 2(a+b). Aus dieser Formel kann man weitere Formeln ableiten, mit denen man wiederum neue Probleme löst.

Beispiel: Gesucht ist die Seitenlänge a eines Rechtecks mit dem Umfang U=12 cm und der Seitenlänge b=2 cm. Auflösen der Formel nach a liefert:

$$a = \frac{U}{2} - b.$$

Durch Einsetzen erhält man die gesuchte Größe.

Für leistungsschwächere Schüler wird man bei einem derartigen Problem auch sogleich in die Formel einsetzen. Es ergibt sich dann eine Gleichung mit einer Variablen, die für die Schüler einfacher zu lösen ist.

Beispiel: Einsetzen für U=12 und b=2 ergibt
12 = 2(a+2).
Auflösen nach a ergibt
a = 4.

2. Gleichungen in den Themensträngen der Algebra

Diese Betrachtungen machen die enge Verbindung zwischen Termen und Gleichungen deutlich. Sie liefern im Unterricht Querverbindungen zwischen diesen Themensträngen, die sorgfältig zu planen sind.

2.3. Funktionen und Gleichungen

Die Arbeit von STEINER hat die beiden Sichtweisen der Funktionen als Termabstrakte und als Formelabstrakte hervorgehoben (STEINER 1969). Gleichungen ermöglichen die Betrachtung von Funktionen als *Formelabstrakte*.

Beispiel: $f = \{(x;y) \mid y = x^2 + 1\}$

Die Gleichung $y = x^2 + 1$ wird als *Funktionsgleichung* bezeichnet.

Häufig schreibt man die Funktionsgleichung von f als $y = f(x)$. Ohne Bindung der Variablen ist einer Gleichung mit zwei Variablen allerdings nicht anzusehen, ob man sie als Funktionsgleichung betrachtet. Bei einer nach y aufgelösten Gleichung in x wird im Unterricht meist stillschweigend die Funktion $x \rightarrow y$ angenommen. Das kann aber vor allem bei der Betrachtung der Umkehrfunktion zu Schwierigkeiten führen.

Eigenschaften von Funktionen zeigen sich ebenfalls häufig in Gleichungen.

Beispiel: Die Multiplikativität der Wurzelfunktion drückt sich in der allgemeingültigen Gleichung aus:

$$\sqrt{ab} = \sqrt{a}\sqrt{b} \quad \text{für } a,b \in \mathbb{R}_0^+.$$

Funktionen bieten schließlich eine Fülle von Problemstellungen, bei denen Gleichungen zu *lösen* sind.

Beispiele: (1) Wo schneidet der Graph von $x \rightarrow x^2 + 2x - 3$ die x-Achse?
Zu lösen ist $x^2 + 2x - 3 = 0$.
(2) Für welche x-Werte ergibt sich bei der Funktion $x \rightarrow x^2 - 3x + 2$ der y-Wert 1?
Zu lösen ist $x^2 - 3x + 2 = 1$.
(3) Bestimme die Koeffizienten p,q bei $x \rightarrow x^2 + px + q$ so, daß der Graph der Funktion durch $P_1(1;1)$ und $P_2(2;5)$ geht.
Zu lösen ist das Gleichungssystem
$1 + p + q = 1$
$4 + 2p + q = 5.$

Wir hatten oben gesehen, wie man Formeln mit zwei Variablen unter dem Aspekt von Funktionen betrachten kann. Das ist natürlich auch bei Formeln mit mehreren Variablen möglich.

Beispiel: Für den Flächeninhalt A eines Rechtecks mit den Seitenlängen a und b gilt A = ab.
Bindet man a und A durch Funktionsbildung, und läßt man b frei, so erhält man eine Funktionenschar.

$$a \to A$$

Man kann aber auch die Funktion

$$(a,b) \to A$$

betrachten. Hier hat man dann eine Funktion mit mehreren Veränderlichen.

Beide Sichtweisen sind nützlich. Im ersten Fall entdeckt man in einer Formel unterschiedliche Funktionen und macht sich die Zusammenhänge zwischen den Variablen klar. Im zweiten Fall kommt man etwa über ein Rechenschema in naheliegender Weise zu einer Funktion mit mehreren Veränderlichen, bei der man die Abhängigkeit einer Variablen von den anderen studiert (z.B.COHORS-FRESENBORG/KAUNE 1993).

2.4. Kurven und Gleichungen

Im Algebraunterricht werden in der 8. Jahrgangsstufe die Gleichungen von Geraden, in der 9. Jahrgangsstufe die Gleichungen von quadratischen Parabeln und in der 10. Jahrgangsstufe die Gleichungen von Parabeln und Hyperbeln n-ter Ordnung, dann die Gleichungen der Graphen von Exponential- und Logarithmusfunktionen und schließlich die Gleichungen von trigonometrischen Funktionen betrachtet. Dabei bleibt jedoch merkwürdigerweise der Kreis ausgeschlossen. Der Grund liegt sicher in erster Linie darin, daß der Kreis nicht Graph einer Funktion ist. Damit paßt er nicht so recht in den Aufbau. Praktisch hat das zur Konsequenz, daß die Schüler hinsichtlich des Kurvenbegriffs eine Reihe von Fehlvorstellungen entwickeln. Wie WETH (1993) zeigen konnte, denken die Schüler bei "Kurven" an gekrümmte Linien. Andererseits werden Kurven vor allem in Verbindung mit der Algebra, in der Sekundarstufe II dann in Verbindung mit der Analysis gesehen ("Kurvendiskussionen"!). Daraus ergibt sich, daß Kurven vor allem als Graphen von Funktionen auftreten. Auch einzelne Kurven werden bestimmten Gebieten zugerechnet. So wird der Kreis als geome-

2. Gleichungen in den Themensträngen der Algebra

trisches Objekt, die Parabel als algebraisches Objekt gesehen. Die bereits von KLEIN angestrebte Fusion von Geometrie und Algebra mit Hilfe des Funktionsbegriffs ist also keineswegs gelungen. Man kann dem nach dem Vorschlag von WETH dadurch abhelfen, daß man
- auch für den Kreis eine Gleichung sucht

und
- auch für die Parabel eine Konstruktionsvorschrift findet.

Im ersten Fall sorgt man dafür, daß der Kreis auch zu einem algebraischen Objekt wird, während man im zweiten Fall die Parabel als geometrisches Objekt bewußtmacht.

Nach der Behandlung des Satzes von Pythagoras in der 9. Jahrgangsstufe ergibt sich die Kreisgleichung unmittelbar zu
$$x^2 + y^2 = r^2.$$

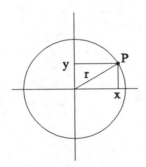

$$\{(x;y) \mid x^2+y^2 = r^2\}$$
ist eine Relation. Man sieht also, daß diese Überlegungen die Bildung des Relationsbegriffs und damit auch die Beziehung zwischen den Begriffen Funktion und Relation unterstützt.

Man kann die Lösungsmenge der Gleichung $x^2+y^2 = r^2$ mit Hilfe des Computers bestimmen, indem man nacheinander systematisch Punkte einsetzen und das Erfülltsein der Gleichung vom Computer prüfen läßt. Je nach der "Empfindlichkeit" des Einsetzvorganges erhält man unterschiedlich feine Bilder:

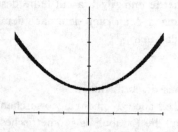
Ortslinie erstellt mit **geringer** Empfindlichkeit

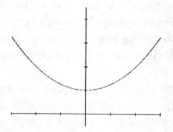
Ortslinie erstellt mit **hoher** Empfindlichkeit

Diese Methode läßt sich auch leicht auf andere Gleichungen übertragen, so daß man mit den Schülern auf Entdeckungsreise gehen kann (s. WETH 1992).
Beispiele:

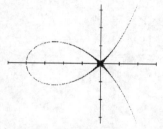

$(x^2+y^2)x+4(x^2-y^2)=0$
(Strophoide)

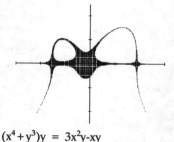

$(x^4+y^3)y = 3x^2y-xy$

Betrachten wir nun das Problem der Parabelkonstruktion. Natürlich wird man hier nicht die üblichen geometrischen Konstruktionen heranziehen, weil der Aufwand für dieses Problem zu groß ist. Andererseits kann man aus der Gleichung ohne Schwierigkeiten zu jedem x mit Hilfe des Höhensatzes den zugehörigen y-Wert konstruieren. Diese Konstruktion läßt sich dann auch mit Hilfe eines geometrischen Konstruktionsprogramms durch den Computer zeichnen (WETH 1992).

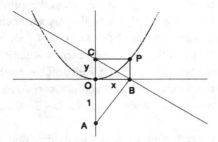

Konstruktion eines Parabelpunkts mit
Hilfe der Funktionsgleichung $y = x^2$

3. Über das Lernen des Umgangs mit Gleichungen

In den betrachteten Bereichen spielt das Umformen von Gleichungen eine wichtige Rolle. Dieses Umformen ist zielgerichtet und folgt bestimmten Regeln. Es ist also zweckmäßig, das Lernen im Zusammenhang mit Gleichungen unter dem Aspekt des Lernens von Algorithmen zu betrachten.

3.1. Zum Lernen von Algorithmen für Gleichungen

Machen wir uns zunächst die im Unterricht verfolgten Ziele klar. Es geht darum, die Schüler Algorithmen zu lehren, mit deren Hilfe sie Gleichungen lösen bzw. Formeln auflösen können. Im folgenden stellen wir zunächst das Lösen von Gleichungen in den Vordergrund.

(1) Gleichungen sicher und schnell zu lösen ist nur möglich, wenn man eine algorithmische Lösungsstrategie besitzt.

Bei elementaren Gleichungen über ℚ oder **R** wird das meist nicht sichtbar, da sich die Schüler im langen Umgang mit diesen Zahlbereichen bewußt oder unbewußt solche Algorithmen bereits angeeignet haben. Läßt man sie jedoch z.B. die in $(\mathbb{N}, \cdot_6)$ elementare Gleichung $4 \cdot_6 x = 2$ lösen, dann zeigt sich sofort das Fehlen eines Algorithmus am probierenden, zögernden und unsicheren Vorgehen.

(2) Wenn die Schüler bei Algorithmen nicht die entscheidenden Ideen erkennen, hat das zur Folge, daß die Algorithmen verhältnismäßig schnell vergessen werden (VOLLRATH 1978 a). Neue Situationen werden nicht bewältigt und bei ähnlichen Algorithmen werden die Operationsvorschriften oder die Reihenfolge der Schritte verwechselt. Typische Fehler im Verwechseln von Algorithmen sind das Schließen von $3x=5$ auf $x=2$ und von $2x+3=4$ auf $x+3=2$.

(3) Mit wachsender Übung werden die Algorithmen verkürzt. Werden die Verkürzungen jedoch dem Schüler aufgezwungen, so werden seine Rechnungen sehr fehleranfällig. Man sollte die Schüler deshalb vor übereilten Verkürzungen warnen. Gleichnamigmachen, Addieren der Zähler und Multiplikation mit dem Hauptnenner in einem Schritt durchzuführen, überfordert die meisten Schüler. Hier muß man sie in ihrem Verkürzungsbestreben zügeln.

(4) Das sichere Beherrschen eines Algorithmus setzt eine Hierarchie von Fähigkeiten voraus. Das wird klar, wenn man die zum Lösen einer Gleichung erforderlichen Fähigkeiten und Kenntnisse aufgliedert. Zur Lösung der Gleichung

$$2(x + \frac{1}{3}) = 0{,}4x - 7$$

gehört folgende Hierarchie:

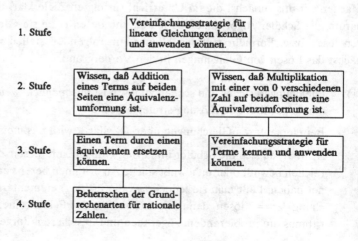

3. Über das Lernen des Umganges mit Gleichungen

(5) Das Entwickeln eines Algorithmus zur rationellen Lösung einer Klasse von gleichartigen, häufig auftretenden Aufgaben, ist eine kreative, mathematische Leistung. Man kann die Neigung zur Algorithmisierung von Lösungsverfahren bei den Schülern frühzeitig feststellen. So konnte man immer wieder beobachten, daß die Schüler langweiligen Kolonnenaufgaben durch Lösungstechniken begegneten, die überhaupt keine geistige Arbeit bei der Anwendung erfordern. Solche Algorithmen wurden geradezu entwickelt, "um dem Lehrer mit seinen langweiligen Aufgaben eines auszuwischen". Die Fähigkeiten zur Algorithmisierung sind so wichtig, daß sie unbedingt gezielt gefördert werden müssen.

(6) Eine Überbetonung des algorithmischen Arbeitens, bei dem Algorithmen nur abzuarbeiten sind, führt zu einer geistigen Verödung der Klasse; die Fähigkeiten, Probleme zu lösen und Zusammenhänge zu erkennen, verkümmern. Aus diesen Erfahrungen und Überlegungen wird die Bedeutung von Algorithmen deutlich: Die Schüler können immer wiederkehrende formale Aufgaben sicher und schnell lösen und sich auf das eigentliche mathematische Problem konzentrieren. Beim Lehren von Algorithmen sollte man jedoch darum bemüht sein, die Schüler möglichst selbständig aus Aufgabenstellungen und geeigneten Situationen heraus Algorithmen entwickeln zu lassen. Wichtige Algorithmen sollten sich die Schüler so aneignen, daß sie zu einer sicheren Beherrschung der Aufgaben kommen. Das algorithmische Operieren sollte aber nie Selbstzweck sein.

3.2. Über Gleichungen und Umformungen reden

Wie bei den Termumformungen stellt sich auch bei dem Umformen von Gleichungen das Problem, daß die Schüler nicht klar zwischen dem Ziel und dem einzuschlagenden Weg unterscheiden. Andererseits sind sie sich durchaus dessen bewußt, daß das Umformen Spuren hinterläßt.

Beispiel: Bei der Gleichung $x+3 = 5$ sagt der Schüler:
"Ich muß 3 auf die andere Seite bringen, dabei geht das, was

oben ist, nach unten."

Es ergibt sich: $x = \frac{5}{3}$.

Eine große Zahl von Fehlern läßt sich auf derartige Vorstellungen über Ziel und Wirkung deuten. Zweckmäßig wäre es natürlich, korrekt das Ziel und den einzuschlagenden Weg zu formulieren.

Beispiel: "Ich will 3 auf die andere Seite bringen, dazu subtrahiere ich 3 auf beiden Seiten."
oder:
"Ich will 3 auf der linken Seite beseitigen, dazu subtrahiere ich 3 auf beiden Seiten."

Es wäre schon viel gewonnen, wenn die Schüler die wichtigsten Umformungen wenigstens korrekt angeben könnten, also

bei den Termumformungen:
    Zusammenfassen,
    Ausmultiplizieren,
bei den Rechenoperationen:
    auf beiden Seiten die Zahl ... addieren,
    von beiden Seiten die Zahl ... subtrahieren,
    beide Seiten mit ... multiplizieren,
    beide Seiten durch ... dividieren.

Freilich setzt das voraus, daß sich die Schüler über die Wirkung dieser Maßnahmen im klaren sind. Gerade das ist aber häufig nicht der Fall. Bei BARUK findet sich eine Fülle mißlungener Äußerungen von Schülern (BARUK 1989).

Es ist wichtig, die Unterschiede zu sehen: Bei den Termumformungen von Gleichungen wird immer nur eine Seite umgeformt.

Beispiel: $2x + 3 + 5x - 2 = 15$
              $7x + 1 = 15$

Werden Gleichungen durch Rechenoperationen umgeformt, so muß dies beidseitig geschehen.

Beispiel: $7x + 1 = 15$
          $7x + 1 - 1 = 15 - 1$
          $7x = 14$

Die Umformungen durch beidseitige Rechnung kann man mit der Waage oder mit Hilfe von Längenvergleichen begründen.

3. Über das Lernen des Umganges mit Gleichungen

Beispiel: Die Waage bleibt im Gleichgewicht, wenn man auf beiden Seiten das gleiche Gewicht wegnimmt.

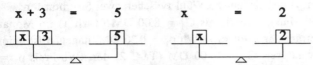

Schneidet man bei zwei gleich langen Strecken eine gleichlange Strecke ab, so ergeben sich wieder gleich lange Strecken.

$$\begin{array}{c} \underset{5}{\underline{x \quad 3}} \\ x+3=5 \\ \underset{2}{\underline{x}} \\ x = 2 \end{array}$$

3.3. Das Problem der Sachaufgaben

Besonders gefürchtet bei Schülern sind Sachaufgaben, die mit Gleichungen zu lösen sind. Es ist eine alte Erfahrung, daß die Hauptschwierigkeit beim Lösen von Sachaufgaben im Aufstellen der Gleichung bzw. der Gleichungen besteht. Die Lösung der Gleichung bereitet dann häufig keine besondere Schwierigkeit mehr.

Viele Sachaufgaben in den Lehrbüchern erwecken heute immer noch den Eindruck, daß es sich um "verkleidete" Aufgaben handelt. Z.B. "Eine fünfköpfige Familie ist zusammen 142 Jahre alt. Die Tochter ist halb so alt wie die Mutter, die um vier Jahre jünger ist als der Vater. Der Sohn ist um vier Jahre jünger als seine Schwester und um ein Jahr jünger als sein Bruder. Wie alt sind die einzelnen Personen?" Es ist letztlich eine sinnlose Aufgabe.

Solche Aufgaben können trotzdem stark motivierend wirken. So erzählt RODA RODA gelegentlich in einem Bericht über eine Amerikareise, daß die Leute, die sich in NewYork begegneten, sich die Frage zuzurufen pflegten: "Wie alt ist Anna?" Ganz NewYork knobelte nämlich an folgender Aufgabe: Maria ist 24 Jahre alt. Sie ist doppelt so alt, wie Anna war, als Maria so alt war, wie Anna jetzt ist. Wie alt ist Anna?

Andererseits gibt es natürlich konkrete Situationen des täglichen Lebens, in denen ein Problem auf eine Gleichung oder Ungleichung führt.

Beispiel: Ein Haushalt hat die Wahl zwischen zwei Stromtarifen: Bei einem Grundpreis G_1 = 8,00 DM (Tarif 1) im Monat beträgt der Preis pro kWh p_1 = 0,30 DM, dagegen ist beim Grundpreis G_2 = 16,00 DM (Tarif 2) der kWh-Preis p_2 = 0,25 DM. Welcher Tarif ist günstiger? Das hängt vom Verbrauch ab. Untersuchen wir also, für welche Energiemengen Tarif 1 günstiger als Tarif 2 ist. Die Preise für x kWh sind

$$y_1 = p_1 x + G_1$$
$$y_2 = p_2 x + G_2.$$

Für welche x gilt $y_1 < y_2$?

$$p_1 x + G_1 < p_2 x + G_2$$

Für $p_1 > p_2$ und $G_1 < G_2$ ergibt sich als äquivalente Ungleichung

$$x < \frac{G_2 - G_1}{p_1 - p_2}.$$

Als kritischen Wert erhält man in unserer Aufgabe einen Monatsverbrauch von 160 kWh.

Zusammenfassend wird man fordern: Sachaufgaben zu Gleichungen (Ungleichungen) sollten
- echte Umweltprobleme des Schülers ansprechen,
- einfach und klar in den Formulierungen sein, so daß Angaben und Probleme unmittelbar zu erkennen sind,
- Mathematisierungsprozesse einleiten können, die ohne mathematische Hilfsmittel nicht oder nur schwer lösbar sind.

Der Übergang von der Sachaufgabe zur Gleichung (Ungleichung) ist der wesentliche Schritt dieses Typs von Aufgaben. Während zum Lösen von Gleichungen (Ungleichungen) ein bestimmter Vorrat an Umformungs-Regeln zielgerichtet eingesetzt wird, ist das Finden des Ansatzes eine weniger eindeutige Aufgabe. Dazu braucht der Schüler folgende Fähigkeiten, die hier hierarchisch dargestellt sind:

3. Über das Lernen des Umganges mit Gleichungen

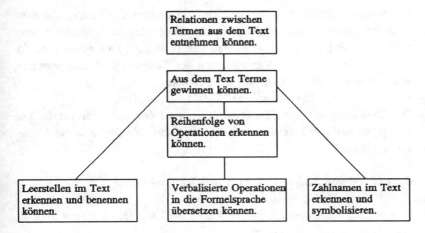

Nach den bisherigen Erfahrungen, die natürlich stark durch die Unterrichtsformen und das methodische Vorgehen bestimmt sind, zeichnen sich im wesentlichen zwei Strategien ab, die von den Schülern bevorzugt werden:

A. Der Schüler entscheidet, welche Größe gefragt ist; er bezeichnet sie (in der Regel) mit x.
Damit werden Terme zusammengesetzt.
Die Terme werden in Relation gesetzt.
Im Vordergrund steht also die gesuchte Größe.

B. Der Schüler erkennt eine Relation, die der Aufgabe zugrundeliegt, etwa: Eine Größe ist das 3-fache der anderen Größe.
Es werden Terme in Relationen zueinander gebildet, etwa: x und 3x.
Die Relation wird mit Hilfe der Terme ausgedrückt.

Im Vordergrund stehen die Beziehungen zwischen den auftretenden Größen. Die Wahl der Strategie hängt bei den Schülern vom Aufgabentyp und von ihren Fähigkeiten ab (DOBLAEV 1969).

Betrachten wir die beiden Aufgaben:

a) Zwei Zahlen unterscheiden sich um 2. Vermehrt man jede der beiden Zahlen um 3, so nimmt ihr Produkt um 45 zu. Wie heißen die beiden Zahlen?

b) Ein gleichschenkliges Dreieck hat einen Umfang von 15 cm. Jeder Schenkel ist doppelt so lang wie die Grundlinie. Wie lang sind die Seiten?

V. Gleichungen

Bei Aufgabe a) wird man die kleinere Zahl x nennen, die andere ist dann $x+2$. Ihr Produkt ist $x(x+2)$. Nun werden die Zahlen um 3 vermehrt. Man erhält $x+3$ und $x+5$ als neue Zahlen und $(x+3)(x+5)$ als neues Produkt. Das Produkt hat bei der Vergrößerung der Zahlen um 45 zugenommen, also erhält man durch Vergleich der Produkte

$$(x+3)(x+5) = x(x+2) + 45.$$

Die Beziehung, die zur Gleichung führt, wird erst am Ende erfaßt. Die Terme werden schrittweise von unten aufgebaut. Wir sind also der Strategie A gefolgt.

Bei der anderen Aufgabe hat man sogleich die Formel

$$U = g + 2s.$$

Nun werden die Daten eingesetzt: Für U die Zahl 15, für s setzt man 2g, also ergibt sich die Gleichung

$$15 = g + 4g.$$

Hier steht also die Beziehung im Vordergrund, die Terme schälen sich erst im Laufe der Überlegungen heraus. Dies entspricht der Strategie B.

Häufig ist es zweckmäßig, sich bei der Übersetzung zunächst einen Überblick über die Sachverhalte zu verschaffen. Das kann ein Schema oder eine Skizze sein. Für Aufgabe a) bietet sich folgende Darstellung an:

	Zu Anfang	Nach Änderung:
Kleinere Zahl:	x	$x+3$
Größere Zahl:	$x+2$	$x+5$
Produkt:	$x(x+2)$	$(x+3)(x+5)$
		bzw. $x(x+2) + 45$

Manche Texte sind übersetzungsfreundlich. Man kann der Aufgabenformulierung weitgehend folgen.

Beispiel: Die Zahl S der Studenten ist 6 mal so groß wie die Zahl P der Professoren.

Man übersetzt ohne Probleme: $S = 6P$

Andere Formulierungen sind tückisch. Sie verführen auch zur unmittelbaren Übersetzung, die aber offensichtlich falsch ist.

Beispiel: Sei S die Zahl der Studenten und P die Zahl der Professoren einer Universität. Auf einen Professor kommen 6 Studenten.

Man übersetzt: $P = 6S$

3. Über das Lernen des Umganges mit Gleichungen

Eine Arbeit von ROSNICK und CLEMENT (1980), in der dieser Fehler analysiert wurde, löste eine Fülle tiefliegender Betrachtungen aus (s. MALLE 1993). Bei der zweiten Formulierung muß man sich im Grunde erst einmal bewußt werden, welcher Sachverhalt vorliegt. Erst dann ist eine angemessene Übersetzung möglich.

Es ist eine ähnliche Situation wie bei der Übersetzung fremdsprachiger Texte in die eigene Sprache. Bei manchen Sätzen kann man Wort für Wort übersetzen, bei anderen muß man erst den Sinn erfassen und kann dann entsprechend formulieren.

Derartige Fehler können im Unterricht konstruktiv genutzt werden, um überhaupt erst auf Übersetzungsprobleme aufmerksam zu machen. Es ist wichtig, daß sich die Lernenden zunächst die Situation klarmachen. Allerdings erfordert dies in der Regel eine bewußte Loslösung vom Text und den Aufbau einer mathematisch strukturierten Darstellung, die sich gedanklich vollziehen kann oder an einer Skizze anschaulich wird. MALLE beschreibt dies als einen dreischrittigen Prozeß:
(1)   Vom Text zur konkret-anschaulichen Wissensstruktur,
(2)   von der konkret-anschaulichen Wissensstruktur zur abstrakt-formalen Wissensstruktur,
(3)   von der abstrakt-formalen Wissensstruktur zur Formel.
Jeder dieser Übergänge ist dabei fehleranfällig (MALLE 1993, S. 97 ff).

Eine Hilfe zum Übersetzen von Texten in Formeln ist das Übersetzen typischer Redewendungen, die in Sachaufgaben auftreten.
Beispiele: "Das Doppelte einer Zahl", "die Hälfte einer Zahl", "die eine Zahl ist um 3 größer als die andere", "nimmt um das Doppelte zu".
Doch kann das bei "blinder" Übertragung auch leicht zu Fehlern führen. Bei der Lösung von Sachaufgaben mit Gleichungen ist es schließlich zweckmäßig, eine *Probe* im Aufgabentext vorzunehmen. Man prüft also, ob der Text mit den gefundenen Größen stimmig ist. Erst eine solche Probe vermittelt das entsprechende Erfolgserlebnis.

4. Gleichungen im Unterricht

4.1. Entwicklung des Themenstranges

Im folgenden wollen wir in erster Linie Gleichungen und Ungleichungen mit Variablen betrachten.

Bereits in der Grundschule werden Aufgaben mit Variablen gestellt, bei denen eine Zahl zu bestimmen ist.
Beispiel: Bestimme die Zahl x
a) $3+5 = x$ b) $5+x = 7$ c) $x+3 = 8$
Man erwartet natürlich keine formale Lösung, sondern zunächst eine Übersetzung der Aufgabe in eine Formulierung, die unmittelbar eine Lösung liefert.
Beispiel: $5+x = 7$
Übersetzung: Welche Zahl muß ich zu 5 addieren, um 7 zu erhalten?

Ähnlich kann man nun auch zu Beginn der 5. Jahrgangsstufe einfache Gleichungen lösen. Man wird dann allerdings auch stärker argumentativ vorgehen, indem man z.B. zur Gegenaufgabe übergeht.
Beispiel: $5 + x = 7$ Gegenaufgabe: $7 - 5 = x$
$5 \cdot x = 15$ Gegenaufgabe: $15 : 5 = x$
Im 6. Schuljahr treten in den Gleichungen Brüche als Koeffizienten und als Lösungen auf. Auch hier wird in erster Linie argumentativ gelöst.

In der 7. Jahrgangsstufe können sich negative Zahlen als Lösungen und als Koeffizienten ergeben. Werden auch diese Gleichungen zunächst noch argumentativ gelöst, so folgt doch bald im Rahmen von Termumformungen das Lösen von Gleichungen mit Äquivalenzumformungen. Entwickelten sich die Gleichungen bis dahin mit dem Aufbau des Zahlensystems, so lehnen sie sich nun an die Entwicklung des Funktionsbegriffs an. Es folgen lineare Gleichungen und Gleichungssysteme, dann quadratische Gleichungen und Wurzelgleichungen, schließlich Gleichungen höheren Grades, Exponentialgleichungen und trigonometrische Gleichungen.

4. Gleichungen im Unterricht

4.2. Gleichungen und Ungleichungen in N

Auf Grund der engen Verbindung zu den natürlichen Zahlen treten Gleichungen in der 5. Jahrgangsstufe auf drei Arten in Erscheinung.

(1) Formulierung von Rechengesetzen
Ein wichtiges Anliegen in der 5. Jahrgangsstufe ist die Wiederholung und Vertiefung des Rechnens mit natürlichen Zahlen. Dabei spielen die Rechengesetze eine wichtige Rolle.
Man wird hervorheben:

$a+b = b+a \qquad a \cdot b = b \cdot a$
$a+(b+c) = (a+b)+c \qquad a \cdot (b \cdot c) = (a \cdot b) \cdot c$
$a \cdot (b+c) = a \cdot b + a \cdot c$

Sind die Regeln den Schülern bisher verbal oder an Zahlenbeispielen bewußt gemacht worden, so werden sie nun mit Variablen dargestellt. Man sollte auch anschauliche, aus der Grundschule bekannte, Darstellungen wählen:

3+4
4+3
2 · 3   3 · 2

2 · (3 + 4)
2 · 3   2 · 4

Die Darstellung der Formeln zur Assoziativität sind allerdings sehr unübersichtlich, so daß wir darauf verzichten.

(2) Formulierung von Rechenaufgaben
Zur Sicherung und Vertiefung des Rechnens werden Aufgaben auch in Form von Gleichungen gestellt. Zunächst wird man formulieren: "Bestimme x", so wie es den Schülern von der Grundschule her vertraut ist. Dann bietet es sich auch an, die Redewendung zu benutzen: "Löse die Gleichung" bzw. "Löse die Ungleichung". Es ist hier keineswegs erforderlich, die Begriffe Gleichung und Ungleichung zu "definieren". Sie ergeben sich

unmittelbar aus dem Kontext. Entsprechend wird man auch formulieren: "Bestimme die Lösungen".

Als Lösungsverfahren bieten sich an:
Gedankliches Lösen:
Beispiel: $3 \cdot x = 12$
  Mit welcher Zahl muß ich 3 multiplizieren, um 12 zu erhalten?
  Mit 4 (Einmal-Eins).

Gegenaufgabe:
Beispiel: $3 \cdot x = 12$
  Gegenaufgabe:
  $12 : 3 = x$
  also $x = 4$

Die folgenden Verfahren gestatten es auch, komplexere Gleichungen zu lösen.

Termvergleich:
$$3 \cdot x + 2 = 14$$
$$3 \cdot x + 2 = 12 + 2,$$
also:
$$3 \cdot x = 12$$
$$3 \cdot x = 3 \cdot 4$$
Wenn die gleichen Produkte in einem Faktor übereinstimmen, dann müssen sie auch im zweiten Faktor übereinstimmen.

$$x = 4$$

Gegenoperatoren:
$$x \cdot 3 + 2 = 14$$

$$x \xrightarrow{\cdot 3} x \cdot 3 \xrightarrow{+2} x \cdot 3 + 2$$
$$=$$
$$4 \xleftarrow{:3} 12 \xleftarrow{-2} 14$$

Es wird $x = 4$ abgelesen.

4. Gleichungen im Unterricht

Probieren:

x	x · 3 + 2	x · 3 + 2 = 14	
1	5	5 = 14	falsch
2	8	8 = 14	falsch
3	11	11 = 14	falsch
4	14	14 = 14	wahr

Man kann mit dem Wachsen der Werte argumentieren, daß weitere Einsetzungen keine Lösungen mehr ergeben werden. Lösung ist also 4.

Das Probieren bietet sich vor allem bei Ungleichungen an, bei denen mehrere Lösungen zu erwarten sind.

Termvergleich und Gegenaufgabe werden leicht von Lehrenden als Vorgriff auf die üblichen Äquivalenzumformungen mißverstanden. Das ist nicht der Fall. Der Übergang von

$$3 \cdot x = 12 \text{ zu } 12 : 3 = x$$

erfolgt eben nicht durch "beidseitige Division durch 3", sondern hier wird die Äquivalenz zwischen Multiplikation und Division angesprochen:

$$a \cdot b = c \text{ ist äquivalent zu } c : a = b.$$

Ungleichungen bieten sich als Kontrastbeispiele zu den Gleichungen an. Vor allem sind sie interessant, weil sie mehrere Lösungen haben können. Hier sind auch Umweltsituationen einzubeziehen, die auf Ungleichungen führen.

Beispiel: Der Fahrstuhl ist bis zu 5 Personen zugelassen. Diese Bedingung wird übersetzt in
$0 \leq x \leq 5$ für die Personenzahl x.

Es fragt sich, wie bei Gleichungen die Sonderfälle behandelt werden sollen, bei denen keine Lösung existiert oder jede natürliche Zahl Lösung ist.

Beispiele: $2 + x = x + 3$ keine Lösung.
$2 \cdot x = x + x$ jede natürliche Zahl ist Lösung.

Man sollte nun diese Aufgaben so formulieren, daß die Schüler mit solchen "Ausartungen" rechnen können.

Beispiele: "Versuche, geeignete Zahlen x zu finden"
"Für welche x gilt ...?"
"Überlege, ob es möglich ist, Zahlen x zu finden, so daß gilt...."

Wichtig ist die Einsicht, daß es in N unlösbare Gleichungen gibt, weil die Subtraktion und die Division nicht immer ausführbar sind. Diesen entscheidenden Mangel kann man in der Sprache der Gleichungen ausdrücken und damit auch den Schülern als Problem bewußt machen.

(3) Formeln

Einen ersten Eindruck von der Verwendung von Formeln können die Schüler bei der Ermittlung des Flächeninhalts eines Rechtecks durch geschicktes Zählen erhalten. Das Rechteck ist aus lauter Quadraten zusammengesetzt. Es sind 3 Streifen zu je 5 Quadraten, also: 3 · 5 Einheitsquadrate.

Daraus gewinnt man folgende Einsicht: Ein Rechteck mit a Streifen von je b Einheitsquadraten enthält a · b Einheitsquadrate. Für den Flächeninhalt A ergibt sich also: A = a · b.

Diese Formel ist natürlich noch nicht die allgemeine Flächeninhaltsformel für das Rechteck, stellt aber hier doch schon einen wichtigen Zusammenhang dar. Sie beschreibt demnach ein Rechenschema, dem bereits eine wichtige Idee zugrunde liegt. Die Formel ist Trägerin dieser Idee. Das kann man den Schülern bereits in dieser Situation bewußt machen.

4.3. Gleichungen in B

Die bei den natürlichen Zahlen in der 5. Jahrgangsstufe angesprochenen Bereiche zur Verwendung von Gleichungen und Ungleichungen setzen sich bei der Behandlung der Bruchrechnung fort.

4. Gleichungen im Unterricht

(1) Bruchrechenregeln

werden mit Gleichungen formuliert:

$$\frac{a}{c} + \frac{b}{c} = \frac{a+b}{c}$$

$$\frac{a}{b} \cdot \frac{c}{d} = \frac{a \cdot c}{b \cdot d}$$

$$\frac{a}{b} : \frac{c}{d} = \frac{a}{b} \cdot \frac{d}{c}$$

Etwas irritierend könnte es sein, daß in diesem Kontext die Variablen für natürliche Zahlen stehen, obwohl es doch um Regeln für das Rechnen mit Bruchzahlen geht. Andererseits kommt hier deutlich heraus, daß Brüche eben aus natürlichen Zahlen als Bausteinen gebildet werden. Zweckmäßigerweise werden die von der Darstellung unabhängigen Regeln für das Rechnen mit Bruchzahlen mit anderen Variablen ausgedrückt, also

$$r+s = s+r \quad \text{und} \quad r \cdot s = s \cdot r \quad \text{für } r,s \in \mathbb{B}.$$

(2) Formulierung von Rechenaufgaben

Aufgaben zu den Bruchrechenregeln kann man auch wieder in Form von Gleichungen stellen. Hierbei ergeben sich ebenfalls zwei Möglichkeiten, was die verwendeten Variablen anbelangt. Die Gleichung $\frac{2}{5} + \frac{x}{3} = \frac{11}{15}$ wird für $x \in \mathbb{N}$ betrachtet. Dagegen wird die Gleichung $\frac{2}{5} + x = \frac{11}{15}$ für $x \in \mathbb{B}$ untersucht. Beide Aufgaben haben ihren Reiz und sind geeignet, sich mit Brüchen vertraut zu machen. Doch muß man auch die Gefahr von Mißverständnissen sehen, wenn diese Aufgaben kommentarlos nacheinander gestellt werden.
Als Lösungsmethode kommt hier vor allem das Lösen mit Gegenoperatoren infrage.

V. Gleichungen

Beispiel: $\dfrac{2}{3} \cdot x + \dfrac{1}{6} = \dfrac{5}{12}$

$$x \xrightarrow{\cdot \frac{2}{3}} \dfrac{2}{3} \cdot x \xrightarrow{+\frac{1}{6}} \dfrac{2}{3} \cdot x + \dfrac{1}{6}$$

$$\dfrac{3}{8} \xleftarrow{:\frac{2}{3}} \dfrac{1}{4} \xleftarrow{-\frac{1}{6}} \dfrac{5}{12}$$

Man sollte auch nicht nur die "strenge" Form der Gleichungen wählen. Man kann entsprechende Aufgaben auch spannender als Zahlenrätsel verpacken.

Beispiel: Bestimme die fehlenden Zahlen!

$$2\dfrac{1}{2} \quad + \quad \square \quad = \quad 4$$
$$- \qquad\qquad - \qquad\qquad -$$
$$2 \quad + \quad \bullet \quad = \quad \triangle$$
$$\overline{\qquad\qquad\qquad\qquad\qquad\qquad\qquad}$$
$$\blacksquare \quad + \quad \dfrac{1}{2} \quad = \quad \bullet$$

(3) Formeln

Nachdem die Dezimalbrüche eingeführt worden sind, können nun auch im Rechteck die Seitenlängen *gemessen* werden. Damit kann die Formel für den Flächeninhalt des Rechtecks als Schema, nach dem für die Flächeninhaltsberechnung die Seitenlängen multipliziert werden müssen, gewonnen werden:

$$A = a \cdot b.$$

Entsprechend findet man für den Rauminhalt eines Quaders mit den Kantenlängen a,b,c den Rauminhalt V:

$$V = a \cdot b \cdot c.$$

Es empfiehlt sich, bei den Gleichungen nur mit Maßzahlen zu arbeiten, denn die Maßeinheiten würden sehr stören und auch zu Verwechslungen

Anlaß geben. Andererseits sollte man im Hinblick auf die Gepflogenheiten in der Physik gelegentlich auch in Gleichungen mit Maßeinheiten arbeiten.

Ungleichungen spielen vor allem bei der Frage der Abgeschlossenheit von $\mathbb{B}$ bezüglich der Subtraktion eine Rolle.

$$r - s \in \mathbb{B} \text{ genau dann, wenn } s < r.$$

Schließlich wird man Ungleichungen verwenden, um sich mit Fragen der Anordnung von $\mathbb{B}$ zu befassen. So stößt man auf die überraschende Eigenschaft: Die Menge der Bruchzahlen ist *dicht*, d.h. zwischen je zwei Bruchzahlen liegt wieder eine.

Man kann dies z.B. mit dem arithmetischen Mittel zeigen:

$$r < \frac{r+s}{2} < s \text{ für } r < s.$$

4.4. Gleichungen in $\mathbb{Q}$ als Rechenregeln

Mit den Bruchzahlen wurde die Gleichung $ax = b$ immer lösbar. Dagegen ist $a+x = b$ nur für $a < b$ lösbar. Dieser Mangel wird mit Hilfe der negativen Zahlen (einschließlich der 0) beseitigt. Sobald die rationalen Zahlen zur Verfügung stehen, lassen sich Gleichungen mit den üblichen Umformungen lösen.

Bis in die sechziger Jahre wurde die Einführung der negativen Zahlen mit der Einführung von Variablen, Termen und Gleichungen verbunden. Dies erwies sich als verwirrend. Heute hat es sich weitgehend durchgesetzt, zunächst die negativen Zahlen einzuführen und erst danach mit der Formelsprache der Algebra zu beginnen. Wir beschränken uns daher in diesem Abschnitt mit der Rolle der Gleichungen bei der Formulierung von Rechenregeln.

Man kann Regeln für das Rechnen mit rationalen Zahlen etwa so formulieren:

V. Gleichungen

$$(+m) + (+n) = +(m+n)$$
$$(-m) + (-n) = -(m+n)$$

$$(+m) + (-n) = \begin{cases} +(m-n), & \text{falls } m>n \\ 0, & \text{falls } m=n \\ -(n-m), & \text{falls } m<n \end{cases}$$

$$(-m) + (+n) = \begin{cases} +(n-m), & \text{falls } m<n \\ 0, & \text{falls } m=n \\ -(m-n), & \text{falls } m>n \end{cases}$$

$$(+m) \cdot (+n) = +(m \cdot n)$$
$$(-m) \cdot (-n) = +(m \cdot n)$$
$$(-m) \cdot (+n) = -(m \cdot n)$$
$$(+m) \cdot (-n) = -(m \cdot n)$$

Dabei gilt $m, n \in \mathbb{B}$. Abgesehen davon, daß hier eine große Zahl von Fällen aufgeführt ist, die sich in sprachlich formulierten Regeln teilweise zusammenfassen lassen, sind Formulierungen dieser Art verantwortlich für ein hartnäckiges Mißverständnis. Schüler behaupten steif und fest,

$$-a$$

muß negativ sein. Das ist richtig für $a \in \mathbb{B}$, aber das ist eben im weiteren Verlauf des Unterrichts eine unsinnige Einschränkung.

Dieses Mißverständnis hat Folgen. So wird z.B. nicht verstanden, daß gilt:

$$|x| = -x \text{ für } x < 0.$$

"Ich denke, der Betrag ist größer oder gleich 0!", meint ein Schüler konsterniert, als er diese Gleichung sieht!

Man sollte daher darauf *verzichten*, diese speziellen Regeln, die von der Darstellung der rationalen Zahlen abhängig sind, mit Variablen zu formulieren. Andererseits ist es nach Einführung der negativen Zahlen sinnvoll und für die weitere Algebra auch notwendig, die im folgenden zu benutzenden allgemeinen Regeln (Kommutativität, Assoziativität, Distributivität) mit Variablen zu formulieren. Auf die für die Gleichung und Ungleichung benötigten Regeln gehen wir im nächsten Abschnitt näher ein.

4. Gleichungen im Unterricht

4.5. Das Lösen von Gleichungen in $\mathbb{Q}$

Nach der Erarbeitung der rationalen Zahlen werden zunächst Terme und Termumformungen behandelt. Etwa nach dem Ausmultiplizieren von Summen ist der Zeitpunkt gekommen, sich intensiver mit Gleichungen und Ungleichungen zu befassen.

(1) Begriffe

Angesichts der Kritik an dem hohen Begriffsaufwand der Gleichungslehre ist es angebracht, die zu verwendeten Begriffe auf das für das Verstehen wirklich notwendige Minimum zu beschränken:

Gleichung:	Der Begriff ist unmittelbar klar.
Ungleichung:	Der Begriff ist nach dem bisherigen Gebrauch klar.
Lösung:	Eine Zahl, die beim Einsetzen zu einer wahren Gleichung oder Ungleichung führt.
Lösungsmenge:	Menge *aller* Lösungen einer Gleichung oder Ungleichung.
Äquivalenzumformung:	Umformung einer Gleichung oder Ungleichung, bei der sich die Lösungsmenge nicht ändert.

Wir haben einige Begriffe nicht aufgeführt, die in der Reform wichtig waren: Der Begriff der *Aussage* ist nützlich, wenn man den Begriff der Lösung erklärt. Man kann dann sagen: Lösungen sind Zahlen, die beim Einsetzen zu einer wahren Aussage führen. Wir haben gezeigt, wie man das umgehen kann. Andererseits kann man auch leicht den Begriff einführen. Er ist vor allem aus dem Rechtsleben (vor Gericht eine Aussage machen) den Schülern bekannt.

Der Begriff der *Aussageform* wurde als Oberbegriff für Gleichungen und Ungleichungen mit Variablen verwendet. Es ist ein Begriff der Logik, der in der Mathematik nicht gebräuchlich ist. Man kann ohne Verlust auf ihn verzichten.

Am problematischsten ist der Begriff der *Grundmenge*. Die Lösungsmenge einer Gleichung hängt ab von der Grundmenge. Dieser Sachverhalt ist wichtig und sollte den Schülern bewußt gemacht werden. Auch hier stellt sich aber wieder die Frage, ob dazu ein besonderer Begriff erforderlich ist. Man kann völlig unmißverständlich formulieren: Die Lösungsmenge einer Gleichung oder Ungleichung hängt ab vom zugrundeliegenden Zahlbereich. Bei der Betrachtung von Gleichungen und Ungleichungen wird man zwangsläufig auf die Sonderfälle der *unerfüllbaren* und der *allgemeingültigen* Gleichung oder Ungleichung stoßen. Diese Ausdrucksweisen sprechen für sich selbst und stellen praktisch keine wesentlichen Begriffsbildungen dar. Sie werden beiläufig als Arbeitsbegriffe verwendet und sind den Schülern unmittelbar klar. Daß diese Eigenschaften auch von der Grundmenge abhängen, ist leicht klar zu machen.

Schließlich stellt sich das Problem, wie man die Lösung hinschreibt. Bei einfachen Gleichungen ist klar, daß man fertig ist, wenn z.B. dasteht $x = 3$. Bei Ungleichungen gilt entsprechendes, wenn man bei Ungleichungen wie $x < 3$, $3 < x$, $-2 < x \leq 5$ oder ähnlichen landet. Besonders bei Ungleichungen wird man von Lösungsmengen *sprechen*, notieren wird man sie an der Zahlengeraden.

Beispiel: $\quad -2 < x \leq 5$

$\quad\quad\quad\quad$ statt $L = \{x \mid -2 < x \leq 5\}$,

$\quad\quad\quad\quad$ dargestellt an der Zahlengeraden

$$\circ\!\!-\!\!|\!\!-\!\!|\!\!-\!\!|\!\!-\!\!|\!\!-\!\!|\!\!-\!\!\bullet\!\!\longrightarrow$$
$$-2\ -1\ \ 0\ \ 1\ \ 2\ \ 3\ \ 4\ \ 5$$

Auch der Begriff der Lösungsmenge ist also als unmittelbar verständlicher Begriff anzusehen, wenn man weiß, was eine Lösung ist.

(2) Umformen

Beim Lösen von Gleichungen wird man zunächst nochmals an das bekannte Verfahren mit *Gegenoperatoren* anknüpfen.

Beispiel: $\quad 2x + 3 = 13$

$\quad\quad\quad\quad$ Gelöst mit Gegenoperatoren:

$$x \xrightarrow{\cdot 2} 2x \xrightarrow{+3} 2x+3$$
$$=$$
$$5 \xleftarrow{:2} 10 \xleftarrow{-3} 13$$

4. Gleichungen im Unterricht

Dreht man dieses Schema um, notiert man nur Umkehroperatoren und setzt man Gleichheitszeichen, dann ergibt sich:

$$\begin{array}{r} -3 \\ :2 \end{array} \left(\begin{array}{c} 2x + 3 = 13 \\ 2x = 10 \\ x = 5 \end{array} \right) \begin{array}{l} -3 \\ :2 \end{array}$$

Man hat hier jeweils auf beiden Seiten die gleiche Operation durchgeführt. Aus der letzten Zeile kann man unmittelbar die Lösung ablesen.

Hieraus ergibt sich das Ziel und andererseits ein Hinweis auf den möglichen Weg. Ziel ist es, die Gleichung oder Ungleichung so umzuformen, daß sich die Lösungsmenge nicht ändert, bis man schließlich die Lösung aus einer einfachen Gleichung oder Ungleichung ablesen kann.

Mit der beidseitigen Subtraktion zur Aufhebung einer Addition und der beidseitigen Division zur Aufhebung der Multiplikation erhält man auch bereits erste Hinweise auf zulässige Umformungen.

Im allgemeinen wird an dieser Stelle auf das *Waagemodell* Bezug genommen. Es wird zwar immer wieder kritisiert, doch bewährt es sich in der Praxis. Einwenden kann man einmal, daß dieses Modell gar nicht die Sicherheit liefert, daß sich die Lösungsmengen nicht ändern. Es liefert also keine semantischen Argumente. Ein anderer Einwand richtet sich dagegen, daß es sich nur auf positive Zahlen bezieht und daß Multiplikation und Division nicht allgemein behandelt werden. Andererseits liefert die Waage natürlich inhaltliche Argumente für einige Fälle, an denen immerhin das Prinzip deutlich wird, daß auf beiden Seiten die gleiche Operation angewendet werden muß.

220   V. Gleichungen

Beispiel: 2 · x + 3 = 9
Diese Gleichung wird durch die Waage dargestellt:

Auf beiden Seiten wird nun 3 kg weggenommen. Es bleibt Gleichgewicht:

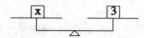

Nun halbiert man jeweils die Lasten und erhält:

Man liest die Lösung 3 ab.

(3) Umformungsregeln

Die Umformungsregeln müssen den Schülern allgemein als Eigenschaften rationaler Zahlen klargemacht und mit Variablen formuliert werden.
Also: $a = b$ ist äquivalent zu $a+c = b+c$,
$\qquad a = b$ ist äquivalent zu $a-c = b-c$,
$\qquad a = b$ ist für $c \neq 0$ äquivalent zu $ac = bc$,
$\qquad a = b$ ist für $c \neq 0$ äquivalent zu $a:c = b:c$.
Entsprechende Regeln gelten für die Ungleichungen, wobei bei Multiplikation und Division die Fallunterscheidungen $c > 0$ und $c < 0$ nötig sind.

In einem Körper kann man diese Regeln leicht aus den Körperregeln folgern. Aus der Eindeutigkeit der Addition ergibt sich:
$\qquad$ Aus $a = b$ und $c = c$ folgt $a+c = b+c$.
Umgekehrt erhält man:
$\qquad$ Aus $a+c = b+c$ und $(-c) = (-c)$ folgt
$\qquad\qquad (a+c)+(-c) = (b+c)+(-c)$,
also:
$\qquad\qquad a+(c+(-c)) = b+(c+(-c))$,

4. Gleichungen im Unterricht

daraus erhält man
$$a + 0 = b + 0$$
und damit
$$a = b.$$

Die Schwierigkeit für die Schüler bei diesen Schlüssen liegt darin, daß sie so einfach sind. Derartige formale Übungen sind in dieser Unterrichtssituation sinnlos und befriedigen nur den mathematischen Ehrgeiz der Lehrenden. Mit der Formulierung dieser Regeln, bei denen man die Waage als Modell im Hintergrund hat, ist alles für die Schüler Wesentliche getan. Gelegentlich wird vorgeschlagen, diese Regeln mit Großbuchstaben zu formulieren (z.b. MALLE 1993); ich halte das für eher verwirrend.

Man hat für das Lösen von Gleichungen und Ungleichungen auch Rechenregeln für *Terme* entwickelt (z.B. KUYPERS 1967). Damit wird jedoch nur unnötiger Aufwand betrieben, der die Bedeutung der Allgemeingültigkeit einer Aussageform verschleiert.

Die Schüler sollen sich also merken:
Eine Umformung einer Gleichung, bei der sich die Lösungsmenge nicht ändert, heißt *Äquivalenzumformung*. Wichtige Äquivalenzumformungen sind: Termumformung, beidseitige Addition oder Subtraktion einer Zahl, beidseitige Multiplikation oder Division mit einer von 0 verschiedenen Zahl.

Man wird bei den ersten Übungen die Schüler ihre Umformungen kommentieren lassen.

Beispiel:
$$3x + 5 + 4x - 2 = 24$$
Ordnen: $\quad 3x + 4x + 5 - 2 = 24$
Zusammenfassen: $\quad 7x + 3 = 24$
Beidseitige Subtraktion von 3: $\quad 7x = 21$
Beidseitige Division durch 7: $\quad x = 3$

Es ist übrigens keineswegs so, daß die Schüler wirklich das tun, was sie schreiben. Bei BARUK findet sich eine Fülle von Beispielen (BARUK 1989, S. 98), z.B.

$$+5\left\{\begin{array}{l}3x-5=0\\ 3x=5\\ x=\dfrac{5}{3}\end{array}\right.$$

Sie weist nach, daß es sich nicht etwa um Flüchtigkeitsfehler handelt, sondern daß die Angabe dessen, was angeblich gemacht wird, mit dem, was tatsächlich ausgeführt wird, nicht zusammenpaßt. Dieser Diskrepanz stehen die Lehrenden anscheinend hilflos gegenüber, wie Korrekturhinweise am Heftrand zeigen. Es ist unbedingt erforderlich, daß sich Lehrende und Lernende dieser Diskrepanz bewußt werden und daran arbeiten, sie zu beseitigen.

Merkwürdig ist auch, was für Schwierigkeiten eine Gleichung wie
$$15 = 3x$$
den Schülern bereitet:
>Auf beiden Seiten 3x subtrahiert:
>$$15 - 3x = 0.$$
>Auf beiden Seiten 15 subtrahiert:
>$$-3x = -15.$$
>Auf beiden Seiten durch −3 dividiert:
>$$x = 5.$$

Dabei ist es nochmal gut gegangen, denn jeder der gewählten Schritte ist erfahrungsgemäß sehr fehleranfällig. Die Symmetrie der Gleichheit ist den Schülern in diesem Kontext überhaupt nicht bewußt. Hier ist im Unterricht ganz offensichtlich etwas versäumt worden.

(4) Ziele
Nach der begrifflichen Fundierung wird man dann darangehen, die wichtigsten Lösungsverfahren zu erarbeiten. Dabei wird man als formale Ziele anstreben:
1. Sichere Beherrschung der Umformungsregeln.
    Das erreicht man durch verständiges Üben, indem man nicht blind manipuliert, sondern die zugrundeliegenden Regeln korrekt anwendet.

4. Gleichungen im Unterricht

2. Sicherheit bei der Erfassung von Gleichungs- und Ungleichungstypen (Situationsanalyse).
Das wird erreicht durch Differenzierung mit ähnlichem Übungsmaterial.
3. Sichere Beherrschung von Lösungsstrategien.
Dazu sind ausreichende Übungen zu jedem der verschiedenen Typen nötig.
4. Zielsicherheit bei Umformungen (Zielanalyse).
Dazu sollten zunächst die Schüler immer angeben, was sie mit einer bestimmten Umformung bezwecken.
5. Beherrschen der Umkehrumformungen (Reversibilität).
Dazu dienen Übungen im Lesen von Äquivalenzen von beiden Seiten her und im Umstellen von Äquivalenzen.
6. Schnelligkeit bei der Lösung von Gleichungen.
Das erreicht man durch Reduktion der Lösungsschritte. Das sollte der Lehrer den Schülern nicht aufzwingen, andererseits sollte er aber befähigte Schüler nicht mit einem unökonomischen Vorgehen bremsen. Er wird hier auf die individuelle Befähigung des Schülers eingehen müssen.

Es ist eine umstrittene Frage, ob man nur mit Äquivalenzumformungen oder auch mit Gewinn- und Verlustumformungen arbeiten sollte. Wenn kein besonderer Aufwand damit verbunden ist, benutzen Mathematiker meist Äquivalenzumformungen. Allerdings ist es gelegentlich zweckmäßiger, mit Verlustumformungen (Erzielung hinreichender Bedingungen) zu arbeiten, z.B. bei Abschätzungen, oder mit Gewinnumformungen (Erzielen notwendiger Bedingungen) bei schwierigen Gleichungen z.B. Differential- und Integralgleichungen.

In der Schule wird man soweit möglich mit Äquivalenzumformungen arbeiten. Bei Bruchgleichungen, Wurzelgleichungen und Gleichungssystemen wäre das allerdings nur mit großer Mühe möglich. Hier ist es sinnvoll, mit Folgerungen (Gewinnumformungen) zu arbeiten und dann die Probe zu machen.

4.6. Gleichungstypen in $\mathbb{Q}$

Im folgenden wollen wir auf einzelne Typen von Gleichungen näher eingehen. Dabei geht es uns vor allem darum, das Wechselspiel zwischen inhaltlichen, semantischen und syntaktischen Betrachtungen aufzuzeigen.

(1) Lineare Gleichungen und Ungleichungen
Der Komplexitätsgrad der Gleichungen wird schrittweise gesteigert. Bei den Termen treten durchaus auch bereits Potenzen bei den Variablen auf, doch lassen sich die Gleichungen durch Termumformungen oder sonstige Äquivalenzumformungen auf die Form
$$ax + b = c$$
bringen. Dieser Gleichungstyp wird auch in Verbindung mit der Funktionsgleichung $y = ax + b$ gebracht und liefert damit einen Ansatz zu inhaltlichen Betrachtungen. Insbesondere kann man gut die Gleichung allgemein auf Lösbarkeit diskutieren:

Für $a = 0$ hat man als Graph der Funktion $x \to b$ eine Parallele zur x-Achse. Falls $b = c$, erhält man $\mathbb{Q}$ als Lösungsmenge, denn für jeden x-Wert wird dann der y-Wert c angenommen. Für $c \neq b$ ist dagegen die Lösungsmenge leer.

Für $a \neq 0$ erhält man als Graph eine Gerade, bei der der y-Wert c genau einmal angenommen wird.

Man wird schließlich auch allgemein die Gleichung $Ax + By + C = 0$ betrachten. Zunächst ist deutlich zu machen, daß Lösungen hier *Paare* $(x;y) \in \mathbb{Q} \times \mathbb{Q}$ sind.
Für $B \neq 0$ stellt die Menge $\{(x;y) \mid Ax + By + C = 0\}$ eine Funktion $x \to y$ dar. Ihr Graph ist eine Gerade. Für $B = 0$ und $A \neq 0$ erhält man als Lösungsmenge keine Funktion; geometrisch handelt es sich jedoch ebenfalls um eine Gerade, nämlich um eine Parallele zur y-Achse.
Allgemein hat man also:
  Eine Gerade kann man darstellen als Lösungsmenge einer Gleichung:
  $\{(x;y) \mid y = ax + b\}$ oder $\{(x;y) \mid x = c\}$.
Damit hat man zugleich die Grundlagen für die Behandlung linearer Gleichungssysteme mit zwei Variablen gelegt.

4. Gleichungen im Unterricht

(2) Lineare Gleichungssysteme und Ungleichungssysteme
Verbindet man zwei Gleichungen mit den Variablen x und y durch "und", so erhält man ein Gleichungssystem

$$a_1 x + b_1 y = c_1$$
und
$$a_2 x + b_2 y = c_2$$

Lösungen eines solchen Gleichungssystems sind *Paare* (x;y). Grundmenge ist also $\mathbb{Q} \times \mathbb{Q}$. KIRSCH hat in einer eingehenden Studie darauf hingewiesen, welche Verständigungsschwierigkeiten bei den Schülern entstehen müssen, wenn sie nicht darauf hingewiesen werden, daß nicht x und y, sondern (x;y) Lösung ist. Andererseits hält er es für übertrieben, Lösungen immer nur in Lösungsmengen zu notieren (KIRSCH 1991). Dabei scheinen Schüler zu glauben, (x;y) sei bereits eine Lösungsmenge (weil ja zwei Werte in Klammern angegeben werden!).

Wie wir eben gesehen hatten, ist durch jede einzelne der Gleichungen eine Gerade als Lösungsmenge gegeben. Die Bestimmung der Lösungsmenge eines Systems kann daher inhaltlich als Suche nach gemeinsamen Punkten der Geraden gedeutet werden. Damit ist es sofort möglich, Aussagen über die Lösbarkeit eines solchen Systems zu machen. Es können folgende Fälle eintreten:

Die Lösungsmenge besteht aus einem Paar, falls die Geraden genau einen Schnittpunkt haben.

Die Lösungsmenge ist leer, falls die Geraden parallel zueinander sind.

Die Lösungsmenge ist die Gerade, wenn die Geraden zusammenfallen.

Diese Bedingungen kann man auch leicht in Bedingungen über die Koeffizienten übersetzen.

Als Lösungsverfahren werden meist entwickelt: *Gleichsetzungsverfahren, Einsetzungsverfahren, Additionsverfahren*.
Gelegentlich werden auch schon Determinanten empfohlen. Man sollte daran denken, daß lineare Gleichungssysteme ausführlich in der Sekundarstufe II in der linearen Algebra behandelt werden. Schließlich können diese Aufgaben leicht mit Algebraprogrammen vom Computer gelöst werden. Es geht also hier darum, Grundvorstellungen zu wecken.

226 V. Gleichungen

Das Lösungsverfahren besteht immer darin, durch geschickte Umformungen aus zwei Gleichungen mit zwei Variablen eine Gleichung mit einer Variablen zu machen. Daß dabei jedoch in Gedanken die anderen Gleichungen mitgeführt werden und man insbesondere immer weiter im Auge haben muß, daß man Paare (x;y) betrachtet, bleibt anscheinend vielen Schülern verborgen (KIRSCH 1991).

Schließlich muß deutlich werden, daß es sich bei den Umformungen um *Folgerungen* handelt. Es ist also die Probe erforderlich, wenn nicht bereits klar ist, welcher der drei Fälle vorliegt.

Man kann nach Behandlung der Gleichungssysteme auch einen "kleinen Ausflug" zu den Ungleichungssystemen und der linearen Optimierung unternehmen. Dieser wichtige Aufgabentyp wurde zu Beginn der sechziger Jahre für den Unterricht erschlossen (WIGAND 1959).

Beispiel: Eine Großhandlung will eine Mischung aus Haselnüssen und Walnüssen herstellen. Sie will mindestens 140 kg Walnüsse und mindestens 120 kg Haselnüsse verarbeiten. Von jeder Sorte sollen es jedoch höchstens 400 kg sein. Insgesamt sollen höchstens 600 kg Nußmischung hergestellt werden. Bei den Walnüssen beträgt der Gewinn 80 Pf/kg, bei den Haselnüssen 60 Pf/kg. Bei welcher Mischung wird der Gewinn maximal?

Die Bedingungen werden in Ungleichungen übersetzt. Dabei bezeichnet x das Gewicht der Walnüsse, y das Gewicht der Haselnüsse. Für den Gewinn z wird ermittelt: z = 80x + 60y.

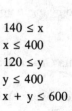
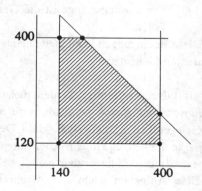

4. Gleichungen im Unterricht

Für welche Paare (x;y) der Lösungsmenge des Systems wird z = 80x + 60y maximal? Lösungsmenge des Ungleichungssystems ist das 5-Eck mit den Ecken (140;120), (400;120), (400;200), (200;400), (140;400). (Es ergibt sich geometrisch als Schnitt der zu den Ungleichungen gehörenden Halbebenen.) Eine über einem konvexen Polygon definierte Funktion z = Ax + By + C nimmt ihren Extremwert stets in einer Ecke oder in allen Punkten einer Seite an. (Dieser Satz wird der Anschauung entnommen.) Durch Probieren erhält man für z = 80x + 60y den Punkt (400;200) als Punkt mit maximalem z.

(3) Bruchgleichungen und Bruchungleichungen

Wir hatten schon darauf hingewiesen, daß Bruchgleichungen das Problem aufwerfen, daß die Terme für bestimmte Einsetzungen nicht definiert sind, weil die Nenner 0 werden. Wir empfehlen für die von PICKERT (1980) vorgeschlagene Konvention, daß Gleichungen für unzulässige Einsetzungen den Wahrheitswert "falsch" erhalten. Damit erübrigen sich Überlegungen zum Definitionsbereich weitgehend.

Traditionell werden bei Bruchgleichungen die Brüche in einem ersten Schritt durch beidseitige Multiplikation mit dem Hauptnenner beseitigt. Damit erhält man eine Folgerung.

Man kann auch äquivalent umformen, indem man so umformt, daß man schließlich einen einzigen Bruch mit 0 vergleicht.

Beispiel: Lösen durch Vergleichen mit 0:

$$\frac{2x+1}{x} + \frac{x-1}{2x} = \frac{x-5}{3x}$$

Gleichnamig machen:

$$\frac{6(2x+1)}{6x} + \frac{3(x-1)}{6x} = \frac{2(x-5)}{6x}$$

Ausmultiplizieren:

$$\frac{12x+6}{6x} + \frac{3x-3}{6x} = \frac{2x-10}{6x}$$

Beidseitiges Subtrahieren:

$$\frac{12x+6}{6x} + \frac{3x-3}{6x} - \frac{2x-10}{6x} = 0$$

Addieren:

$$\frac{12x+6+3x-3-2x+10}{6x} = 0$$

Zusammenfassen:

$$\frac{13x+13}{6x} = 0$$

Ein Bruch ist genau dann 0, wenn der Zähler 0 und der Nenner ungleich 0 ist.

$13x + 13 = 0$ *und* $6x \neq 0$
$13x = -13$ *und* $x \neq 0$
$x = -1$ *und* $x \neq 0$

Lösung: -1

Dieses Verfahren ist auch besonders geeignet zum Lösen von Bruchungleichungen.

Beispiel: $\quad \dfrac{2x+1}{x} + \dfrac{x-1}{2x} > \dfrac{x-5}{3x}$

Äquivalent umgeformt wie eben ergibt:

$$\frac{13x+13}{6x} > 0.$$

Dies ist äquivalent zu:

$13x + 13 > 0$ *und* $6x > 0$

oder

$13x + 13 < 0$ *und* $6x < 0$.

Das ist äquivalent zu:

$x > -1$ *und* $x > 0$

oder

$x < -1$ *und* $x < 0$.

Die erste Bedingung kann man zusammenfassen zu

$x > 0$,

die zweite kann man zusammenfassen zu

$x < -1$.

Also ergibt sich die Bedingung:

$x > 0$ *oder* $x < -1$.

4. Gleichungen im Unterricht

Die Lösungsmenge kann man an der Zahlengeraden darstellen:

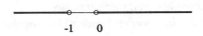

Man sieht hier, daß dieser Aufgabentyp doch einiges an logischen Fähigkeiten erfordert. Hier gerät man sicher an die Grenze der Leistungsfähigkeit der Schüler in dieser Altersstufe.

(5) Formeln

Formeln sind aus der Sicht der Algebra Gleichungen mit mehreren Variablen, die in der Regel für Größen stehen. Es ergeben sich vier wichtige Schritte:

Aufstellen einer Formel
Wir hatten auf diese Problemstellung bereits bei der Aufstellung von Termen und der Darstellung von Funktionen hingewiesen.

Interpretation einer Formel
Formeln lassen sich mit Hilfe von Funktionen interpretieren. Sie stellen Zusammenhänge zwischen verschiedenen Größen dar. Funktionsbetrachtungen unterstützen das Verständnis für diese Abhängigkeiten. Umgekehrt liefert das Verständnis dieser Zusammenhänge eine inhaltliche Grundlage für Umformungen.

Auflösen einer Formel
Die Schüler müssen Formeln nach jeder Variablen auflösen können. Dabei werden die bisher verwendeten Umformungen benutzt.

Einsetzen
Im letzten Schritt werden die gegebenen Größen eingesetzt. Die gesuchte Größe wird berechnet.

Wir hatten bereits früher darauf hingewiesen, daß es für leistungsschwächere Schüler günstiger ist, in die Ausgangsformel einzusetzen und dann erst umzuformen und nach der gesuchten Variablen aufzulösen.

V. Gleichungen

Als Sachbereiche für Formeln bieten sich geometrische Berechnungen (Umfänge, Flächeninhalte zusammengesetzter Flächen), einfache physikalische oder wirtschaftliche Zusammenhänge an.

Beispiele: (1) Gib eine Formel für den Umfang der Fläche an.

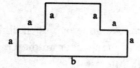

Berechne den Umfang für $U = 10$ cm und die Länge $a = 1$ cm die Länge b.

(2) Für die Ausdehnung eines Stabes der Länge l_0 bei 0° auf die Länge t_0 bei der Temperatur t gilt

$$t = t_0(1 + \alpha t),$$

α heißt der Längenausdehnungskoeffizient. Löse nach α auf.

(3) Die Entwicklung eines Films kostet 2,20 DM, für eine Vergrößerung wird 0,40 DM berechnet. Gib eine Formel für den Gesamtpreis p bei n Vergrößerungen an. Wie viele Vergrößerungen wurden bei einem Gesamtpreis von 14,20 DM berechnet?

4.7. Gleichungstypen in R

Im 9. Schuljahr lernen die Schüler im Bereich der reellen Zahlen das Quadrieren und das Wurzelziehen kennen. Bei den Funktionen werden quadratische Funktionen und Wurzelfunktionen betrachtet. Aus der Frage nach dem Schnitt von Parabeln mit der x-Achse erwachsen die quadratischen Gleichungen. Häufig werden dagegen Bruchgleichungen betrachtet, die auf quadratische Gleichungen führen. Wurzelgleichungen sind vor allem als Beispiele für Gewinnumformungen beim Quadrieren interessant. Schließlich spielen im Kontext des Potenzierens Gleichungen höheren Grades und im Kontext der Exponentialfunktionen auch Exponentialgleichungen eine untergeordnete Rolle. Entsprechendes gilt für die trigonometrischen Gleichungen.

4. Gleichungen im Unterricht

Im folgenden beschränken wir uns auf die quadratischen Gleichungen, Wurzelgleichungen und Gleichungen höheren Grades.

(1) Quadratische Gleichungen

Quadratische Gleichungen ergeben sich aus der Frage nach Nullstellen quadratischer Funktionen. Aus der Betrachtung der Parabeln ist unmittelbar ersichtlich, daß es für die Lösungsmenge folgende Möglichkeiten gibt:

$$x^2 + px + q = 0$$

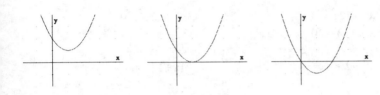

Keine Schnittpunkte   1 Schnittpunkt   2 Schnittpunkte
                                    (Berührpunkt)

Dies ist den Schülern klar, wenn sie die quadratischen Funktionen studieren. Für die Entwicklung einer Lösungsstrategie gibt es zwei Zugänge. Dabei geht man jeweils zunächst Sonderfälle an.

Man kann einmal die Äquivalenz benutzen:

$ab = 0$ ist äquivalent zu $a = 0$ *oder* $b = 0$

Unter Verwendung der Beträge kann man auch wie folgt argumentieren:

Für $b \geq 0$ ist $a^2 = b$ ist äquivalent zu $|a| = \sqrt{b}$.

Wir wollen zeigen, wie man mit diesen beiden Äquivalenzen arbeitet.

232 V. Gleichungen

| Nullwerden eines Produkts | Beidseitiges Wurzelziehen |

Beispiele

(1) $x^2 - 3 = 0$ $x^2 - 3 = 0$
      $(x - \sqrt{3})(x+\sqrt{3}) = 0$ $x^2 = 3$
      $x - \sqrt{3} = 0$ *oder* $x + \sqrt{3} = 0$ $|x| = \sqrt{3}$
      $x = \sqrt{3}$ *oder* $x = -\sqrt{3}$ $x = \sqrt{3}$ *oder* $x = -\sqrt{3}$

(2) $x^2 + 2x = 0$ $x^2 + 2x = 0$
      $x(x+2) = 0$ $x^2 + 2x + 1 = 1$
      $x = 0$ *oder* $x + 2 = 0$ $(x+1)^2 = 1$
      $x = 0$ *oder* $x = -2$ $|x+1| = 1$
                                   $x + 1 = 1$ *oder* $x + 1 = -1$
                                   $x = 0$ *oder* $x = -2$

(3) $x^2 - 2x - 3 = 0$ $x^2 - 2x - 3 = 0$
      $x^2 - 2x + 1 = 4$ $x^2 - 2x + 1 = 4$
      $(x - 1)^2 = 4$ $(x - 1)^2 = 4$
      $(x - 1)^2 - 2^2 = 0$ $|x - 1| = 2$
      $((x - 1)+2)((x - 1)-2) = 0$ $x - 1 = 2$ *oder* $x - 1 = -2$
      $(x+1)(x - 3) = 0$ $x = 3$ *oder* $x = -1$
      $x = -1$ *oder* $x = 3$

Vergleicht man die beiden Wege, dann sind sicher die Terme beim "Nullwerden eines Produkts" etwas komplizierter. Im Fall des beidseitigen Wurzelziehens gibt es aber die Fallunterscheidungen beim Betrag. Außerdem ist hier der zweite Sonderfall nur unwesentlich einfacher als der allgemeine Fall.

Natürlich wird man die Gleichung auch allgemein lösen, um die Lösung formal herzuleiten. Wir wählen beidseitiges Wurzelziehen:

4. Gleichungen im Unterricht

$$x^2 + px + q = 0$$

$$x^2 + px + \frac{p^2}{4} = \frac{p^2}{4} - q$$

$$(x + \frac{p}{2})^2 = \frac{p^2}{4} - q$$

Für $\frac{p^2}{4} - q \geq 0$ gilt

$$|x + \frac{p}{2}| = \sqrt{\frac{p^2}{4} - q}.$$

Daraus folgt

$$x + \frac{p}{2} = \sqrt{\frac{p^2}{4} - q} \quad oder \quad x + \frac{p}{2} = -\sqrt{\frac{p^2}{4} - q},$$

also

$$x = -\frac{p}{2} + \sqrt{\frac{p^2}{4} - q} \quad oder \quad x = -\frac{p}{2} - \sqrt{\frac{p^2}{4} - q}.$$

Nun gibt es Lehrer, die gute Gründe dafür angeben, daß es besser sei, eine Lösungsformel für die allgemeine Gleichung
$$ax^2 + bx + c = 0$$
einzuprägen. Ich muß gestehen, daß ich hier immer noch unter dem Einfluß meines Mathematiklehrers, GENGE, stehe, der dafür sorgte, daß ich mir die Lösungsformel für $x^2 + px + q = 0$ eingeprägt habe.

Schließlich gibt es eine Diskussion, ob man die Schüler überhaupt zunächst mit quadratischer Ergänzung oder gleich mit der Lösungsformel lösen lassen sollte. Die Schüler sollten das Prinzip mit der quadratischen Ergänzung erst mal an einigen Beispielen erfahren haben. Dann wird man die allgemeine Herleitung der Formel erarbeiten. Danach wäre es eigentlich "Schikane", die Lösungsformel zu verbieten.

(2) Wurzelgleichungen

Die Problematik der Wurzelgleichungen wird leicht an einem Beispiel deutlich:

Beispiel: $\sqrt{x+7} = x + 1$

Beidseitiges Quadrieren ergibt:
$x+7 = (x+1)^2$.

Durch Termumformung erhält man:
$x+7 = x^2 + 2x + 1$.

Beidseitige Subtraktion von $x+7$ und Vertauschen ergibt:
$x^2 + 2x + 1 - x - 7 = 0$.

Zusammenfassen führt zu:
$x^2 + x - 6 = 0$.

Zerlegen in ein Produkt ergibt:
$(x-2)(x+3) = 0$.

Dies ist äquivalent zu
$x = 2$ oder $x = -3$.

Setzt man diese Zahlen in die Ausgangsgleichung ein, dann erhält man

$\sqrt{2+7} = \sqrt{9} = 3,$ $\quad\sqrt{-3+7} = \sqrt{4} = 2,$
$\quad 2 + 1 = 3,$ $\quad\quad\quad\quad -3 + 1 = -2.$

Nur 2 ist Lösung der Wurzelgleichung.

Daß Quadrieren keine Äquivalenzumformung ist, kann man leicht am Beispiel: $x=2$ erkennen.

$x = 2$ hat die Lösungsmenge $\{2\}$.

$x^2 = 4$ hat die Lösungsmenge $\{2, -2\}$.

(3) Algebraische Gleichungen höheren Grades (≥ 3)

Nach den Ergebnissen der Galoistheorie und dem Satz von ABEL ist man gezwungen, sich beim Lösen von Gleichungen höheren Grades auf Sonderfälle zu beschränken.

In der didaktischen Literatur finden sich zahlreiche Ansätze, wenigstens noch die Gleichungen niedrigen Grades auf Radikale zurückzuführen. So regen KIDALLA und PAASCHE noch 1966 die Verwendung einer gemeinsamen Methode zur Auflösung der Gleichungen 3. und 4. Grades an, die symmetrische Grundfunktionen benutzt. In der Lehrbuchliteratur haben

4. Gleichungen im Unterricht

sich alle diese Vorschläge nicht durchsetzen können. Man beschränkt sich auf die allgemeine Lösung der quadratischen Gleichung und behandelt Gleichung höheren Grades nur in Sonderfällen oder mit Näherungsmethoden.

Im Zusammenhang mit Kurvendiskussionen in der Sekundarstufe II werden folgende Sätze behandelt:

Satz 1   Für $\sum_{i=0}^{n} a_i x^i = 0$ mit $a_n = 1$, $a_i \in \mathbb{Z}$

gilt
(1) Ist eine Lösung rational, dann sogar ganz.
(2) Ist eine Lösung ganz, dann ist sie ein Teiler von a_0.

Zum Beweis nimmt man eine Lösung $\frac{p}{q}$ an, setzt ein und multipliziert beidseitig mit q^n. Dann kann man die Ergebnisse ablesen.

Satz 2   Ist α eine Lösung von $\sum_{i=0}^{n} a_i x^i = 0$, $a_i \in \mathbb{R}$, dann ist

$\sum_{i=0}^{n} a_i x^i$ teilbar durch $(x - \alpha)$.

Zum Beweis dividiert man durch $(x - \alpha)$ und nimmt einen Rest an. Durch Einsetzen von α erhält man dann, daß der Rest 0 sein muß.

Die Bedeutung für den Unterricht liegt bei Satz 1 in der Möglichkeit, Lösungen durch Probieren finden zu können, für Satz 2 in der Reduktion des Grades bei einer durch Probieren gefundenen Lösung. Wenn man also in der Schule eine Gleichung höheren Grades vorgibt, dann hat sie meist so viele ganzzahlige Lösungen, daß man durch Division auf eine quadratische Gleichung kommt, die dann nach der Formel lösbar ist.

(4) Systematische Fehlersuche

Das Umformen von Gleichungen und Ungleichungen ist fehleranfällig. Man sollte bewußt Beispiele für "intelligente" Fehler im Unterricht einsetzen, um die Schüler dazu zu bringen, daß sie
● Ergebnisse kritisch betrachten,

V. Gleichungen

(Kann das Ergebnis überhaupt stimmen?)
● Umformungsregeln auf Anwendbarkeit überprüfen,
(Darf man überhaupt so folgern?)
● Umformungen auf richtige Durchführung überprüfen.
(Habe ich richtig umgeformt?)

Beispiel:
$a = b \leftrightarrow a^2 = ab \leftrightarrow a^2-b^2 = ab-b^2 \leftrightarrow (a+b)(a-b) = b(a-b)$
(Fehler!)
$\leftrightarrow a + b = b$
(Fehler!)
$\leftrightarrow a = 0$

oder:
$0,2^x < 2$
$\leftrightarrow \lg (0,2)^x < \lg (2)$
$\leftrightarrow x \cdot \lg (0,2) < \lg (2)$
$\leftrightarrow x < \dfrac{\lg (2)}{\lg (0,2)}$
(Fehler!)
$\leftrightarrow x < \dfrac{\lg (2)}{\lg (2)-1}$
$\leftrightarrow x < \dfrac{1}{1-\dfrac{1}{\lg (2)}}$

4. Gleichungen im Unterricht

Rückblick

Gleichungen und Ungleichungen lassen sich mit Begriffen der Mengenlehre und der Logik im Unterricht durchsichtig behandeln. Lösungsverfahren lassen sich anschaulich an Modellen erläutern und mit Hilfe der Verknüpfungseigenschaften des jeweils zugrundeliegenden Zahlbereichs begründen. Gleichungen und Ungleichungen sind eng verbunden mit den anderen Themenbereichen des Algebraunterrichts. Das bezieht sich sowohl auf die Problemstellungen als auch auf die Methoden. Die Schüler lernen im Laufe ihrer Schulzeit immer kompliziertere Gleichungen und Ungleichungen immer effektiver zu lösen.

Ausblick

Nachdem die Themenstränge des Algebraunterrichts behandelt worden sind, soll in einem letzten Kapitel allgemein über den Beitrag des Algebraunterrichts zu mathematischer Erkenntnis nachgedacht werden. Dabei stehen folgende Fragen im Vordergrund:

(1) Welche Sachverhalte aus dem Algebraunterricht verdienen es, als Sätze hervorgehoben zu werden?
Wie kann man den Schülern helfen, selbst Beweise dieser Sätze zu finden?

(2) Welche Einsichten können die Schüler im Algebraunterricht über Begriffsbildung gewinnen? Wie kann man ihnen im Konflikt zwischen Anschauung und Strenge helfen?

(3) Wie lassen sich die in der Sekundarstufe I im Algebraunterricht behandelten Inhalte in die Mathematik einordnen? Bestehen Möglichkeiten, den Schülern eine Vorstellung von Algebra als Theorie der algebraischen Strukturen zu vermitteln?

VI. Erkenntnis im Algebraunterricht

Die Vorstellungen von Mathematik werden in der Sekundarstufe I stark von der Algebra geprägt. Obwohl die Lehrenden darum bemüht sind, Querverbindungen zwischen Algebra und Geometrie zu schaffen, dominiert im Unterricht die Algebra. Das hat unterschiedliche Gründe.

- Die in der Algebra zu vermittelnden Kenntnisse und Fähigkeiten haben für den Mathematikunterricht der Sekundarstufe II bis hin zu den Anforderungen der Reifeprüfung viel mehr Bedeutung als geometrische Kenntnisse und Fähigkeiten.
- Viele Schüler haben erhebliche Schwierigkeiten mit der Algebra, denen die Lehrenden durch vermehrtes Üben begegnen, so daß schließlich immer weniger Zeit für Geometrie bleibt.
- Leistungen sind in Algebra leichter zu kontrollieren als in der Geometrie. So haben algebraische Aufgaben in Klassenarbeiten stärkeres Gewicht als geometrische.
- Geometrie spielt im Mathematikstudium kaum noch eine Rolle. Viele Lehrende übernehmen die sich darin ausdrückende Abwertung der Geometrie auch für ihren Unterricht, zumal sie häufig selbst keine Beziehung zur Geometrie haben (KIRSCH 1980).

Diese Gründe für die Dominanz der Algebra zeigen zugleich eine sehr einseitige Akzentsetzung: Im Vordergrund des Algebraunterrichts steht das Lehren von *Kalkülen*. Dies hinterläßt bei den Schülern den Eindruck, in der Mathematik gehe es in erster Linie um *Verfahren*, die nach bestimmten *Regeln* durchzuführen sind. Der Wert der Algebra ist für die Lernenden vor allem von der Wirksamkeit ihrer Verfahren bestimmt. Im Vordergrund steht damit der *Nutzen* und zwar sowohl innerhalb der Mathematik und ihrer Anwendungsgebiete, als auch im Hinblick auf das schulische Weiterkommen der Lernenden.

Auch in der Geschichte der Mathematik spielte der Nutzen der Algebra als Gegenstand und Methode eine wichtige Rolle. Ihre Methoden haben die Geometrie belebt und neue Sichtweisen eröffnet. Andererseits würde man Algebra zu einseitig sehen, wenn man sie nur auf den Nutzen reduzierte. Wenn WEYL von einem "algebraischen Verständnis der reellen

Zahlen" spricht, dann weist er auf Erkenntnis hin, die durch Algebra gewonnen werden kann (WEYL 1932). Zwar haben wir in den vorangegangenen Kapiteln immer wieder Hinweise auf Erkenntnisse und Einsichten gegeben, die im Algebraunterricht vermittelt werden sollen und werden können, doch scheint es uns angesichts der häufig zu beobachtenden Verengungen im Algebraunterricht notwendig zu sein, das Problem algebraischer Erkenntnis eingehender zu behandeln.

1. Sätze im Algebraunterricht

Mathematische Erkenntnis schlägt sich in axiomatisch aufgebauten Theorien in Axiomen und Sätzen nieder. Die Sätze haben durchaus unterschiedliches Gewicht. Ein besonders wichtiger Satz wird vielleicht als "Hauptsatz" hervorgehoben. Ergibt sich eine Aussage unmittelbar, dann spricht man meist nur von einer "Folgerung". Im allgemeinen ist es jedoch in mathematischen Texten für den Leser schwer zu erkennen, wie das Gewicht der einzelnen Sätze zu sehen ist (VOLLRATH 1993).

Im Mathematikunterricht werden Aussagen in unterschiedlicher Weise ausgezeichnet. In der Geometrie spricht man traditionell von Sätzen. Wenn sie hervorgehoben werden sollen, dann weist man auf den Inhalt hin (z.B. Sehnen-Tangenten-Satz) oder auf einen wichtigen Mathematiker, der in Verbindung mit diesem Satz steht (z.B. Satz des Thales, Satz des Pythagoras).

Im Algebraunterricht spricht man dagegen eher von *Regeln*, und man hebt *Formeln* hervor (z.B. binomische Formeln, Lösungsformel). Als einziger "Satz" wird meist der "Vietasche Wurzelsatz" angesprochen. In der Sekundarstufe II wird dann auch noch auf den "Fundamentalsatz der Algebra" verwiesen. Die Unterschiede erklären sich zum Teil aus der historischen Entwicklung. Erst mit Beginn des 19. Jahrhunderts wurden auch in der Algebra gewichtigere Sätze entdeckt, und man begann, Algebra zunächst nach dem Vorbild der "Elemente" des EUKLID axiomatisch darzustellen. Aber gibt es überhaupt Aussagen im Algebraunterricht, die es verdienen, als Sätze bezeichnet zu werden?

1.1. Regeln - Formeln - Sätze

Betrachten wir zunächst den Aufbau des Zahlensystems. Vordergründig könnte man darauf verweisen, daß LANDAU in seinen "Grundlagen der Analysis" (1930) immerhin 205 Sätze über den Aufbau des Zahlensystems von den natürlichen zu den reellen Zahlen angibt und beweist. Satz 5 ist z.B. das Assoziativgesetz der Addition der natürlichen Zahlen, Satz 131 ist das Assoziativgesetz der Addition reeller Zahlen. Man sieht sofort, daß dies kein Vorbild für den Algebraunterricht sein kann. Denn diese Regeln haben im Mathematikunterricht ja eher den Charakter von "Grundregeln", die man allenfalls einsichtig macht, kaum jedoch beweist. Trotzdem ist es immer wieder versucht worden, solche Regeln als Sätze auszuzeichnen. So schreibt FLADT: "Freilich gab es eine Zeit, wo die armen Schüler auch in der 'Algebra', d.i. Arithmetik, alle möglichen Sätze mit sauberen Beweisen 'lernen' mußten, die keine waren." Er empfiehlt, die Schüler zuerst in der Geometrie mit Sätzen und Beweisen bekannt zu machen (FLADT 1950, S. 53). Auch eine Unterscheidung zwischen Axiomen und Sätzen in der Algebra wurde schon früh diskutiert und von LIETZMANN abgelehnt (LIETZMANN Bd.II, 1922, S. 211).

Die ersten Regeln, die heute im Unterricht im Zusammenhang mit den rationalen Zahlen bewiesen werden, sind die Regeln über die Multiplikation von Summen, also z.B. $(a+b)(c+d) = ac + ad + bc + bd$, dann auch die binomischen Formeln. Das Gewicht und die häufige Benutzung der binomischen Formeln rechtfertigen es nach meiner Sicht durchaus, sie als *Satz* auszuzeichnen. Man könnte das so notieren:

Satz In $\mathbb{Q}$ gelten die binomischen Formeln:

(1) $(a+b)^2 = a^2 + 2ab + b^2$
(2) $(a-b)^2 = a^2 - 2ab + b^2$
(3) $(a+b)(a-b) = a^2 - b^2$

Die Formeln ergeben sich im Unterricht aus *Herleitungen*. Man untersucht z.B. was sich aus $(a+b)(c+d) = ac + ad + bc + bd$
für den Sonderfall: $(a+b)(a+b)$
ergibt. Entsprechend erhält man die beiden anderen Formeln. In diesem Fall stellt also der Satz die zusammenfassende Formulierung der Ergebnisse dar. Zu neuen Formeln gelangt man auch durch Verallgemeinerungen.

1. Sätze im Algebraunterricht

1.2. Die Entdeckung des binomischen Satzes

Im Anschluß an die binomische Formel
$$(a+b)^2 = a^2 + 2ab + b^2$$
bieten sich zwei Richtungen der *Verallgemeinerung* an: Man untersucht $(a+b)^3$, oder man betrachtet $(a+b+c)^2$. Wir wollen einmal den ersten Gedanken verfolgen.

Man berechnet:

$$\begin{aligned}
(a+b)^3 &= (a+b)^2 \cdot (a+b) \\
&= (a^2+2ab+b^2)(a+b) \\
&= a^3 + 2a^2b + ab^2 \\
&\quad\ + a^2b + 2ab^2 + b^3 \\
\hline
&= a^3 + (1+2)a^2b + (2+1)ab^2 + b^3
\end{aligned}$$

Die Schüler betrachten die Variablen und erkennen den "gegenläufigen Aufbau": die Potenzen a steigen von links nach rechts ab, die Potenzen von b steigen von links nach rechts auf. Die Schüler setzen an:

$$(a+b)^4 = \blacksquare\, a^4 + \blacksquare\, a^3b + \blacksquare\, a^2b^2 + \blacksquare\, ab^3 + \blacksquare\, b^4$$

Wie findet man die Koeffizienten? Betrachtet man unsere schematische Berechnung bei $(a+b)^3$, so erkennt man, daß sich die Koeffizienten als Summen von vorangegangenen Koeffizienten ergeben.

Formel

$$(a+b)^2 = 1a^2 + 2ab + 1b^2$$
$$(a+b)^3 = 1a^3 + 3a^2b + 3ab^2 + 1b^3$$

Man vermutet also:
$$(a+b)^4 = 1a^4 + 4a^3b + 6a^2b^2 + 4ab^3 + 1b^4$$

Koeffizienten

```
      1   2   1
    1   3   3   1
  1   4   6   4   1
```

Das kann man verifizieren.

Geht man zurück bis auf $(a+b)^0$, so ergibt sich für die Koeffizienten das berühmte Pascal-Dreieck:

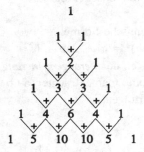

Das Bildungsgesetz dieses Schemas ist erkannt. Rekursiv können die Schüler die Koeffizienten bestimmen.

Das Pascal-Dreieck lädt selbst auch zu weiteren Untersuchungen ein (s. WINTER 1989). Leicht kann man z.B. entdecken, daß die Summe der Zahlen einer Zeile immer Zweierpotenzen ergibt. Dies kann man sich klarmachen, wenn man bedenkt, daß z.B. gilt:

$$1 + 5 + 10 + 10 + 5 + 1 = (1+1)^5 = 2^5,$$

allgemein $\binom{n}{0} + \binom{n}{1} + ... + \binom{n}{n} = (1+1)^n = 2^n$.

Die rekursive Bestimmung der Binomialkoeffizienten ist in der Sekundarstufe I ausreichend. In der Sekundarstufe II kann man dann die explizite Berechnung von

$$\binom{n}{k} = \frac{n!}{k!(n-k)!}$$

mit kombinatorischen Betrachtungen erarbeiten. Der binomische Satz wird dort zur Bestimmung der Ableitung von $x \to x^n$ benutzt.

Der binomische Lehrsatz kann ein "Knoten im mathematischen Netz" sein, von dem aus es möglich ist, andere wichtige Gebiete zu erschließen. Im Sinne WAGENSCHEINS kann er also ein Thema exemplarischen Lehrens sein, bei dem das "Funktionsziel" angestrebt wird, die Schüler die inneren Abhängigkeiten unterschiedlicher Satzbereiche erkennen zu lassen. Eine mögliche Sicht der Zusammenhänge:

1. Sätze im Algebraunterricht

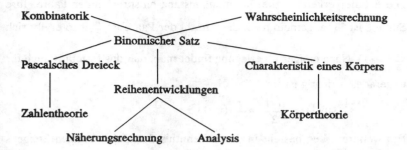

Es war nicht allzu schwierig, die allgemeine binomische Formel zu finden. Im folgenden wollen wir ein Beispiel geben, bei dem sich eine Formel als Ergebnis eines Problemlöseprozesses ergibt.

1.3. Das Finden einer Summenformel

In einer psychologischen Studie zum *produktiven Denken* hat MAX WERTHEIMER (1880-1943) berichtet, wie sich Versuchspersonen bei dem Problem verhalten, eine Formel für die Summe der ersten n natürlichen Zahlen zu finden. WERTHEIMER wollte zeigen, daß der entscheidende Schritt bei der Lösung des Problems in einem *Umstrukturieren* des Problems besteht. Er konnte dabei verschiedene Lösungen beobachten. Am Beispiel

$$1 + 2 + 3 + 4 + 5 + 6 + 7 + 8 + 9 + 10$$

zeigt sich ein Lösungsweg im Übergang von

$$\underline{1 + 2} + 3 + 4 + \ldots$$
$$\underline{3 \ \ + 3} + 4 + \ldots$$
$$\underline{6 \ \ \ \ + 4} + \ldots$$
$$10 \ \ \ \ + \ldots$$

zu

$$\underbrace{1 + 2 + 3 + 4 + 5 + 6 + 7 + 8 + 9 + 10}$$

VI. Erkenntnis im Algebraunterricht

Die Schüler erkennen die Summenkonstanz entsprechender Paare. Ihre Summe ist 11, allgemein $n+1$, die Anzahl der Paare ist $\frac{n}{2}$, also ergibt sich $\frac{n}{2} \cdot (n+1)$. Nach einiger Überlegung findet man, daß das Ergebnis auch für ungerades n richtig ist:

$$\frac{n-1}{2}(n+1) + \frac{n+1}{2} = \frac{n}{2}(n+1) .$$

Ein weiterer Weg besteht in der Erkenntnis des gleichmäßigen Steigens der Zahlen. Etwa im Beispiel 1 2 3 4 5 6 7 wird dann die Lösung angegeben: "Ich nehme einfach die Zahl hier in der Mitte und multipliziere sie mit der Anzahl der Glieder in der Reihe." Mit dem mittleren Wert c ergibt sich für die Summe

$$c \cdot n = \frac{n+1}{2} \cdot n.$$

In einem dritten Weg sieht man die Summe als Treppe mit n Stufen der Breite und Höhe 1. Die Lösung findet man, indem man sieht, daß sich die Treppe durch eine gleich große umgedrehte Treppe zu einem Rechteck mit der Breite n und der Höhe $n+1$ ergänzen läßt.

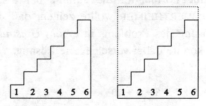

Die Summe ist also gleich dem halben Rechteckinhalt: $\frac{n(n+1)}{2}$.

Diese Lösung ist vielleicht am engsten an dem oben genannten "Trick" orientiert. In einigen Fällen konnte WERTHEIMER beobachten, daß sich die Probanden an den Schultrick erinnerten, ihn auch richtig anwenden konnten, ohne ihn im Hinblick auf das Problem analysieren zu können.

Das Auftreten der verschiedenen Lösungen sollte die Lehrer veranlassen, allen Schülern die Chance zu geben, selbst eine Lösung zu finden. Wenn das schon nicht gelingt, dann sollte wenigstens eine Lösung entwickelt werden, die die Schüler die Lösungsstruktur erfassen läßt. KATONA (1940)

1. Sätze im Algebraunterricht

konnte nämlich bei der Untersuchung des Problemslösens nachweisen, daß das Bewußtmachen einer Lösungsstruktur und das Geben von Strukturierungshilfen, wie z.b. das Einzeichnen von Verbindungslinien und Schraffierungen, wesentlich die Merkfähigkeit und die Übertragbarkeit (Transfer) auf neue Probleme fördern. Wichtig ist in diesem Zusammenhang auch, daß die Terme

$$\frac{n}{2}(n+1) \qquad n \cdot \frac{n+1}{2} \qquad \frac{n(n+1)}{2}$$

mathematisch äquivalent sind, heuristisch jedoch sehr unterschiedliche Bedeutung haben. Sie deuten nämlich jeweils auf eine mögliche Lösungsstrategie hin.

Produktives Denken vollzieht sich nach STRUNZ (1968) in Anlehnung an POLYA (1949) in 4 Phasen:

1. Phase: Erlebnis einer Denkfrage
In unserem Beispiel ist die Aufgabe gestellt, die Summe möglichst schnell ausrechnen zu können. Es geht dabei "um die Bereinigung eines Mangels an innerer Ordnung. In diesem Mangel lebt eine Spannung, die allein schon das Denken in Bewegung zu setzen vermag" (STRUNZ 1968, S. 229). Das Ziel ist eine klare begriffliche Formulierung des Problems. Man wird als Problemstellung herausarbeiten, einen Term anzugeben, der für eine gegebene Folge und ein gegebenes n die Summe der ersten n Glieder liefert.

2. Phase: Das Problem wird umstrukturiert
Das kann geschehen durch äquivalente Formulierungen des Problems, aber auch durch Behandlung spezieller oder allgemeiner Fragestellungen. In dieser Phase "ist das Tun wachbewußt und willengesteuert und eine ausgesprochene Arbeit, d.h. mit Anstrengung verbunden" (STRUNZ 1968, S. 232). Man findet aber noch keine Problemlösung.

3. Phase: Einfall
Man sieht für den Sonderfall den Lösungsweg und kann das Problem allgemein lösen. Die Vorarbeit in der 2. Phase hat den Weg bereitet.

4. Phase: Sicherung der Lösung
Die Lösungsidee wird durchgeführt, gesichert, überprüft und geklärt. Fehlt diese gründliche Arbeit, dann geht die Lösung unter Umständen verloren.

Für einen auf das Problemlösen ausgerichteten Unterricht bedeutet das, daß die Lehrenden bei der Präzisierung des Problems und dem Umstrukturieren Hilfestellung geben können, um den Prozeß in Gang zu setzen, daß aber die entscheidende Idee den Schülern nach eigener Arbeit selbst kommen sollte, um so das Vertrauen in die eigene Leistungsfähigkeit wachsen zu lassen. Es sollte dann unter der Leitung des Lehrers wieder gründlich gemeinsam in der 4. Phase an der Sicherung des Ergebnisses gearbeitet werden.

1.4. Existenzsätze

Wir hatten bei der Betrachtung der Zahlen gesehen, welche Fragen mit ihrer Existenz zusammenhängen. Allerdings hatten wir uns dafür entschieden, die Schüler die Zahlen *entdecken* zu lassen. Damit stellt sich natürlich nicht das Problem ihrer Existenz; sondern allenfalls geht es darum, geeignete Bezeichnungen zu finden und den Umgang mit diesen Zeichen zu lernen. Auch in der Geometrie sind tiefliegende Probleme mit der Existenz der Objekte verbunden. Doch auch hier ist es schwierig, den Schülern diese Probleme nahezubringen, weil gerade die geometrischen Objekte tief in der Anschauung verankert sind. Selbst wenn man sich in der Sekundarstufe II bei der Integration mit dem Flächeninhaltsproblem befaßt, dann ist es für die Schüler weniger ein Problem der Existenz eines Flächeninhalts als vielmehr seiner Berechnung (KIRSCH 1976).

Neben diesen tiefliegenden erkenntnistheoretischen Fragen über die Existenz mathematischer Objekte, die die Grundlagen der Mathematik betreffen, gibt es Existenzprobleme, die innerhalb mathematischer Theorien vollständig gelöst werden können und auch von erheblichem Interesse sind. Derartigen Fragen sind die Schüler auch im Algebraunterricht schon begegnet. In der 5. Jahrgangsstufe wird die Frage beantwortet, wann für natürliche Zahlen m und n
$$m - n \quad \text{bzw.} \quad m : n$$
existieren. Diese Fragen treten auch in Verbindung mit Gleichungen auf:

1. Sätze im Algebraunterricht

Wann sind in N die Gleichungen
$$n+x = m \text{ bzw. } n \cdot x = m$$
lösbar?

Die Frage nach der Existenz von Lösungen ist in mathematischen Theorien über die verschiedensten Gleichungen fundamental. Man denke etwa an Lineare Algebra, an die Theorie der Differentialgleichungen, die Theorie der Integralgleichungen oder der Funktionalgleichungen usw. Dort gibt es berühmte Existenzsätze. Es ist daher gerechtfertigt, auch im Algebraunterricht bei den behandelten Gleichungstypen die Existenzaussagen als Sätze hervorzuheben. Dabei sollte man durchaus die Beziehung zur Geometrie herstellen. Das ist ja selbst in anspruchsvollen mathematischen Theorien üblich. Man denke etwa an die Richtungsfelder bei Differentialgleichungen.

In der 8. Jahrgangsstufe bieten sich zunächst die linearen Gleichungen, dann die linearen Gleichungssysteme an. In der 9. Jahrgangsstufe wird man einen Existenzsatz für quadratische Gleichungen erarbeiten. Wir bringen einige mögliche Sätze mit verschiedenen Formulierungen. Zunächst formulieren wir rein algebraisch.

Satz Die lineare Gleichung
$$ax+b = 0$$
ist genau dann in $\mathbb{R}$ eindeutig lösbar, wenn $a \neq 0$ ist.
Für die Lösung gilt dann:
$$x = -\frac{b}{a}.$$

Satz Das lineare Gleichungssystem
$$a_1x + b_1y = c_1$$
$$a_2x + b_2y = c_2$$
ist genau dann in $\mathbb{R} \times \mathbb{R}$ eindeutig lösbar, wenn
$$a_1b_2 - a_2b_1 \neq 0.$$
Für die Lösung gilt
$$(x;y) = \left(\frac{c_1b_2-c_2b_1}{a_1b_2-a_2b_1}; \frac{a_1c_2-a_2c_1}{a_1b_2-a_2b_1}\right).$$

Satz Die quadratische Gleichung
$$ax^2 + bx + c = 0$$
ist für $a \neq 0$ genau dann in **R** lösbar, wenn
$$b^2 - 4ac \geq 0.$$
Für die Lösungen gilt

$$x = \frac{-b+\sqrt{b^2-4ac}}{2a} \quad oder \quad x = \frac{-b-\sqrt{b^2-4ac}}{2a}.$$

Man kann Bezüge zur Geometrie herstellen, indem man formuliert:

Satz Die lineare Gleichung
$$ax + b = 0$$
ist genau dann in **R** eindeutig lösbar, wenn die Gerade mit $y = ax+b$ einen einzigen Schnittpunkt mit der x-Achse hat. Dies ist genau dann der Fall, wenn $a \neq 0$ ist. Für den Schnittpunkt gilt
$$x = -\frac{b}{a}.$$

Satz Das lineare Gleichungssystem
$$a_1x + b_1y = c_1$$
$$a_2x + b_2y = c_2$$
ist genau dann in **R** x **R** eindeutig lösbar, wenn die zugehörigen Geraden einen Schnittpunkt haben. Dies ist genau dann der Fall, wenn $a_1b_2 - a_2b_1 \neq 0$ ist.
Für den Schnittpunkt gilt
$$(x;y) = (\frac{c_1b_2-c_2b_1}{a_1b_2-a_2b_1}; \frac{a_1c_2-a_2c_1}{a_1b_2-a_2b_1}).$$

Satz Die quadratische Gleichung
$$ax^2 + bx + c = 0$$
ist für $a \neq 0$ genau dann in **R** lösbar, wenn die Parabel mit
$$y = ax^2 + bx + c$$
die x-Achse schneidet.

Für $b^2 - 4ac = 0$ ergibt sich ein Schnittpunkt mit $x = -\frac{b}{2a}$;

für $b^2 - 4ac = 0$ ergeben sich zwei Schnittpunkte mit

$$x_{1,2} = \frac{-b \pm \sqrt{b^2-4ac}}{2a}.$$

1. Sätze im Algebraunterricht

Diese Sätze sind nicht unbedingt als "Merksätze" gedacht sondern eher als zusammenfassende Formulierungen von *Betrachtungen zum allgemeinen Fall*. Sie stellen die gewonnene Einsicht komprimiert dar.

1.5. Beweisen im Algebraunterricht

Beweise gehören für die Schüler zu den unangenehmsten Seiten der Mathematik (z.B. WINTER 1983). Im Grunde genommen ist es vor allem die Unsicherheit über die Erwartungen, die Lehrer an Beweise der Schüler stellen. Tatsächlich stellen Beweise eine Reihe von Anforderungen an die Schüler, die man nicht ohne weiteres voraussetzen kann.

1. Die Schüler müssen zunächst die *Beweisbedürftigkeit* mathematischer Aussagen erkennen. Häufig sind Regeln und Formeln so offensichtlich, daß die Notwendigkeit eines Beweises gar nicht gesehen wird. Man sollte in diesen Fällen auch auf Beweise verzichten.

Dann gibt es Sätze, die sich aus Herleitungen ergeben, wie wir das eben bei den binomischen Formeln gesehen haben. In diesen Fällen sollte man sich damit begnügen, deutlich zu machen, daß man mit diesen Überlegungen den Satz bewiesen hat, indem man etwa beim Übergang von der Herleitung zum Satz bemerkt: "Wir haben also bewiesen:..."

Häufig werden mathematische Sachverhalte nicht sogleich formal hergeleitet, sondern vielleicht anschaulich vorbereitet. Man denke etwa an die Veranschaulichung der binomischen Formeln durch Flächeninhalte von Rechtecken und Quadraten. Besonders schwierig ist das "bei Schülern, die noch sehr an induktive Formen der Erkenntnisgewinnung gewöhnt sind und die wenig zwischen Plausibilitätsbetrachtungen einerseits und exaktem mathematischen Schließen andererseits unterscheiden können" (WALSCH 1972, S. 60).

Da es sich in der Algebra häufig um Generalisierungen handelt, ist es notwendig, den Schülern bewußt zu machen, daß das Problem in dem "Für alle..." liegt. Die Schüler sollten erkennen, daß der Sinn des Beweisens in der *Sicherung der Wahrheit* einer mathematischen Aussage

liegt. Dies kann man durch falsche Induktionen deutlich machen. Beispiel: n^2+n+17 liefert Primzahlen.
Die Schüler vermuten nach Einsetzungen, daß dies immer der Fall ist. Erst mit $n=16$ kann man das widerlegen. Im Hinblick auf Erkenntnis ist jedoch häufig wichtiger, daß Beweise *Einsichten* in die Sätze vermitteln (WINTER 1983). So zeigt z.B. die Herleitung für die binomische Formel
$$(a+b)^2 = a^2 + 2ab + b^2$$
woher der Summand 2ab stammt.

2. Beim Beweis der binomischen Formeln stützt man sich auf andere Formeln. Allgemein setzt das Beweisen ein *Bewußtsein von der Hierarchie der Einsichten* (WITTENBERG 1963, S. 111) voraus, trägt aber andererseits auch zu dieser Bewußtseinsbildung wesentlich bei.

3. Jeder Beweis erfordert eine *Formalisierungsfähigkeit*, deren Ausprägung freilich durchaus variabel sein kann. Selbst in der mathematischen Fachliteratur hat sich bis heute kein einheitlicher Formalisierungsgrad eingespielt. Von einer vollständigen Formalisierung der Schlüsse ist man heute noch weit entfernt, es ist auch fraglich, ob das überhaupt angestrebt werden sollte angesichts der Unübersichtlichkeit solcher Formulierungen. Es erscheint mir deshalb zweckmäßig, das Formalisierungsniveau in der Schule variabel zu halten und der psychologischen Entwicklung der Schüler anzupassen. Daß bei entsprechendem Unterricht Variable in Beweisen früh verwendet werden können, haben inzwischen zahlreiche Versuche gezeigt. WALSCH (1972) berichtet von Beweisversuchen zu einfachen Sätzen der Teilbarkeitslehre mit Schülern der 4. Klasse.

4. Das Beweisen erfordert eine *Kenntnis logischer Regeln*. Das bedeutet nicht, daß die Schüler erst eine Einführung in die Logik erhalten haben müssen, ehe sie beweisen können. In zahlreichen, etwas naiv anmutenden Versuchen in den USA ist untersucht worden, ob ein Kurs in Logik einen Einfluß auf das anschließende Lernen eines mathematischen Gebietes hat. Die mir bekannten Ergebnisse ließen nie einen signifikanten Unterschied erkennen (was bei dieser globalen Fragestellung auch gar nicht zu erwarten ist).

1. Sätze im Algebraunterricht

Es läßt sich zeigen, daß die Kinder bereits sehr früh logisch richtig argumentieren können. Dafür ein Beispiel:

Kind (6 Jahre): "Ich möchte bitte ein Eis."
Mutter: "Wenn du Eis ißt, bekommst du Bauchschmerzen."

Das Kind versucht es beim Vater, der von der Antwort der Mutter nichts weiß, und hat Erfolg. Es bekommt sein Eis und erzählt der Mutter:

Kind: "Ich habe Eis gegessen und keine Bauchschmerzen bekommen."

Hier hat das Kind eine Subjunktion richtig negiert.

Andererseits ist es natürlich klar, daß die Schüler gewisse Schlußweisen erst lernen müssen, wie z.B. den indirekten Beweis und die vollständige Induktion. Allgemein aber gehört die Entwicklung der Argumentationsfähigkeit zu einem der wichtigsten Lernziele des Mathematikunterrichts (WINTER 1972).

5. Die bisher nicht bewiesenen mathematischen Vermutungen (z.B. GOLDBACH-Vermutung) zeigen, daß es falsch wäre, den Eindruck zu vermitteln, als seien Beweise nur eine Angelegenheit der Logik. Das Finden von Beweisen erfordert *heuristische* Fähigkeiten, die in der Auseinandersetzung mit mathematischen Problemen geschult werden müssen und können.

So wichtig Beweise auch für das Verständnis der Algebra sein mögen, sollte es doch nicht in erster Linie das Ziel sein, die Schüler Beweise zu lehren, vielmehr sollten die Schüler selbst das *Beweisen lernen*.

1.6. Beweisen lehren

WALSCH (1972, S. 155-156) gibt vier Gruppen von Impulsen an, die das selbständige Führen von Beweisen durch die Schüler in die Wege leiten.

1. Auf volles Verstehen der Aufgabe gerichtete Impulse
   z.B. "Überprüfe, ob du alle vorkommenden Begriffe und Redeweisen verstehst!

Informiere dich über unbekannte Termini!
Kann man den zu beweisenden Satz in Voraussetzung und Behauptung gliedern?"

2. Impulse zur Schaffung einer Übersicht über Hilfsmittel für den Beweis
z.B. "Hast du schon eine ähnliche Aufgabe gelöst? Kennst du Sätze, die gleiche oder ähnliche Voraussetzungen enthalten wie der zu beweisende Satz?"

3. Impulse zum Finden des Beweises
z.B. "Was folgt aus den gegebenen Voraussetzungen? Sind in den bisherigen Überlegungen schon alle Voraussetzungen benutzt worden?"

4. Impulse zur Kontrolle von Beweisen
z.B. "Prüfe nach, ob jeder Beweisschritt seine Berechtigung hat! Ist die Schlußweise zulässig? Sind alle möglichen Fälle berücksichtigt?"

Diese Überlegungen stützen sich im wesentlichen auf Untersuchungen von POLYA (1949) zur Heuristik, die zum Ziel haben, durch systematische Fragen Suchstrategien für Lösungen mathematischer Probleme zu finden.

Bei den bisher behandelten Beispielen zum Beweisen handelt es sich meist um allgemeingültige Gleichungen, bei denen als Voraussetzung also nur die Angabe des Objektbereichs auftritt. Da jedoch die meisten mathematischen Sätze Implikationen sind, sollte man sich bemühen, auch im Algebraunterricht Implikationen zu behandeln. Dazu eignen sich besonders Teilbarkeitsaussagen; z.B. "Wenn die Summe aus vier natürlichen Zahlen eine ungerade Zahl ist, so ist ihr Produkt eine gerade Zahl". Man sollte die Schüler darin schulen, auch in komplizierten Formulierungen die "Wenn-dann"-Struktur der Aussage zu erfassen (JUNG 1967, WALSCH 1972). Die klassische Trennung von Voraussetzung und Behauptung verführt allerdings die Schüler dazu, die Behauptung isoliert zu sehen (NEIGENFIND 1961, JUNG 1967). Man sollte deshalb stärker die Behauptung des Satzes als Implikation herausstellen. WALSCH empfiehlt dazu, am Ende des Beweises noch einmal den ganzen Satz zu formulieren und sich nicht nur

2. Begriffsbildung im Algebraunterricht

auf die Redewendung "was zu beweisen war" beim Erreichen des Hintergliedes der Implikation zu beschränken (WALSCH 1972, S. 146).

2. Begriffsbildung im Algebraunterricht

2.1. Begriffsbildungsprozesse

Der Zahlbegriff, der Verknüpfungsbegriff, die Begriffe Term und Gleichung, sowie der Funktionsbegriff bilden sich im Laufe des Algebraunterrichts heraus. Diese Begriffsbildungsprozesse spiegeln bis zu einem gewissen Grade die historische Entwicklung wider. Die Lernenden können sich dieser *Begriffsentwicklungen* in reflektierenden Phasen des Unterrichts bewußt werden. Man sollte versuchen, ihnen den Eindruck zu vermitteln, daß diese Begriffsbildungen nicht abgeschlossen sind. Tatsächlich besteht ja auch in der Sekundarstufe II die Möglichkeit, weiter an den Begriffen zu arbeiten und Neues zu schaffen. Für den Zahlbegriff können das die komplexen Zahlen sein. Man kann jedoch auch in Anlehnung an Ideen der Nicht-Standard-Analysis z.B. Folgen reeller Zahlen als neue Zahlen betrachten (s. VOLLRATH 1968). In der linearen Algebra lernen die Schüler unterschiedliche Verknüpfungen von Vektoren kennen, mit denen die Vorstellungen über Verknüpfungen erweitert und diskutiert werden können. Man denke etwa an die Problematik, für Vektoren ein sinnvolles Produkt zu erklären (s. PICKERT 1968). Schließlich hat es sich heute weitgehend durchgesetzt, zu Beginn der Sekundarstufe II Funktionen zu betrachten, die nicht durch Terme dargestellt werden, um einen ausreichenden Beispielvorrat für kritische Betrachtungen bei den Grundbegriffen der Analysis zur Verfügung zu haben. Mit der Betrachtung der Reihenentwicklungen von Funktionen wird die Sichtweise von Funktionen in der Analysis wesentlich erweitert.

Neben den grundlegenden Begriffen Zahl, Verknüpfung, Term, Funktion und Gleichung, die in langfristigen Lernprozessen erworben werden, lernen die Schüler zahlreiche Begriffe in kurz- und mittelfristigen Lernprozessen. Dabei handelt es sich einmal um *Unterbegriffe* dieser grundlegenden Begriffe, die durch "Spezifikation" gebildet werden.

VI. Erkenntnis im Algebraunterricht

Beispiele: Gerade Zahl, Primzahl, ganze Zahl, positive rationale Zahl, irrationale Zahl, transzendente Zahl; assoziative Verknüpfung, kommutative Verknüpfung; quadratischer Term, Wurzelterm, Bruchterm; lineare Gleichung, quadratische Gleichung, Wurzelgleichung, Exponentialgleichung; lineare Funktion, quadratische Funktion, Potenzfunktion, Exponentialfunktion, logarithmische Funktion.
Meist werden diese Begriffe durch Definitionen gelernt.

Zum anderen finden sich in einzelnen Themenkreisen *Arbeitsbegriffe* (GRIESEL 1978), die einfach der Kommunikation dienen. Meist ergeben sie sich unmittelbar aus dem Kontext, doch werden sie auch erklärt oder auch definiert.
Beispiele: Im Zusammenhang mit der Bruchrechnung in der 6. Jahrgangsstufe werden Begriffe wie Zähler, Nenner, Bruchstrich, gewöhnlicher Bruch, echter Bruch, unechter Bruch, gemischte Darstellung, Stammbruch, Hauptnenner, gleichnamige Brüche, gleichnamig machen usw. verwendet.

Es ist eine allgemeine Kulturtechnik, Informationen über unbekannte Begriffe durch *Erklärungen* zu erhalten. Bestimmte Begriffe gehören zur Allgemeinbildung. Kann man sie nicht allgemein voraussetzen, dann wird im Text oder im Gespräch eine Erklärung gegeben. Ähnlich wie sich aus dem Argumentieren der Beweis als mathematische Form entwickelt hat, so hat sich aus dem Erklären in der Mathematik die *Definition* ausgebildet.

2.2. Lernen durch Definitionen

Damit die Schüler Begriffe aus Definitionen lernen können, müssen bei ihnen folgende Fähigkeiten ausgebildet werden:
1. Die Lernenden müssen erkennen, daß Definitionen Begriffe festlegen und daß sie ihnen die notwendigen Informationen über den Begriff entnehmen können. Dazu müssen sie zwischen dem *definierten Begriff* (definiendum) und der *definierenden Eigenschaft* (definiens) unterscheiden können. Man kann dies unterstützen durch die Verwendung bestimmter Signalwörter (FUHRMANN 1973), z.B. "... nennt man ...", "...

2. Begriffsbildung im Algebraunterricht

bezeichnet man als ...", auch durch Zeichen wie := bzw. $=_{\text{def}}$.
Man wird also in Definitionen Redewendungen vermeiden wie "... ist ein ...", "... hat die Eigenschaft ...", die man besser auf Sätze beschränkt.
Beispiel: Statt "Stammbrüche sind Brüche, die den Zähler 1 haben" sagt man: "Brüche, die den Zähler 1 haben, heißen Stammbrüche."

2. Die definierende Eigenschaft bezeichnet man auch als den *Inhalt* des Begriffs.
Beispiel: Eine natürliche Zahl heißt Primzahl, wenn sie genau zwei Teiler besitzt. Die Eigenschaft, genau zwei Teiler zu besitzen, ist der Inhalt des Begriffs Primzahl.
Den Lernenden muß bewußt werden, daß sie einen Begriff nur verstehen können, wenn sie seinen Inhalt erfassen. Es genügt also nicht, die Begriffsbezeichnung zu kennen. Selbst wenn sie gewisse Hinweise auf Vorstellungen gibt, wäre es doch gefährlich, sich darauf zu verlassen (VOLLRATH 1978 d). Nimmt man z.b. den Begriff "wachsende Funktion", so drückt sich darin eine Vorstellung aus, die man bei der Betrachtung des Graphen gewinnt. Man denkt sich den Graphen von links nach rechts durchlaufen und stellt dann ein Wachsen fest. Aber es ist ja keineswegs selbstverständlich, ihn in dieser Richtung zu durchlaufen. Außerdem bereiten Grenzfälle Schwierigkeiten.

3. Um den Inhalt eines Begriffs zu erfassen, muß man die in der Formulierung der definierenden Eigenschaften auftretenden Begriffe und Zeichen kennen. Bei Definitionen algebraischer Begriffe setzt dies meist das Verstehen der algebraischen Formelsprache voraus. Häufig sind auch andere Begriffe zu verstehen. Man benötigt also eine *Hierarchie von Kenntnissen*.

4. Die Menge der Objekte, die unter einen Begriff fallen, stellt seinen *Umfang* dar.
Beispiel: Der Umfang des Begriffs Primzahl ist die Menge {2,3,5,...}.
In der Algebra ist es häufig schwierig, den Umfang eines Begriffs zu überblicken. Nehmen wir z.B. den Begriff der irrationalen Zahl. Zwar lernen die Schüler in der 9. Jahrgangsstufe mit Wurzeln aus Primzahlen wichtige Beispiele für Irrationalzahlen kennen, aber wichtige Typen

bleiben ihnen verborgen. Man wird sich häufig damit begnügen, einige Beispiele kennenzulernen und im Verlaufe der Schulzeit weitere Beispiele entdecken zu lassen.

5. Beim Nachweis, daß ein Objekt unter den Begriff fällt, ist in der Regel ein Beweis erforderlich. Es ist nämlich nachzuweisen, daß das Objekt die definierende Eigenschaft besitzt. Häufig ist ein solcher Beweis nicht sehr anspruchsvoll. Man muß den Nachweis auch nicht als Beweis hochstilisieren, doch sollte man sich dessen bewußt sein, daß hier ein Beweis zu erbringen ist. Schließlich gibt es ja sogar bis heute immer noch ungeklärte Fragen nach dem Umfang von Begriffen. Man denke etwa daran, daß immer noch ungeklärt ist, ob es unendlich viele vollkommene Zahlen gibt. (Das sind natürliche Zahlen, die gleich der Summe ihrer echten Teiler sind, s. SCHEID 1991, S. 310.)

6. Ein neuer Begriff ist in das *Begriffsnetz* der Lernenden einzufügen. Dazu ist es erforderlich, Beziehungen des neuen Begriffs zu anderen herzustellen.
Beispiel: Der Begriff der wachsenden Funktion wird gebildet. Es werden Fragen gestellt: Ist jede lineare Funktion auch wachsend? Welche linearen Funktionen sind wachsend? Ist jede wachsende Funktion umkehrbar?

7. Die Lernenden müssen sich *Routinen* aneignen, mit denen sie selbst das Lernen von Begriffen nach Definitionen bewältigen. Man kann ihnen dazu einen Katalog von Anweisungen geben, etwa:
Stelle fest, welcher Begriff definiert wird!
Was ist der zugrundegelegte Oberbegriff?
Mach dir die definierende Eigenschaft klar!
Suche Beispiele und begründe, daß es sich um Beispiele handelt!
Kannst du Gegenbeispiele angeben?
Mach dir die Beziehungen zu anderen Unterbegriffen des zugrundeliegenden Oberbegriffs klar!

8. Man wird sich nicht darauf beschränken, Begriffe nach Definitionen lernen zu lassen, sondern man wird sich auch darum bemühen, die Schüler selbst Definitionen bekannter Begriffe bilden zu lassen. Dies

2. Begriffsbildung im Algebraunterricht

kann man etwa damit motivieren, einen Lexikonbeitrag über diesen Begriff zu schreiben, der so ausführlich wie nötig und so knapp wie möglich ist. Dabei ergibt sich dann auch die Notwendigkeit, unterschiedliche Definitionen zu vergleichen und die *Äquivalenz von Definitionen* nachzuweisen.

2.3. Begriff und Problem

So wichtig Definitionen mathematischer Begriffe in einer axiomatisch aufgebauten Theorie sind, muß man doch für den Unterricht sehen, daß in ihnen lediglich Information über den Begriff komprimiert ist. Für das Verstehen des Begriffs ist jedoch das *didaktische Umfeld der Definition* sehr wichtig. Darunter verstehen wir alle Bemühungen im Unterricht, die der Erarbeitung des Begriffs dienen und von denen die Angabe der Definition ein Teil ist. Wir haben bereits gesehen, daß eine Definition erst durch intensivere Betrachtungen zu einem Verständnis führt. Aber auch kurzfristige Prozesse beim Lernen von Begriffen beginnen im Mathematikunterricht in der Regel nicht mit einer Definition. Vielmehr wird man sich im Mathematikunterricht darum bemühen, Begriffsbildungsprozesse in Problemzusammenhänge einzubetten. Dabei können Begriffe unterschiedliche Rollen spielen. Wir orientieren uns dabei an der Beschreibung von Problemlöseprozessen nach POLYA (1949).

- *Der Begriff als Quelle von Problemstellungen*
  Wie wir gesehen haben, löst eine Begriffsbildung zahlreiche Fragen aus, die der Erforschung des Begriffs dienen. Dabei können sich routinemäßig zu beantwortende Fragen, aber auch schwierig zu lösende Probleme ergeben.
- *Präzisierung einer Problemstellung durch Begriffsbildung*
  Mathematische Begriffe dienen häufig dazu, verschwommene Problemstellungen zu präzisieren und damit einer Lösung zuzuführen. Historisch haben z.B. Gleichungen "mit zwei Unbekannten" den Mathematikern einige Schwierigkeiten bereitet. Der Begriff des Zahlenpaars, allgemeiner des n-tupels, hat wesentlich dazu beigetragen, das Problem der Lösbarkeit von Gleichungen mit mehreren Unbekannten in den Griff zu bekommen.

- *Der Begriff als Hilfsmittel zur Lösung eines Problems*
  Bei einem Problemlöseprozeß besteht häufig der entscheidende Schritt in einer geeigneten Problemtransformation. Will man z.B. die Lösbarkeit einer quadratischen Gleichung festellen können, dann wird man auf den Begriff der Diskriminante geführt, deren Wert entscheidend für die Lösbarkeit ist.
- *Der Begriff als Lösung eines Problems*
  Häufig ergeben sich bei bestimmten Problemstellungen neue Begriffe als Lösung. Man denke etwa an den Begriff der Quadratwurzel, den man als Lösung einer quadratischen Gleichung erhält, oder Logarithmusfunktionen als Umkehrfunktionen von Exponentialfunktionen.
- *Der Begriff als Mittel zur Sicherung eines Verfahrens*
  Im Rahmen von Problemlöseprozessen wird ein Lösungsweg beschritten, der zwar zum Erfolg führt, ohne daß jedoch klar ist, ob man den Weg überhaupt gehen kann. So kann man z.B. für die Bestimmung der Umkehrfunktion $\bar{f}$ einer Funktion f mit $y = f(x)$ in der Funktionsgleichung x und y vertauschen und dann nach y auflösen, dann erhält man die Gleichung der Umkehrfunktion. Dies funktioniert natürlich nur dann, wenn die Funktion f überhaupt eine Umkehrfunktion besitzt. Man kann das sichern, indem man z.B. voraussetzt, daß die Funktion f umkehrbar ist. Mit dem Begriff der umkehrbaren Funktion sichert man dieses Lösungsverfahren.

Diese unterschiedlichen Rollen bieten zahlreiche Möglichkeiten zu einer problemorientierten Begriffsbildung. Sie stellen aus meiner Sicht eine zentrale Idee in der Planung kurzfristiger Prozesse für das Lernen mathematischer Begriffe dar (VOLLRATH 1984).

2.4. Paradoxien bei algebraischen Begriffen

Die Ausführungen über Begriffsbildungen im Algebraunterricht hatten zum Ziel, den Schülern zu helfen, algebraische Begriffe zu verstehen. Derartigen Bemühungen ist jedoch von der Sache her eine Grenze gesetzt. Es gibt z.B. einfache algebraische Sachverhalte, die der Anschauung widersprechen. Auch solche Probleme sollte man im Unterricht angehen. Ich habe viele anregende Gespräche mit Schülern, Studenten und gebildeten

2. Begriffsbildung im Algebraunterricht

Laien über das Problem geführt: Wenn man auf dem Zahlenstrahl bei 0 "losläuft", dann ist die erste natürliche Zahl, auf die man trifft, die Zahl 1. Was ist eigentlich die erste *Bruchzahl*, auf die man trifft? Diese scheinbar harmlose Frage wird meist unmittelbar angegangen. Das Gegenüber ist sich selten bewußt, daß diese Frage auf Glatteis führt. Ich gehe davon aus, daß dieses Problem entweder nie im Unterricht behandelt wurde oder zumindest untergegangen ist im allgemeinen "Rauschen" der zahllosen Fakten des Algebraunterrichts. Ich habe Lehrer danach gefragt, ob sie dieses Problem mit den Schülern diskutiert hätten. Die meisten verneinten das. Als Begründung gaben sie an, daß sie keine Lust hätten, sich mit solchen Spekulationen im Unterricht zu beschäftigen. Außerdem fürchteten sie auch, daß man die Schüler eher verunsichere.

Mein Gegenüber ist überzeugt, daß es eine solche Zahl gibt, denn bei zwei Bruchzahlen ist immer die eine größer als die andere. Die Bruchzahlen sind also auf der Zahlengeraden nacheinander aufgereiht. Allerdings bereitet es erhebliche Schwierigkeiten, die erste tatsächlich anzugeben. Ich ermutige meine Gesprächspartner, es mal mit einer kleinen Zahl zu versuchen. Immer wieder wird mir $\frac{1}{\infty}$ mit der obskuren "Zahl" ∞ genannt.

Eine interessante Antwort ist: "Es gibt zwar eine kleinste positive Bruchzahl, auf die man zuerst trifft, doch kann man sie nicht angeben." Aber auch wenn die Einsicht geweckt ist, daß es keine kleinste positive Bruchzahl gibt, bleibt das "Paradoxon der Begegnung". Denn anschaulich gesehen, müßte man ja doch beim Wandern auf eine erste Zahl stoßen.

Die Situation wird noch schlimmer, wenn ich anschließend mit meinen Gesprächspartnern die Frage angehe, ob man die positiven Bruchzahlen nacheinander als Folge aufschreiben kann. Nach den bisherigen Betrachtungen verneinen sie das. Wie wir wissen, sind sie schon wieder hereingefallen. Denn nach dem Diagonalverfahren von CANTOR kann man dies ja. Dieses Verfahren läßt sich ohne größere Schwierigkeiten mit den Schülern erarbeiten. Wieder wird man das Problem als "Wanderproblem" stellen. Man schreibt alle Brüche auf in dem Schema:

$$\begin{array}{ccccc}
\frac{1}{1} & \frac{2}{1} & \frac{3}{1} & \frac{4}{1} & \frac{5}{1} \cdots \\
\frac{1}{2} & \frac{2}{2} & \frac{3}{2} & \frac{4}{2} & \frac{5}{2} \cdots \\
\frac{1}{3} & \frac{2}{3} & \frac{3}{3} & \frac{4}{3} & \frac{5}{3} \cdots \\
\frac{1}{4} & \frac{2}{4} & \frac{3}{4} & \frac{4}{4} & \frac{5}{4} \cdots \\
\frac{1}{5} & \frac{2}{5} & \frac{3}{5} & \frac{4}{5} & \frac{5}{5} \cdots \\
\vdots & \vdots & \vdots & \vdots &
\end{array}$$

Kann man dieses Schema so durchwandern, daß man nacheinander auf jede Zahl trifft? Ich habe wiederholt beobachtet, wie ein solcher Weg nach einiger Zeit entdeckt wird. Jetzt erwacht aber wieder das Interesse an der alten Frage: Wenn man also doch die Bruchzahlen nacheinander durchlaufen kann, sollte es dann nicht auch möglich sein, das Schema so abzuändern, daß man sie auch *der Größe nach* durchwandern kann? Die konkrete Suche scheitert immer wieder. Aber kann man die Frage vielleicht allgemein angehen? Nehmen wir mal an, wir hätten eine solche Folge, etwa $a_1, a_2, a_3,...$ mit $a_1 < a_2 < a_3 < ...$.
Nun kann man aber ähnlich wie beim Ausgangsproblem z.B. mit

$$\frac{a_1+a_2}{2}$$

argumentieren. Es gilt ja

$$a_1 < \frac{a_1+a_2}{2} < a_2 .$$

Andererseits folgt jedoch a_2 unmittelbar auf a_1. Es kann also gar kein Glied der Folge zwischen a_1 und a_2 geben. Demnach kann es auch keine derartige Folge geben. Einerseits kann man beruhigt sein, aber ist die Argumentation ganz überzeugend? Es bleibt ein Unbehagen. Wir sind auf eine der *Paradoxien des Unendlichen* gestoßen. Eine Fundgrube solcher Paradoxien, die auch heute noch einen Mathematikstudenten ins Grübeln bringen können, ist die aus dem Nachlaß von BERNARD BOLZANO (1781-1848) im Jahre 1851 herausgegebene Schrift "Paradoxien des Unendlichen". Man weiß heute, daß die Mathematiker mit Paradoxien leben müssen, man sollte sich aber wenigstens dieser Paradoxien bewußt sein. Davon sollten auch die Schüler etwas mit in ihr Leben nehmen, gerade dann, wenn sie nicht Mathematik studieren werden, denn hier sind sie einem der "großen Rätsel unserer Kultur" begegnet.

3. Algebra als Theorie im Unterricht

Diese Probleme der Zahlbereiche sind nicht erst in den sechziger Jahren beim Propagieren der Mengenlehre für den Unterricht vorgeschlagen worden, sondern es finden sich bereits zu Beginn unseres Jahrhunderts entsprechende Vorschläge (z.B. WIELEITNER 1906). Die Lehrer wurden auch in Lehrerfortbildungsveranstaltungen mit dieser Thematik bekannt gemacht. So hielt z.B. 1912 EDUARD VON WEBER (1870-1934) in Würzburg eine Vortragsreihe über ausgewählte Kapitel der Mengenlehre (SÄCKL 1984, S. 278-279). Im Unterricht hinterließ dies jedoch keine sichtbaren Spuren.

3. Algebra als Theorie im Unterricht

3.1. Bezugstheorien

Betrachtet man die Gegenstände des Algebraunterrichts aus der Sicht der Mathematik, dann hat man sofort Schwierigkeiten mit ihrer Zuordnung. *Algebra* ist seit den dreißiger Jahren Theorie der algebraischen Strukturen. Die in der Schule behandelten Zahlbereiche und Funktionenmengen stellen zwar wichtige Modelle algebraischer Strukturen dar, liefern auch Muster für strukturelle Betrachtungen, die Strukturen selbst spielen jedoch im Unterricht kaum eine Rolle.

Versuchen wir also ein Gebiet der Mathematik zu finden, dem die im Algebraunterricht behandelten Themen zugehören. Historisch sprach man lange von *Arithmetik*, wenn man die Zahlbereiche mit ihren Eigenschaften untersuchte. Man denke etwa an die "Arithmetica infinitorum" (1656) von JOHN WALLIS (1616-1703), an die "Arithmetica universalis" (1673/84) von ISAAC NEWTON (1642-1727) und an "Quadratura arithmetica" (1676) von GOTTFRIED WILHELM LEIBNIZ (1646-1716).
Doch mit den "Disquisitiones arithmeticae" (1801) von CARL FRIEDRICH GAUSS (1777-1855) wird Arithmetik zu *Zahlentheorie* im weitesten Sinne. Angesichts der Entwicklungen der Zahlentheorie kann man sowohl den Aufbau des Zahlensystems als auch die Einführung elementarer Funktionen unter dem Aspekt der *Zahlentheorie* sehen. Doch stößt man in diesem Bereich in der Schule nicht zu Kernfragen der Theorie vor. Also erweist sich im Grunde auch dieser Versuch als wenig hilfreich.

Den Aufbau des Zahlensystems kann man entsprechend dem Titel des Buches von LANDAU den *Grundlagen der Analysis* zurechnen. Unter diesen Titel würden sowohl die Funktionsbetrachtungen der Sekundarstufe I als auch das Lösen von einfachen Gleichungen passen. Gleichungssysteme bereiten die lineare Algebra vor. Im Grunde genommen geht es also in der Schulalgebra um *Elementare Grundlagen der Analysis und linearen Algebra*. Daran ist allerdings unbefriedigend, die Algebra der Sekundarstufe I ausschließlich im Hinblick auf den Mathematikunterricht der Sekundarstufe II zu sehen.

Man kann die Inhalte des Algebraunterrichts jedoch auch *exemplarisch* für mathematische Begriffe, Problemstellungen und Methoden sehen. Dann liegt der Wert des Algebraunterrichts in erster Linie darin, daß die Schüler bereits in der Sekundarstufe I mathematisch wesentliche Einsichten gewinnen. Indem der Algebraunterricht bei grundlegenden *Phänomenen* ansetzt (FREUDENTHAL 1983), kann sich den Schülern mathematische Erkenntnis genetisch erschließen. Die genannten großen Theorien zeigen, in welche Bereiche die in der Schule angesprochenen Fragen münden können. Mit ihnen ist zugleich ein unerschöpfliches theoretisches Potential gegeben, das eine Herausforderung für den Algebraunterricht darstellt.

3.2. Theoretisches Beziehungsgefüge

Sätze, Beweise und Definitionen sind in einer Theorie eng miteinander verbunden. Begriffe werden definiert. Eigenschaften der Begriffe und Beziehungen zwischen den Begriffen werden in Sätzen formuliert und werden unter Benutzung der definierenden Eigenschaften, bereits bewiesener Sätze und Axiome bewiesen. In einer axiomatisch aufgebauten Theorie ist dies zu einem System erstarrt, das allerdings zu neuem Leben erwachen kann, wenn sich der Leser oder Hörer aktiv mit der Theorie auseinandersetzt. In der Schule muß jedoch dieses theoretische Beziehungsgefüge mit den Schülern erarbeitet werden. Theoriemuster geben dem Lehrenden Sicherheit, verführen aber zu starrem Vorgehen. Lassen sich die Lehrenden dagegen auf das Abenteuer einer echten Theorieentwicklung mit den Lernenden ein, dann können sie Partner sein, die beraten, Hinweise geben, wo es notwendig ist, auch korrigieren. Sie haben dann aber die Chance,

3. Algebra als Theorie im Unterricht

etwas Neues zu entwickeln. FREUDENTHAL nennt dieses Vorgehen *lokales Ordnen* (FREUDENTHAL 1966). Es ist wahrscheinlich einer der am häufigsten mißbrauchten didaktischen Begriffe FREUDENTHALS. Meist wird unter dieser Bezeichnung ein systematisch aufgebauter Theorieabschnitt verstanden, der den Schülern mehr oder weniger fertig dargestellt wird. Mathematik wird lokal geordnet dargeboten. Die Chance, die Schüler einen Themenbereich selbst lokal ordnen zu lassen, wird damit vertan. Gerade darum ging es jedoch FREUDENTHAL (1966, S. 62).

Im Folgenden wollen wir zeigen, wie Erfahrungen aus Geometrie und Algebra am Ende der Sekundarstufe I in einen Theorieteil münden können, der den Schülern eine Vorstellung von algebraischen Strukturen vermitteln kann. Wir betrachten dieses Thema zugleich als eine letzte Stufe beim Lernen des Verknüpfungsbegriffs.

3.3. Gruppe als algebraische Struktur

In der Reformdiskussion um die "Neue Mathematik" spielten Begriffsbildungen der Algebra eine wichtige Rolle. Man sah neue Aufgaben und Möglichkeiten für den Mathematikunterricht, indem man "die tragenden Begriffe, die für die moderne mathematische Denkweise selbst kennzeichnend sind, zu Leitbegriffen des Unterrichts" erklärte, es waren dies vor allem die Begriffe Menge, Struktur und Abbildung. Für STEINER (1965a) sind wesentliche Forderungen an Strukturen, die auf ihre Verwendung für den Unterricht hin untersucht werden sollen, daß sie

a) "von genügend vielen an sich wesentlichen Modellen aus erschlossen werden können und damit eine strukturelle Betrachtungsweise in einer hinreichend reichen Welt von Erscheinungen ermöglichen,
b) für deduktives Vorgehen auf elementarer Stufe in einem gewissen Ausmaß geeignet sind, so daß auch ein Stück der zugehörigen allgemeinen Theorie entwickelt und nutzbar gemacht werden kann". (STEINER 1965a, S. 17).

Gegen diese Forderungen ist bei Reformvorschlägen oft verstoßen worden. So findet sich bei LIETZMANN und STENDER über die Gruppentheorie: "Man erhält ... das recht umfangreiche Gebäude der *Gruppentheorie*, das wir im Unterricht natürlich nicht weiter behandeln können. Unsere Aufgabe kann es nur sein, außer den angeführten Beispielen noch einige andere Gruppen kennenzulernen, insbesondere solche, die im Rahmen der Geometrie von Bedeutung sind" (LIETZMANN/STENDER 1961, S. 220). Die Generation der ehemaligen Flakhelfer nannte das in Anlehnung an den "Flugzeugerkennungsdienst" karrikierend "Gruppenerkennungsdienst".

Nun ist es ja durchaus sinnvoll, nach einer Definition eines mathematischen Begriffs zunächst erst einmal Objekte darauf zu untersuchen, ob sie unter den Begriff fallen. Doch verstieß die Beschränkung auf diese Aktivitäten gegen die beiden von STEINER genannten Forderungen: die Modelle rechtfertigen erst im Nachhinein die Begriffsbildung, und die Schüler hatten keine Chance wesentliche Einsichten der Theorie zu gewinnen. Letztlich ist an diesen beiden Problemen auch die Reform gescheitert. Algebraische Strukturen spielen im Unterricht kaum noch eine Rolle. Das hat zur Konsequenz, daß der Mathematikunterricht in der Algebra dem Denken des vorigen Jahrhunderts verhaftet bleibt und nicht zu den Ideen der modernen Algebra vordringt. Damit erfahren die Schüler auch nichts von dem fundamentalen Paradigmenwechsel in der Algebra in den dreißiger Jahren, als aus einer Theorie der Gleichungen eine Theorie der algebraischen Strukturen wurde (s. VOLLRATH 1994). Es kommt hier zu einer merkwürdigen Diskrepanz: Während im Physikunterricht selbstverständlich auf die grundlegenden Ideen der Relativitätstheorie eingegangen wird, um den Schülern die Entwicklung der modernen Physik deutlich zu machen, verzichtet man im Mathematikunterricht auf entsprechende Betrachtungen. Ist es dann verwunderlich, wenn die Lernenden den Eindruck gewinnen, in der Mathematik gebe es nichts Neues zu entdecken?

Für Strukturbetrachtungen sprechen nach wie vor zwei Gründe:
- Strukturbetrachtungen sind geeignet, Gemeinsamkeiten in unterschiedlichen mathematischen Bereichen des Mathematikunterrichts sichtbar zu machen. Das gilt vor allem für die Algebra und die Geometrie. Sie können daher das Verständnis vertiefen.
- An der Betrachtung algebraischer Strukturen kann der Paradigmenwechsel in der Algebra deutlich gemacht werden. Dabei können die Schüler typische Denkweisen der zeitgemäßen Algebra kennenlernen.

2. Theoretische Reflektionen im Algebraunterricht

Bei diesem reduzierten Anspruch hat man unter den Strukturen zu wählen. Am geeignetsten erscheint mir der Begriff der *Gruppe*. Für diesen Begriff sprechen folgende Gründe:
- Historisch hat sich zuerst am Gruppenbegriff die Begriffsentwicklung vollzogen, die typisch für den Paradigmenwechsel in der Algebra wurde. Der Übergang von der "konkreten" Gruppe zum allgemeinen Gruppenbegriff wurde durch eine Arbeit von HEINRICH WEBER (1842-1913) erreicht (WEBER 1893).
- Die Bedeutung des Gruppenbegriffs für den Aufbau der Geometrie wurde durch das "Erlanger Programm" 1872 von FELIX KLEIN herausgearbeitet (KLEIN 1872). Abbildungsgruppen sind geeignet, das Verständnis für die Geometrie zu vertiefen.
- Gruppentheorie ist eines der fruchtbarsten algebraischen Gebiete. Es wurden tiefe Erkenntnisse gewonnen, die Anwendungen in vielen Bereichen der Mathematik haben.
- Auch in der theoretischen Physik spielt der Gruppenbegriff eine wichtige Rolle.
- Zum Gruppenbegriff gibt es eine Fülle erprobter didaktischer Ideen, die den Lehrenden Anregungen geben können (s. VOLLRATH 1974).
- Die im Unterricht behandelten Verknüpfungen bieten eine derartige Vielfalt von wesentlichen Modellen, daß man den Gruppenbegriff sinnvoll entwickeln kann.
- In der Gruppentheorie gibt es eine ganze Reihe von Ergebnissen, die sich den Schülern erschließen lassen und ihnen einen Eindruck von der für diese Theorie typischen Denkweise vermitteln können.

Sicherlich ist der letzte Punkt am umstrittensten. Wirklich tiefgehende Sätze der Gruppentheorie lassen sich den Schülern sicher nicht vermitteln. Immerhin jedoch eröffnen auch elementare gruppentheoretische Betrachtungen den Schülern neue Aspekte, die ihnen den Eindruck vermitteln können, daß es auch in Mathematik Neues zu erforschen gibt.

(1) Erarbeitung des Gruppenbegriffs

Für den Unterricht bietet sich folgende Definition des Gruppenbegriffs an:
Eine Menge G mit einer Verknüpfung * heißt *Gruppe*, wenn gilt:
a) G ist abgeschlossen bezüglich *.
b) * ist assoziativ.

c) In G gibt es ein neutrales Element e, d.h.

$a * e = a = e * a$. für alle a $\in$ G.

d) In G gibt es zu jedem a ein inverses Element $\bar{a} \in$ G, d.h.

$a * \bar{a} = e = \bar{a} * a$.

Motiviert wird diese Begriffsbildung in der Suche nach einem geeigneten Begriff, unter den möglichst viele der bekannten Verknüpfungsgebilde fallen. Die Auswahl gerade *dieser* Eigenschaften wird man wohl am überzeugendsten über die Betrachtungen von Abbildungen in der Geometrie gewinnen können. So sind die Kongruenzabbildungen abgeschlossen bezüglich der Verkettung, die Verkettung ist assoziativ. Die identische Abbildung ist Kongruenzabbildung, und damit ist unter den Kongruenzabbildungen ein neutrales Element bezüglich der Verkettung vorhanden.

Schließlich ist zu jeder Kongruenzabbildung auch ihre Umkehrabbildung eine Kongruenzabbildung. Zu jeder Kongruenzabbildung existiert also ein inverses Element.

Mit den Deckabbildungen von Figuren erhält man endliche Abbildungsgruppen.

Beispiel: Die Symmetriegruppe des Rechtecks besteht aus der identischen Abbildung, der Drehung um 180° um den Diagonalenschnittpunkt und den Achsenspiegelungen an den Mittellinien.

Diese Betrachtungen machen deutlich, daß man mit ihnen geometrische Abbildungen "algebraisch" untersucht. Damit werden Analogien zu den Zahlenmengen mit ihren Verknüpfungen sichtbar.

Beziehungen innerhalb bestimmter Gruppen kann man durch den Begriff der *Untergruppe* erfassen.

Beispiele: ($\mathbb{Z}$,+) ist Untergruppe von ($\mathbb{Q}$,+),

($\mathbb{Q}$,+) ist Untergruppe von (**R**,+).

Die Gruppe der Verschiebungen ist eine Untergruppe der Gruppe der Kongruenzabbildungen. Die Gruppe der Kongruenzabbildungen ist eine Untergruppe der Gruppe der Ähnlichkeitsabbildungen.

Einen möglichst vollständigen Überblick über geometrische Abbildungsgruppen und ihre Untergruppen zu gewinnen, war das zentrale Anliegen des Erlanger Programms.

2. Theoretische Reflektionen im Algebraunterricht

Mit dem Erkennen von *Isomorphien* werden Beziehungen zwischen unterschiedlichen Modellen hergestellt.

Beispiel: Die Gruppe ($\mathbb{Z}_m, +_m$) ist isomorph der Gruppe der Drehungen um $0°$, $\frac{360°}{m}$, $2 \cdot \frac{360°}{m}$, ..., $(m-1) \cdot \frac{360°}{m}$ um einen festen Punkt bezüglich der Verkettung.

Diese Betrachtungen dienen in erster Linie dazu, deutlich zu machen, wie man mit Hilfe des Begriffs der Gruppe Gemeinsamkeiten und Beziehungen erkennen kann. Sie sind am Ende der Sekundarstufe I geeignet, in einem Rückblick das erworbene Wissen zu vertiefen und neue Einsichten über die bekannten Bereiche zu gewinnen.

(2) Elemente der Gruppentheorie

Gruppentheorie beginnt damit, daß man aus den Gruppenaxiomen Folgerungen zieht. Es ist ausführlich diskutiert worden, welche Aussagen für den Unterricht geeignet sind (z.B. GRIESEL 1965). Mir erscheinen folgende Eigenschaften hervorhebenswert:

1. *Kürzungsregeln*:
   Aus $a * x = a * y$ folgt $x = y$,
   aus $x * a = y * a$ folgt $x = y$.
2. *Lösbarkeit* von $a * x = b$ und $x * a = b$.

Bei diesen beiden Aussagen kann man an die Erfahrungen in der Algebra beim Lösen von Gleichungen anknüpfen. Man kann diese Betrachtungen damit motivieren, daß man hiermit Aussagen gewinnt, die für alle Modelle des Gruppenbegriffs gelten.

Einsichten in mögliche Typen von Gruppen können nach einem Vorschlag von KIRSCH (1963) Betrachtungen endlicher Gruppen liefern. Folgende Einsichten lassen sich bei endlichen Gruppen mit Hilfe von Gruppentafeln gewinnen:

Sei $(G, *)$ eine Gruppe der Ordnung n.
1. Ist $n \leq 3$, dann ist $(G, *)$ isomorph zu ($\mathbb{Z}_n, +_n$).
2. Ist $n = 4$, dann ist $(G, *)$ isomorph zu ($\mathbb{Z}_4, +_4$) oder zur Kleinschen Vierergruppe.
3. Ist $n = 5$, dann ist $(G, *)$ isomorph zu ($\mathbb{Z}_5, +_5$).

Bei diesen Betrachtungen wird deutlich, daß ($\mathbb{Z}_n, +_n$) und ($\mathbb{Z}, +$) *zyklische Gruppen* sind.
Man kann mit den Schülern zeigen:
1. Jede endliche zyklische Gruppe der Ordnung n ist isomorph zu ($\mathbb{Z}_n, +_n$).
2. Jede unendliche zyklische Gruppe ist isomorph zu ($\mathbb{Z}, +$).

Es läßt sich darüber streiten, ob diese Einsichten wesentlich sind. Immerhin kann man den Schülern zwei wichtige Forschungsanliegen der Algebra deutlich machen:
● Man möchte Aussagen erhalten, die für möglichst viele unterschiedliche Bereiche der Mathematik Gültigkeit haben.
● Man bemüht sich darum, einen Überblick über unterschiedliche Typen einer Struktur zu gewinnen.

Einerseits ist man also um möglichst große Allgemeinheit bemüht, andererseits möchte man sich durch die Identifikation wichtiger Modelle auf konkrete Bereiche mit ihren Eigenschaften zurückziehen können.

Auch in der Sekundarstufe II gibt es Ansatzpunkte zu Strukturbetrachtungen. In erster Linie wird man hier an theoretische Betrachtungen über Vektorräume im Rahmen der Linearen Algebra denken (s. WEIGAND 1993). Doch wäre es auch zu überlegen, ob man nicht auch in einem Themenkreis über algebraische Strukturen auf Gruppen, Ringe, Körper, Vektorräume und Verbände eingehen sollte.

Literatur

Aczél, J., Vorlesungen über Funktionalgleichungen und ihre Anwendungen, Berlin (Dtsch. Verl.Wiss.) 1961
Andelfinger, B., Arithmetische und algebraische Lernerkonzepte in der SI, BzMU 1984, 71-74
Andelfinger, B., Didaktischer Informationsdienst Mathematik, Arithmetik, Algebra und Funktionen, Curriculum H. 44, Soest (Landesinstitut für Schule und Weiterbildung) 1985
Artin, E., O. Schreier, Algebraische Konstruktion reeller Körper, Abh.Math.Sem. Hamb.5 (1926),85-99
Ausubel, D.P., Psychologie des Unterrichts, Weinheim (Beltz) 1974
Bardy, P., Ergebnisse empirischer Untersuchungen zur Entwicklung funktionalen Denkens im Verlauf der Grundschulzeit, JMD 14 (1993), 307-330
Baruk, S., Wie alt ist der Kapitän? Über den Irrtum in der Mathematik, Basel (Birkhäuser) 1989
Bauer, L., Mathematische Fähigkeiten, Paderborn (Schöningh) 1978
Baumann, R., Ziele und Inhalte des Informatikunterrichts, ZDM 25(1993), 9-19
Bigalke, H.-G., K. Hasemann, Zur Didaktik der Mathematik in den Klassen 5 und 6, Bd.1, Frankfurt/M. (Diesterweg) 1977
Bishop, A.J., Mathematical Enculturation; Dordrecht (Kluwer) 1988
Blankenagel, J., Numerische Matheamtik im Rahmen der Schulmathematik, Mannheim (BI) 1985
Böll, H., Was soll aus dem Jungen bloß werden? Oder: Irgendwas mit Büchern, München (DTV) 1990^5
Bolzano, B., Paradoxien des Unendlichen, Leipzig (Reclam) 1851
Booth, L.R., Algebra: Children's Strategies and Errors, Windsor (NFER-Nelson) 1984
Bourbaki, N., Éléments de Mathématique, Paris (Hermann) 1951ff
Braunss, G., H.-J. Zubrod, Einführung in die Booleschen Algebren, Frankfurt/M. (Akadem.Verlagsges.) 1974
Brüning, A., K. Spallek, Eine inhaltliche Gestaltung der Gleichungslehre: Terme oder Abbildungen und Funktionen, MPSB 25 (1978),236-271
Bruner, J.S., J.J. Goodnow, G.A. Austin, A study of thinking, New York (Wiley) 1965
Bürja, A., Der selbstlernende Algebrist, Berlin (Lagarde u. Friedrich) 1786
Castelnuovo, E., Didaktik der Mathematik, Frankfurt (Akad.Verl.Ges.) 1968
Cohors-Fresenborg, E., C. Kaune, Zur Konzeption eines gymnasialen mathematischen Anfangsunterrichts unter kognitionstheoretischem Aspekt, MU 39, Heft 3 (1993), 4-11
Damerow, P., Die Reform des Mathematikunterrichts in der Sekundarstufe I, Bd.1, Stuttgart (Klett-Cotta) 1977
Davis, R.B., Cognitive Prozesses Involved in Solving Simple Algebraic Equations, J.Child. Math.Beh.1 (1975),7-35
Deschauer, S., Das zweite Rechenbuch von Adam Ries, Braunschweig (Vieweg) 1992
Dietz, A., Gleichungen und Ungleichungen, MSch 1 (1963),108-117
Dietz, A., Aspekte des kalkülmäßigen, algorithmischen Arbeitens bei der Behandlung von Gleichungen und Ungleichungen, MSch 5 (1967),850-852
DMV: Deutsche Mathematiker-Vereinigung, Denkschrift zum Mathematikunterricht an Gymnasien, ZDM 8 (1976), 192-195
Doblaev, L.P., Thought Processes Involved in Setting up Equations, Soviet Stud. Psych.Learn.Teach.Math.III (1969), 103-183

Dubinky, E., G. Harel, The Nature of the Process Conception of Function, In: E. Dubinsky, G. Harel (Hrsg.), The Concept of Function, MAA Notes 25, 1992, 85-106

Dyrszlag, Z., Zum Verständnis mathematischer Begriffe, 1,2 MSch 10 (1972), 36-44, 105-114

Engel, A., Elementarmathematik vom algorithmischen Standpunkt, Stuttgart (Klett)1977

Euklid, Die Elemente, Buch I-XIII, Darmstadt (Wiss.Buchges.) 1962

Euler, L., Vollständige Anleitung zur Algebra, Neue Ausgabe, Leipzig (Reclam) o.J.

Fettweiß, E., Versuch einer psychologischen Erklärung von Schülerfehlern in der Algebra, ZMNU 60 (1929),214-219

Fischer, R., Geometrie der Terme oder Elementare Algebra vom visuellen Standpunkt aus, Mathematik im Unterricht 8, Salzburg (Institut für Didaktik der Naturwissenschaften der Universität) 1984

Flade, L., E. Goldberg, Vielfältiges Üben. Was bedeutet das beim Lösen von Gleichungen, Ungleichungen bzw. Gleichungssystemen? ml 51 (1992),55-60

Fladt, K., Didaktik und Methodik des mathematischen Unterrichts, Frankfurt (Hirschgraben) o.J.

Fletcher, T.J., Exemplarische Übungen zur modernen Mathematik, Freiburg (Herder) 1967

Franzke, N., Empfehlungen zur Behandlung des Lehrplanabschnitts "Lineare Funktionen, Gleichungen, Ungleichungen und Gleichungssysteme" in den Vorbereitungsklassen 9 zum Besuch der erweiterten Oberschule, MSch 5 (1967),853-864,897-909

Freudenthal, H., Bemerkungen zur axiomatischen Methode im Unterricht, MU 12, H.3 (1966), 61-65

Freudenthal, H., Mathematik als pädagogische Aufgabe 1/2, Stuttgart (Klett) 1973

Freudenthal, H., Didactical Phenomenology of Mathematical Structures, Dordrecht (Reidel) 1983

Fricke, A., Operatives Denken im Rechenunterricht als Anwendung der Psychologie von Piaget, In: K. Odenbach (Hrsg.), Rechenunterricht und Zahlbegriff, Braunschweig (Westermann) 1967^3, 73-104

Fuhrmann, E., Zum Definieren im Mathematikunterricht, Berlin (Volk u. Wissen) 1973

Gagné, R.M., Die Bedingungen des menschlichen Lernens, Hannover (Schroedel) 1969

Gericke, H., Geschichte des Zahlbegriffs, Mannheim (BI) 1970

Gerster, H.-D., Die Null als Fehlerquelle bei den schriftlichen Rechenverfahren, Grundsch. 12 (1989),26-29

Ginsburg, H., Children's Arithmetic, NewYork (Van Nostrand) 1977

Glaser, H., Symmetrieerfassung und das Lösen von Abzählproblemen, MU 24, H.2 (1978),76-104

Griesel, H., Die Leitlinie Menge - Struktur im gegenwärtigen Mathematikunterricht, MU 11, H.1 (1965),40-53

Griesel, H., Eine Analyse und Neubegründung der Bruchrechnung, MPSB 15 (1968),48-68

Griesel, H., Die neue Mathematik für Lehrer und Studenten, Bd.1, Hannover (Schroedel) 1971, Bd.2, 1973, Bd.3, 1974

Griesel, H., Zu den unterschiedlichen Arten von Termini und ihrer Verwendung im Mathematikunterricht, IDM 18 (1978), 160-170

Griesel, H., Leerstellenbezeichnung oder Bedarfsname - Anmerkungen zur Didaktik des Variablenbegriffs, MPSB 29 (1982),68-81

Gullasch, R., Denkpsychologische Analysen mathematischer Fähigkeiten, Berlin (Volk u. Wissen) 1973

Gutzmer, A., Die Tätigkeit der Unterrichtskommission der Gesellschaft Deutscher Naturforscher und Ärzte, Leipzig (Teubner)1908

Hänke, W., Gedanken zum Algebraunterricht der Mittelstufe, in: H. Schröder (Hrsg.), Der Mathematikunterricht im Gymnasium, Hannover (Schroedel) 1966, 49-86

Hasse, H., Die moderne algebraische Methode, JBDMV 39 (1930),22-34

Hayen, J., Planung und Realisierung eines mathematischen Unterrichtswerkes als Entwicklung eines komplexen Systems, Oldenburg (Klett) 1987

Hefendehl-Hebeker, L., Zur Behandlung der Zahl Null im Unterricht, insbesondere in der Primarstufe, md 4 (1981),239-252

Hermes, H., Einführung in die mathematische Logik, Stuttgart (Teubner) 1969[2]

Herscovics, N., J.C. Bergeron, Models of Understanding, ZDM 15 (1983), 75-83

Van Hiele, P.M., Piagets Beitrag zu unserer Einsicht in die kindliche Zahlbegriffsbildung, In: K. Odenbach (Hrsg.), Rechenunterricht und Zahlbegriff, Braunschweig (Westermann) 1967[3], 105-131

Hirschmann, G., H. Vierengel, Der moderne Mathematik-Unterricht, Frankfurt/M. (Olivetti) 1970

Hischer, H.(Hrsg.), Wieviel Termumformung braucht der Mensch? Hildesheim (Franzbecker) 1993

Holland, G., Dezimalbrüche und reelle Zahlen MU 19 H.3 (1973),5-26

Ifrah, G., Universalgeschichte der Zahlen, Frankfurt (Campus) 1987

Ilgner, K., Über einen Unterrichtsversuch zur Behandlung der Gleichungslehre in der Klasse 7, MSch 2 (1964),429-443

Janvier, C., Problems of Representations in the Teaching and Learning of Mathematics, New Jersey 1987

Jung, W., Logische Aspekte der Schulmathematik, Frankfurt (Salle) 1967

Kaput, J.J., Linking Representations in the Symbol Systems of Algebra, In: S. Wagner, C. Kieran (Hrsg.), Research Issues in the Learning and Teaching of Algebra, NCTM 1989, 167-194

Katona, G., Organizing and Memorizing, New York (Columbia Univ.) 1940

Keitel, C., Sachrechnen, In: D. Volk (Hrsg.), Kritische Stichwörter zum Mathematikunterricht, München 1979 (Fink), 249-264

Kerslake, D., Graphs In: K.M. Hart u.a. (Hrsg.), Children's Understanding of Mathematics: 11-16, Oxford (Murray) 1981, 120-136

Kidalla, V., I. Paasche, Eine gemeinsame Methode zur Auflösung der Gleichungen 2. bis 4. Grades, PM 2 (1966), 298-300

Kieran, C., The Early Learning of Algebra: A Structural Perspective, In: S. Wagner, C. Kieran (Hrsg.), Research Issues in the Learning and Teaching of Algebra, NCTM 1989, 33-56

Kipp, H., G. Stein, Schwierigkeiten beim Rechnen mit ganzen Zahlen und ihre Konsequenzen für die Entwicklung eines Minimallehrganges, in: H.-J. Vollrath (Hrsg.) Zahlbereiche, Stuttgart (Klett) 1983, 85-117

Kirsch, A., Endliche Gruppen als Gegenstand für axiomatische Übungen, MU 9, H.4 (1963),88-100

Kirsch, A., Elementare Zahlbereichserweiterungen und Gruppenbegriff, MU 12, H.2 (1966),50-66

Kirsch, A., Eine Analyse der sogenannten Schlußrechnung, MPSB 16 (1969),41-55

Kirsch, A., Elementare Zahlen- und Größenbereiche, Göttingen (Vandenhoeck & Ruprecht) 1970

Kirsch, A., Die Einführung der negativen Zahlen mittels additiver Operatoren, MU 19, H.1 (1973),5-39

Kirsch, A., Eine "intellektuell ehrliche" Einführung des Integralbegriffs in Grundkursen, DdM 4 (1976), 87-105

Kirsch, A., Zur Mathematik-Ausbildung der zukünftigen Lehrer - im Hinblick auf die spätere Praxis des Geometrieunterrichts, JMD 1 (1980), 229-256

Kirsch, A., Lineare Funktionen zweier Veränderlicher als erschließender Unterrichtsgegenstand, md 9 (1986), 133-158

Kirsch, A., Mathematik wirklich verstehen, Köln (Aulis) 1987

Literatur

Kirsch, A., Formalismen oder Inhalt? Schwierigkeiten mit linearen Gleichungssystemen im 9. Schuljahr, DdM 19 (1991), 294-308
Klafki, W., Neue Studien zur Bildungstheorie und Didaktik, Weinheim (Beltz) 1985
Klein, F., Vergleichende Betrachtungen über neuere geometrische Forschungen, Erlangen (Deichert) 1872
Klein, F., Elementarmathematik vom Höheren Standpunkt aus, 1.Band, Berlin (Springer) 1968 (Nachdruck der 1. Auflage von 1908)
Kline, M., Warum kann Hänschen nicht rechnen? Das Versagen der Neuen Mathematik, Weinheim (Beltz) 1974
KMK-Richtlinien: Empfehlungen und Richtlinien zur Modernisierung des Mathematikunterrichts an den allgemeinbildenden Schulen, Kultusministerkonferenz 1968, In: H. Meschkowski (Hrsg.), Mathematik-Duden für Lehrer, Mannheim (BI) 1969, 483-495
Kommerell, K., Das Grenzgebiet der elementaren und höheren Mathematik, Leipzig (Koehler) 1936
Krauskopf, R., Erarbeitung der Graphen von Sinus- und Cosinusfunktion aus vorgegebenen Funktionaleigenschaften MNU 26 (1973),10-14
Krummheuer, G., Das Arbeitsinterim im Mathematikunterricht, In: H. Bauersfeld, H. Bussmann, G. Krummheuer, J.H. Lorenz, J. Voigt, Lernen und Lehren von Mathematik, Analysen zum Unterrichtshandeln II, Köln (Aulis) 1983, 57-106
Krutezki, W., Zur Struktur der mathematischen Fähigkeiten, Berlin (Volk u. Wissen) 1966
Küchemann, D.E., Algebra, In: Hart, K.M. et.a.(ed.) Children's Understanding of Mathematics: 11-16, London (John Murray) 1981,102-119
Kuroš, A.G., Vorlesungen über allgemeine Algebra, Leipzig (Teubner) 1964
Kuypers, W.(Hrsg.), Mathematikwerk für Gymnasien, Algebra I, Düsseldorf (Schwann) 1967, Analysis I, Düsseldorf (Schwann) 1970
Landau, E., Grundlagen der Analysis, Leipzig (Akad.Verlagsges.) 1930
Larkin, J.H. Robust Performance in Algebra: The Role of the Problem Representation, In: Wagner S., Kieran, C.(Hrsg.), Research Issues in the Learning and Teaching of Algebra, NCTM, Reston (Lawrence Erlbaum) 1989,120-134
Laugwitz, D., Sinn und Grenzen der axiomatischen Methode, MU 12, H.3 (1966),16-39
Lauter, J., Aufbau der elementaren Gleichungslehre nach logischen und mengentheoretischen Gesichtspunkten, MU 10, H. 5 (1964),59-119
Lenné, H., Analyse der Mathematikdidaktik in Deutschland, Stuttgart (Klett) 1969
Lenz, H., Grundlagen der Elementarmathematik, Berlin (Volk und Wissen) 1961
Liedl, R., K. Kuhnert, Analysis in einer Variablen, Mannheim (BI) 1992
Lietzmann, W., Methodik des mathematischen Unterrichts, 2. Teil, Leipzig (Quelle & Meyer) 1922
Lietzmann, W., R. Stender, Methodik des mathematischen Unterrichts, Heidelberg (Quelle & Meyer) 1961
Lorenzen, P., Metamathematik, Mannheim (BI) 1962
Mach, E., Erkenntnis und Irrtum, Leipzig (Barth) 1905
MA-Report, The Teaching of Geometry in Schools, London (Bell) 1923
Malle, G., Variable. Basisartikel mit Überlegungen zur elementaren Algebra, ml 15 (1986),2-8
Malle, G., Didaktische Probleme der elementaren Algebra, Braunschweig (Vieweg) 1993
v. Mangoldt, H., K. Knopp, Einführung in die höhere Mathematik, Bd.1, Leipzig (Hirzel) 1965
Meißner, H., Schülerstrategien bei einem Taschenrechnerspiel, JMD 8 (1987), 105-128
Meschkowski, H., Wandlungen des mathematischen Denkens, Braunschweig (Vieweg) 1956

Literatur 273

Minning, H., Die Vektoren als Hilfsmittel zur Einführung der Rechenregeln für relative Zahlen, MU 1, H.4 (1955),22-31
Möller, R., Zum Verständnis von Aufforderungen beim Lösen von Algebraaufgaben, MU 40, H.4 (1994), 43-58
Müller-Philipp, S., Der Funktionsbegriff im Mathematikunterricht, Münster (Waxmann) 1994
Neigenfind, F., Zur Methodik des Beweisens und Herleitens mathematischer Aussagen im Unterricht, Berlin (Volk u. Wissen) 1961
OECD(Hrsg.), Synopsis für moderne Schulmathematik, Frankfurt 1964
Padberg, F., Didaktik der Bruchrechnung, Freiburg (Herder) 1978
Padberg, F., Didaktik der Bruchrechnung, Mannheim (BI) 1989
Padberg, F., Didaktik der Arithmetik, Mannheim (BI), 2. Aufl.1992
Pfänder, A., Logik, Tübingen (Niemeyer) 1963[3]
Piaget, J., J.-B. Grize, A. Szeminska, V. Bang, Epistemologie und Psychologie der Funktion, Stuttgart (Klett-Cotta) 1977
Pickert, G., Bemerkungen zum Funktionsbegriff, MNU 8 (1956),394-397
Pickert, G., Bemerkungen zum Funktionsbegriff, MNU 11 (1958/59),223-224
Pickert, G., Bemerkungen zum Variablenbegriff, MPSB 7 (1961),76-88
Pickert, G., Warum verwendet man in der ebenen Geometrie keine vektorielle Multiplikation?, MPSB 15 (1968),138-153
Pickert, G. Didaktische Bemerkungen zum Relationsbegriff, MU 19,H.6 (1973),5-23
Pickert, G., Bemerkungen zur Gleichungslehre, MU 26, H.1 (1980),20-33
Polya, G. Schule des Denkens, Bern (Francke) 1949
Pruzina, M., Tabellenkalkulation - was ist das? MSch 29 (1991),545-556
Radatz, H., Fehleranalysen im Mathematikunterricht, Braunschweig (Vieweg) 1980
Rédei, L. Algebra, 1.Teil, Leipzig (Akad.Verlagsges.) 1959
Reich, K., H. Gericke (Hrsg.), Viète F., Einführung in die Neue Algebra, München (Fritsch) 1973
Rosnick, P.C., J. Clement, Learning without Understanding: The Effect of Tutoring Strategies on Algebra Misconceptions, J.Math.Beh. 3 (1980),3-27
Russell, B., Einführung in die mathematische Philosopie, München (Drei Masken) 1923
Säckl, H., Die Rezeption des Funktionsbegriffs in der wissenschaftlichen Basis an Hochschule und Schule im neunzehnten Jahrhundert, Diss. Regensburg 1984
Sierpinska, A., On Understanding the Notion of Function, In: E. Dubinsky, G. Harel (Hrsg.), The Concept of Function, MAA Notes 25, 1992, 25-58
Skemp, R.R., The Psychology of Learning Mathematics, Middlesex (Penguin) 1971
Skemp, R.R., Relational Understanding and Instrumental Understanding, Math.Teaching 77 (1976), 20-26
Skinner, B.F., Teaching machines, Science 128 (1958),969-977
Scheid, H., Zahlentheorie, Mannheim (BI) 1991
Schubring, G., Epistemologische Debatten über den Status negativer Zahlen und die Darstellung negativer Zahlen in deutschen und französischen Lehrbüchern 1795-1845, MSB 35 (1988),183-196
Schultze, A., The Teaching of Mathematics in Secondary Schools, New York (Macmillan) 1928
Schupp, H., Optimieren, Mannheim (BI) 1992
Schwartze, H., Elementarmathematik aus didaktischer Sicht, Bd.1, Bochum (Kamp) 1980
Steiner, H.-G., Logische Probleme im Mathematikunterricht: Die Gleichungslehre, MPSB 7 (1960/61),178-207
Steiner, H.-G., Menge, Struktur, Abbildung als Leitbegriffe für den modernen mathematischen Unterricht, MU 11, H.1 (1965a),5-19

Steiner, H.-G., Zur Didaktik der elementaren Gruppentheorie I, MU 11, H.1 (1965b) 20-39

Steiner, H.-G., Wie steht es mit der Modernisierung unseres Mathematikunterrichts? MPSB 11 (1965c),186-200

Steiner, H.-G., Einfache Verknüpfungsgebilde als Vorfeld der Gruppentheorie, MU 12, H.2 (1966),5-18

Steiner, H.-G., Aus der Geschichte des Funktionsbegriffs, MU 15, H.3 (1969),13-39

Strunz, K., Der neue Mathematikunterricht in pädagogischer-psychologischer Sicht, Heidelberg (Quelle & Meyer) 1968

Tarski, A., Einführung in die mathematische Logik, Göttingen (Vandenhoeck & Ruprecht) 1966

Thorndike, E.L. u.a., The Psychology of Algebra, New York (Macmillan) 1924

Tietze, U.-P., Schülerfehler und Lernschwierigkeiten in Algebra und Arithmetik - Theoriebildung und empirische Ergebnisse aus einer Untersuchung, JMD 9 (1988),163-204

Tourniaire, F., S. Pulos, Proportional Reasoning: A Review of the Literature, EStM 16 (1985), 181-204

Tropfke, J., Geschichte der Elementarmathematik, Bd.1, 4.Aufl. Berlin (de Gruyter) 1980

Usiskin, Z., Conceptions of School Algebra and Uses of Variables, In: A.F. Coxford, A.P. Shulte (Hrsg.), The Ideas of Algebra, K-12, NCTM, 1988, 8-19

Viet, U., Ein Spiel für die Unterrichtseinheit "Ganze Zahlen", In: H.-J. Vollrath (Hrsg.), Zahlbereiche, Stuttgart (Klett) 1983, 118-131

Vinner, S., The Function Concept as a Prototype for Problems in Mathematics Learning, In: E. Dubinsky, G. Harel (Hrsg.), The Concept of Function, MAA Notes 25, 1992, 195-213

Vollrath, H.-J., Grundgedanken der Omega-Analysis und ihrer Anwendung auf die Bestimmung reeller Grenzwerte, MPSB 15 (1968),102-111

Vollrath, H.-J., Aufbau des Zahlensystems, In: G. Wolff(Hrsg.), Handbuch der Schulmathematik 7, Hannover (Schroedel), o.J. (1968) 146-172

Vollrath, H.-J., Zur algebraischen Behandlung von Widerstandsschaltungen, MPSB 19 (1972),159-165

Vollrath, H.-J., Ware-Preis-Relationen im Unterricht, MU 19, H.6 (1973),58-76

Vollrath, H.-J., Didaktik der Algebra, Stuttgart (Klett),1974

Vollrath, H.-J., Rettet die Ideen! MNU 31 (1978a), 449-455

Vollrath, H.-J., Schülerversuche zum Funktionsbegriff, MU 24, Heft 4 (1978b), 90-101

Vollrath, H.-J., Iterationen mit elementaren Funktionen, PM 20 (1978c), 257-262

Vollrath, H.-J., Lernschwierigkeiten, die sich aus dem umgangssprachlichen Verständnis von Begriffen ergeben, IDM 18 (1978d), 57-73

Vollrath, H.-J., Funktionsbetrachtungen als Ansatz zum Mathematisieren in der Algebra, MU 28, H.3 (1982),5-27

Vollrath, H.-J., Methodik des Begriffslehrens im Mathematikunterricht, Stuttgart (Klett) 1984

Vollrath, H.-J., Search strategies as indicators of functional thinking, EStM 17 (1986), 387-400

Vollrath, H.-J., Funktionales Denken, JMD 10 (1989), 3-37

Vollrath, H.-J., Dreisatzaufgaben als Aufgaben zu proportionalen und antiproportionalen Funktionen, MSch 31 (1993a), 209-221

Vollrath, H.-J., Sätze angemessen bewerten lernen, MSch 31 (1993b), 395-404

Vollrath, H.-J. Paradoxien des Verstehens von Mathematik, JMD 14 (1993c),35-58

Vollrath, H.-J., Strukturelles Denken im Algebraunterricht, MU 40, H.4 (1994),5-25

Wäsche, H., Logische Probleme der Lehre von den Gleichungen und Ungleichungen, MU 7, H.1 (1961),7-37

Wäsche, H., Logische Begründung der Lehre von den Gleichungen und Ungleichungen, MU 10, H.5 (1964),7-58
van der Waerden, B.L. Moderne Algebra 1,2, Berlin (Springer) 1930
Wagenschein, M., Ursprüngliches Verstehen und exaktes Denken Bd.1, Stuttgart (Klett) 1970²
Wagner, S., What are these Things Called Variables?, Math.Teacher 76 (1983), 474-483
Walsch, W., Zum Beweisen im Mathematikunterricht, Berlin (Volk u. Wissen) 1972
Walsch, W., K.Weber(Hrsg.), Methodik Mathematikunterricht, Berlin (Volk und Wissen) 1975
Weber, H., Die allgemeinen Grundlagen der Galoisschen Gleichungslehre, Math.Ann. 43 (1893), 521-549
Weber, H., Lehrbuch der Algebra, Bd.1/2, Braunschweig (Vieweg) 1895/96
Weidig, I., Die Behandlung der negativen Zahlen in der Hauptschule, In: H.-J. Vollrath (Hrsg.), Zahlbereiche, Stuttgart (Klett) 1983, 58-84
Weidig, I., Gleichungslehre - Entwicklung und Tendenzen, MU 40, H.4 (1994),26-42
Weigand, H.-G., Zur Bedeutung der Darstellungsform für das Entdecken von Funktionseigenschaften, JMD 9 (1988), 287-325
Weigand, H.-G., Zum Verständnis von Iterationen im Mathematikunterricht, Bad Salzdetfurth (Franzbecker) 1989
Weigand, H.-G., Zur Didaktik des Folgenbegriffs, Mannheim (BI) 1993
Weigand, H.-G., Der Beitrag des Computers zur Entwicklung des Funktionsbegriffs in der Sekundarstufe I, MU 40, H.5 (1994), 43-63
Wellstein, H., Die Rundungsfunktion im Unterricht, MPSB 24 (1977),88-102
Wellstein, H., Abzählen von Gitterpunkten als Zugang zu Termen, DdM 6 (1978),54-64
Wertheimer, M., Produktives Denken, Frankfurt (Kramer) 1957
Weth, T., Kurven in geometrischer und algebraischer Sicht in der Sekundarstufe I, DdM 20, (1992), 112-138
Weth, T., Zum Verständnis des Kurvenbegriffs im Mathematikunterricht, Hildesheim (Franzbecker) 1993
Weyl, H., Das Kontinuum, Leipzig (Veit) 1918
Weyl, H., Topologie und abstrakte Algebra als zwei Wege mathematischen Verständnisses, UBlMN. 38 (1932),177-188
Weyl, H., Philosophie der Mathematik und Naturwissenschaft, München (Leibniz) 1928
Wieleitner, H., Der Zahl- und Mengenbegriff im Unterricht, Ubl f.M. 12 (1906), 102-108
Wigand, K., Linear Programming, PM 1 (1959),113-117
Wigand, K., Grundsätzliches zu Zahl und Ziffer, in: G. Wolff, Handbuch der Schulmathematik I, Hannover (Schroedel) o.J., 15-35
Winkelmann, B., Untersuchungen zum didaktischen Ort der Booleschen Algebra im Rahmen einer modernen elementaren Algebra, Bielefeld 1974
Winter, H., Vorstellungen zur Entwicklung von Curricula für den Mathematikunterricht in der Gesamtschule, in: Beiträge zum Lernzielproblem, Düsseldorf (Henn) 1972,67-95
Winter, H., Strukturorientierte Bruchrechnung, In: H. Winter, E. Wittmann(Hrsg.), Beiträge zur Mathematikdidaktik, Festschrift für Wilhelm Oehl, Hannover (Schroedel) 1976, 131-165
Winter, H., Umgangssprache - Fachsprache im Mathematikunterricht, In: Schriftenreihe des IDM 18 (1978), 5-56
Winter, H., Zur Durchdringung von Algebra und Sachrechnen in der Hauptschule, In: H.-J. Vollrath (Hrsg.), Sachrechnen, Stuttgart (Klett), 1980, 80-123
Winter, H., Das Gleichheitszeichen im Mathematikunterricht der Primarstufe, md 5 (1982),185-211
Winter, H., Zur Problematik des Beweisbedürfnisses, JMD 4 (1983), 59-95
Winter, H., Begriff und Bedeutung des Übens im Mathematikunterricht, ml 2 (1984),4-16

Literatur

Winter, H., Entdeckendes Lernen im Mathematikunterricht, Braunschweig (Vieweg) 1989
Wittenberg, A.I., Bildung und Mathematik, Stuttgart (Klett) 1963, Neuaufl.1990
Wittmann, E., Grundfragen des Mathematikunterrichts, Braunschweig (Vieweg) 1974
Wittmann, E.Ch., Mathematiklernen zwischen Skylla und Charybdis, Beitr.Lehrerf. 7 (1989), 227-239
Wolff, Ch.v., Neuer Auszug aus den Anfangsgründen aller mathematischen Wissenschaften, Marburg 1797
Wolff, P., Zur Didaktik der Gleichungslehre, In: H. Winter, E. Wittmann (Hrsg.), Beiträge zur Mathematikdidaktik, Festschrift für Wilhelm Oehl, Hannover (Schroedel) 1976, 179-220
Wunderling, H., Gleichungs- und Ungleichungslehre, in: G. Wolff, Handbuch der Schulmathematik 7, Hannover (Schroedel) o.J.(1968), 173-197
Wynands, A., U. Wynands, Elektronische Taschenrechner in der Schule, Braunschweig (Vieweg) 1980^2
ZMNU (Schriftleitung), Gruppenbegriff und Abbildung im mathematischen Schulunterricht, ZMNU 65 (1934), 89-90

Abkürzungen der Zeitschriften:

BzMU	Beiträge zum Mathematikunterricht
DdM	Didaktik der Mathematik
EStM	Educational Studies in Mathematics
IDM	Schriftenreihe des Instituts für Didaktik der Mathematik, Universität Bielefeld
JBDMV	Jahresbericht der Deutschen Mathematker-Vereinigung
JMD	Journal für Mathematikdidaktik
md	mathematica didactica
ml	mathematik lehren
MNU	Der mathematische und naturwissenschaftliche Unterricht
MSB (MSPB)	Mathematisch(-Physikalische) Semesterberichte
MSch	Mathematik in der Schule
MU	Der Mathematikunterricht
PM	Praxis der Mathematik
ZMNU	Zeitschrift für den mathematischen und naturwissenschaftlichen Unterricht

Sachwörter

Abgeschlossenheit 34
Additivität 150
Algebraische Struktur 18 263
Algorithmen 199
Approximieren 62
Äquivalenz von Termen 75
Äquivalenzumformung 186, 217
Arbeitsbegriff 79
Assoziativität 34
Aussage 217
Aussageform 217
Begriff und Problem 257
Begriffsbildung 253
Begriffsinhalt 255
Begriffsnetz 121 256
Begriffspyramide 121
Begriffsumfang 255
Begründung
   final 78
   kausal 78
Begründung des Lehrganges 10
Bereichserweiterung 20
Betragsfunktion 157
Beweis 249
   indirekter 61
Bildung 11
Bildungswert 14
Bildungsziele 10
Binomialkoeffizienten 242
Binomischer Satz 241
Bruchfamilien 50
Bruchgleichungen 227
Bruchrechnung 45
Bruchterme 109
Bruchungleichungen 227
Bruchvorstellungen 45
Bruchzahlen 38
Charakteristische Funktion 159
Computer
   als Tutor 116
   als Werkzeug für Formelsprache 87
   als Werkzeug für Funktionen 134
Definition 254
Denken
   produktives 243
Differenzierung 14 57
Distributivität 35
Entdecken 20
Erfinden 20
Erweitern 46
Existenzsätze 246
Exponentialfunktion 173

Fehler 29 33 49 57 82 84 191 206
   bei Termumformungen 82
Fehleranalysen 84
Folgen 170
Formalisten 19
Formel 212 229
Formelsprache 66
Funktion 118
   Exponentialfunktion 173
   fallende 156
   konstante 156
   lineare 156
   Potenzfunktion 173
   proportionale 156
   quadratische 160
   trigonometrische 179
   wachsende 156
Funktionales Denken 127
Funktionalgleichung 120
Funktionen und Relationen 165
Funktionen und Verknüpfungen 180
Funktionen und Gleichungen 195
Funktionen
   mit mehreren Variablen 133
Funktionseigenschaften 120
Funktionstypen 121
Gerüst des Lehrganges 2
Gewinnumformung 185
Gleichungen 182
   Bruchgleichungen 227
   lineare 224
   quadratische 231
   Wurzelgleichungen 234
Gleichungssysteme
   Lineare 225
Größenbereich 40
Grundmenge 185 217
Gruppe 263
Gruppentheorie 263
Idempotenz 35
Irrationalität 60
Iteration 170
Kalkül 67
Klammern auflösen 104
Kommunikation 79 200
Kommutativität 34
Konstruktivisten 19
Kreisgleichung 196
Kurven und Gleichungen 196
Leitbegriff 29 140
Lernen
   durch Erweiterung 23
   in Stufen 24
Logarithmusfunktion 177

Lokales Ordnen 263
Lösen
 durch Gegenaufgabe 210
 durch Gegenoperatoren 210
 durch Probieren 211
 durch Termvergleich 210
 gedanklich 210
Lösung 217
Lösungsmenge 185, 217
Metasprache 79
Modellbildung 72
 mit Termen 72
 mit Funktionen 122
Modelle 52
Numerik 62
Objektsprache 79
Operatoren 41
Ordnen 103
Ordnungsstruktur 18
Parabelkonstruktion 197
Paradoxien 258
Pascal-Dreieck 242
Pfeilkette 171
Planung
 global 140
 lokal 140
 regional 140
Platzhalter 69
Potenzfunktion 173
Potenzrechnung 112
Proportionalitätsfaktor 150
Quadratische Gleichungen 231
Quadratische Funktion 160
Quantoren 68
Quotientengleichheit 150
Rechenfolgen 55
Regelhierarchien 76
Regellernen 26
Regeln 76
Sachaufgaben 203
Sätze 239
Schaltalgebra 114
Schlüsselbegriff 140
Semantik 67
Skalen 54
Sprache
 formale 67
Standardbegriff 141
Streckenzug 172
Strukturbetrachtungen 264
Syntax 67
Tabellenkalkulation 73
Termdarstellung 120
Terme 66
 Aufstellen 97
 Einsetzen in 94
 Gleichheit 100
 Struktur 99

Umformungen 103
Terme und Gleichungen 194
Termumformungen 75, 103
Themenkreis 1
Themenstrang 1
Theorie 261
Topologische Struktur 18
Treppenfunktion 159
Trigonometrische Funktionen 179
Üben 81
Umformungsregeln 186, 220
Umkehrfunktion 164
Umwelterschließung
 mit Funktionen 129
Ungleichungen 187
 Lineare 224
Ungleichungssysteme
 Lineare 225
Variable 68
Verhältnisgleichheit 149
Verketten 170
Verknüpfung
 von Funktionen 170
Verknüpfungsbegriff
 als Leitbegriff 29
Verknüpfungseigenschaften 48, 58, 63
Verlustumformung 185
Verständnis
 formales 139
 inhaltliches 138
 integriertes 138
 intuitives 138
 kritisches 139
Vorzeichenregeln 52
Waagemodell 220
Wachstumsprozesse 173
Wertgleichheit 75
Widerstandsalgebra 113
Wurzelgleichungen 234
Wurzelterme 110
Zahlen und Gleichungen 193
Zahlen 17
 irrationale 60
 natürliche 30
 rationale 51
 reelle 60
Zahlengerade 52
Zahlenstrahl 42
Zeichenreihe 67
Ziele 11
 formale 11
 inhaltliche 11
Zuordnungscharakter 128
Zusammenfassen 103
Zustände 54
Zustandsänderungen 54
Zyklische Gruppe 268

Lehrbücher und Monographien zur Didaktik der Mathematik:

Band 24:
Kütting, H.
Beschreibende Statistik im Schulunterricht
169 Seiten. 1994. Kartoniert.
ISBN 3-411-16841-2
Darstellung der Begriffe und Methoden der beschreibenden Statistik mit zahlreichen Beispielen, die die Anwendbarkeit zeigen und zum Verständnis beitragen.

Band 25:
Hischer, H./H. Scheid
Grundbegriffe der Analysis
Genese und Beispiele aus didaktischer Sicht
Ca. 300 Seiten. 1995. Kartoniert.
ISBN 3-411-16811-0
Darstellung der Grundbegriffe der Analysis und ihrer historischen Wurzeln.
Erscheint im Frühjahr 1995.

Band 26:
Szabó, A.
Entfaltung der griechischen Mathematik
483 Seiten. 1994. Gebunden.
ISBN 3-411-16921-4
Einführung in die Frühgeschichte der griechischen Wissenschaft.

Band 27:
Riede, H.
Die Einführung des Ableitungsbegriffs
Thema mit Variationen
176 Seiten. 1994. Kartoniert.
ISBN 3-411-16401-8
Diskussion konkurrierender Ableitungsbegriffe unter dem Aspekt ihrer Bedeutung und ihrer logischen Wechselbeziehung.

Band 28:
Schupp, H./H. Dabrock
Höhere Kurven
Ca. 420 Seiten. 1995. Kartoniert.
ISBN 3-411-17221-5
Grundzüge einer Theorie der ebenen Kurven mit Beispielen aus Naturwissenschaften und Technik.
Erscheint im Frühjahr 1995.

Wissenschaftsverlag
Mannheim · Leipzig · Wien · Zürich

Lehrbücher und Monographien zur Didaktik der Mathematik:

Band 19:
Baptist, P.
Die Entwicklung der neueren Dreiecksgeometrie
312 Seiten. 1992. Kartoniert.
Historische Entwicklung und vielfältige Aspekte für Schule und Lehrerausbildung.

Band 20:
Schupp, H.
Optimieren
Extremwertbestimmung im Mathematikunterricht
191 Seiten. 1992. Kartoniert.
ISBN 3-411-15771-2
Optimieren ist ein fundamentales Thema im Mathematikunterricht. Extremwertbestimmungen unterschiedlichster Art und Schwierigkeit werden behandelt.

Band 21:
Weigand, H.-G.
Zur Didaktik des Folgenbegriffs
301 Seiten. 1993. Kartoniert.
ISBN 3-411-16221-X
Die Entwicklung des Folgenbegriffs und eine kritische Analyse der didaktischen Diskussion.

Band 22:
Portz, H.
Galilei und der heutige Mathematikunterricht
Ursprüngliche Festigkeitslehre und Ähnlichkeitsmechanik und ihre Bedeutung für die mathematische Bildung
230 Seiten. 1994. Kartoniert.
ISBN 3-411-16721-1
Eine Rekonstruktion der galileischen Ansätze, Methoden und Ideen.

Band 23:
Kütting, H.
Didaktik der Stochastik
299 Seiten. 1994. Kartoniert.
ISBN 3-411-16831-5
Darstellung der wesentlichen Aspekte einer Didaktik der Wahrscheinlichkeitsrechnung und Kombinatorik. Mit Anregungen für den Unterricht beider Sekundarstufen.

B·I· Wissenschaftsverlag
Mannheim · Leipzig · Wien · Zürich

Lehrbücher und Monographien zur Didaktik der Mathematik:

Band 19:
Baptist, P.
Die Entwicklung der neueren Dreiecksgeometrie
312 Seiten. 1992. Kartoniert.
Historische Entwicklung und vielfältige Aspekte für Schule und Lehrerausbildung.

Band 20:
Schupp, H.
Optimieren
Extremwertbestimmung im Mathematikunterricht
191 Seiten. 1992. Kartoniert.
ISBN 3-411-15771-2
Optimieren ist ein fundamentales Thema im Mathematikunterricht. Extremwertbestimmungen unterschiedlichster Art und Schwierigkeit werden behandelt.

Band 21:
Weigand, H.-G.
Zur Didaktik des Folgenbegriffs
301 Seiten. 1993. Kartoniert.
ISBN 3-411-16221-X
Die Entwicklung des Folgenbegriffs und eine kritische Analyse der didaktischen Diskussion.

Band 22:
Portz, H.
Galilei und der heutige Mathematikunterricht
Ursprüngliche Festigkeitslehre und Ähnlichkeitsmechanik und ihre Bedeutung für die mathematische Bildung
230 Seiten. 1994. Kartoniert.
ISBN 3-411-16721-1
Eine Rekonstruktion der galileischen Ansätze, Methoden und Ideen.

Band 23:
Kütting, H.
Didaktik der Stochastik
299 Seiten. 1994. Kartoniert.
ISBN 3-411-16831-5
Darstellung der wesentlichen Aspekte einer Didaktik der Wahrscheinlichkeitsrechnung und Kombinatorik. Mit Anregungen für den Unterricht beider Sekundarstufen.

Wissenschaftsverlag
Mannheim · Leipzig · Wien · Zürich

Lehrbücher und Monographien zur Didaktik der Mathematik:

Band 13:
Knoche, N.
Modelle der empirischen Pädagogik
320 Seiten. 1990. Kartoniert.
ISBN 3-411-14531-5
Dieser Band beschäftigt sich mit dem klassischen Testmodell, dem Modell der Faktorenanalyse und den linearen Strukturgleichungsmodellen.

Band 14:
Lind, D.
Probabilistische Modelle in der empirischen Pädagogik
356 Seiten. 1994. Kartoniert.
ISBN 3-411-14541-2
Eine Einführung in die Meßtheorie und die Anwendung binominaler und multinominaler Testmodelle.

Band 15:
Pfahl, M.
Numerische Mathematik in der gymnasialen Oberstufe
248 Seiten. 1990. Kartoniert.
ISBN 3-411-14591-9
Dieses Buch beschreibt Curriculumelemente der numerischen Mathematik, die in bestehende Lehrpläne integriert werden können.

Band 16:
Scholz, E. (Hrsg.)
Geschichte der Algebra
Eine Einführung
516 Seiten. 1990. Gebunden.
ISBN 3-411-14411-4
Gegenstand dieses Bandes ist die Entwicklung algebraischen Denkens von der Antike bis zu den Anfängen moderner struktureller Algebra.

Band 17:
Struve, H.
Grundlagen einer Geometriedidaktik
272 Seiten. 1990. Kartoniert.
ISBN 3-411-14631-1
Didaktische Probleme, die das Verständnis bestimmter geometrischer Begriffe betreffen, werden auf formaler Ebene diskutiert.

Band 18:
Riemer, W.
Stochastische Probleme aus elementarer Sicht
192 Seiten. 1991. Kartoniert.
ISBN 3-411-14791-1
Praxisnahe Darstellung ideenreicher Lösungsansätze zu Problemen des Stochastikunterrichts.

Wissenschaftsverlag
Mannheim · Leipzig · Wien · Zürich